·重金属污染防治丛书·

突发重金属水污染
应急处置技术

陈思莉 等 著

科学出版社

北 京

内 容 简 介

本书阐述突发重金属水污染事件的防范和应对方法,包括环境应急领域的简要介绍、突发重金属污染的环境风险防控及突发重金属污染事件应对。在处置技术部分,既包含以工作任务为线索的通用技术,又涵盖以元素种类为线索的差异化技术和参数;并结合近年来发生的典型案例,介绍环境应急处置全过程中的工作内容和要点,力图为读者提供了解环境应急工作的全局视角。

本书可供涉重行业风险防控、环境应急等领域的专业人士参考,也可作为环境应急管理人员的参考书,为突发重金属污染的风险防范和事件应对提供支持。

图书在版编目(CIP)数据

突发重金属水污染应急处置技术 / 陈思莉等著. -- 北京:科学出版社,2025.6. -- (重金属污染防治丛书). -- ISBN 978-7-03-082216-1

I. X703.1

中国国家版本馆 CIP 数据核字第 2025J8Q554 号

责任编辑:徐雁秋　刘　畅/责任校对:高　嵘
责任印制:彭　超/封面设计:苏　波

科学出版社 出版

北京东黄城根北街 16 号
邮政编码:100717
http://www.sciencep.com

武汉精一佳印刷有限公司印刷
科学出版社发行　各地新华书店经销

*

开本:787×1092　1/16
2025 年 6 月第 一 版　印张:15
2025 年 6 月第一次印刷　字数:360 000
定价:239.00 元
(如有印装质量问题,我社负责调换)

"重金属污染防治丛书"序

重金属污染具有长期性、累积性、潜伏性和不可逆性等特点，严重威胁生态环境和群众健康，治理难度大、成本高。长期以来，重金属污染防治是我国环保领域的重要任务之一。2009年，国务院办公厅转发了环境保护部等部门《关于加强重金属污染防治工作的指导意见》，标志着重金属污染防治上升成为国家层面推动的重要环保工作。2011年，《重金属污染综合防治"十二五"规划》发布实施，有力推动了重金属的污染防治工作。2013年以来，习近平总书记多次就重金属污染防治做出重要批示。2022年，《关于进一步加强重金属污染防控的意见》提出要进一步从重点重金属污染物、重点行业、重点区域三个层面开展重金属污染防控。

近年来，我国科技工作者在重金属防治领域取得了一系列理论、技术和工程化成果，社会、环境和经济效益显著，为我国重金属污染防治工作起到了重要的科技支撑作用。但同时应该看到，重金属环境污染风险隐患依然突出，重金属污染防治仍任重道远。未来特征污染物防治工作将转入深水区。一方面，环境法规和标准日益严苛，重金属污染面临深度治理难题。另一方面，处理对象转向更为新型、更为复杂、更难处理的复合型污染物。重金属污染防治学科基础与科学认知能力尚待系统深化，重金属与人体健康风险关系研究刚刚起步，标准规范与管理决策仍需有力的科学支撑。我国重金属污染防治的科技支撑能力亟需加强。

为推动我国重金属污染防治及相关领域的发展，组建了"重金属污染防治丛书"编委会，各分册主编来自中南大学、广州大学、浙江工业大学、中国地质大学（北京）、北京师范大学、山东大学、昆明理工大学、南京大学、东华理工大学、华中农业大学、华北电力大学、同济大学、武汉科技大学等高校和生态环境部华南环境科学研究所（生态环境部生态环境应急研究所）、中国科学院地球化学研究所、中国科学院生态环境研究中心、广东省科学院生态环境与土壤研究所、中国科学院过程工程研究所等科研院所，都是重金属污染防治相关领域的领军人才和知名学者。

丛书分为八个版块，主要包括前沿进展、多介质协同基础理论、水/土/气/固多介质中重金属污染防治技术及应用、毒理健康及放射性核素污染防治等。各分册介绍了相关主题下的重金属污染防治原理、方法、应用及工程化案例，介绍了一系列理论性强、创新性强、关注度高的科技成果。丛书内容系统全面、案例丰富、图文并茂，反映了当前重金属污染防治的最新科研成果和技术水平，有助于相关领域读者了解基本知识及最新进展，对科学研究、技术应用和管理决策均具有重要指导意义。丛书亦可作为高校和科研院所研究生的教材及参考书。

丛书是重金属污染防治领域的集大成之作，各分册及章节由不同作者撰写，在体例和陈述方式上不尽一致但各有千秋。丛书中引用了大量的文献资料，并列入了参考文献，部分做了取舍、补充或变动，对于没有说明之处，敬请作者或原资料引用者谅解，在此表示衷心的感谢。丛书中疏漏之处在所难免，敬请读者批评指正。

柴立元

中国工程院院士

前　言

当前，我国突发重金属水污染事件仍处于高发态势，自 2005 年有完整记录以来，在生态环境部调度的突发环境事件中，涉重金属污染事件已有超过百起，其中不乏重大及敏感事件。在这种形势下，如何及时、科学、有效地处置突发重金属水污染事件，努力减轻影响和损失，保障公众健康与水环境安全，已成为我国环境应急管理亟待解决的问题。

历年突发重金属水环境污染事件的成功应对处置，为生态环境应急工作积累了丰富的经验，同时也开发并检验了针对不同污染物的处置技术与方法。例如，2020 年 3 月 28 日黑龙江伊春鹿鸣矿业尾矿库泄漏次生重大突发环境事件处置，克服了春寒季节性气象水文条件的不利影响，构建了以投加絮凝剂沉砂净水为核心的污染处置技术体系。一批处置技术方法在实践中形成，并成功得到了检验。

为切实提升突发重金属水污染事件应对能力，生态环境部生态环境应急研究所收集历年来突发重金属水环境污染事件信息并总结相关的应急处置成功经验，整理常见重金属污染物的应急处置技术方案，并结合清华苏州环境创新研究院的水厂应急处置技术，撰写成本书。

本书共 6 章，第 1 章概述环境应急管理基本概念，以及环境应急准备、响应和事后管理等全过程应急管理内容；第 2 章介绍物理化学、化学等突发重金属水污染应急处置方法，收录汞、镉、铅、铬、砷、铊、钼、锑、铜、铁、锰等典型重金属污染物的应急处置技术；第 3 章归纳应急监测、"一河一策一图"、污染溯源、态势研判、调水控污、工程削污等流域应急处置技术；第 4 章概括自来水厂重金属污染原水应急处置技术、应急工程设计、应急设施改造与运行控制、供水保障的质量监控等突发重金属污染供水保障技术；第 5 章从事前防控的角度，介绍尾矿库、涉重行业企业和流域水环境风险评估、防控及隐患排查方法；第 6 章以黑龙江伊春鹿鸣矿业"3·28"尾矿库泄漏次生重大突发环境事件为例，展示重金属水污染应急处置技术的应用，供全国生态环境系统工作人员参考。

感谢生态环境部环境应急与事故调查中心在理论分析和典型案例方面给予的精心指导；感谢生态环境部生态环境应急研究所、中国环境科学研究院、中国环境监测总站、生态环境部环境规划院、清华苏州环境创新研究院等单位的同事和专家在突发重金属水污染事件处置和监测技术方面的专业帮助。突发重金属水污染事件涉及的专业领域较广，限于作者的能力和知识水平，本书撰写工作难免有不足之处，敬请广大读者批评指正。

作　者

2025 年 2 月

目　录

第1章　环境应急概述

生态文明是在坚持尊重自然、以人为本和环境优先理念的基础上，强调人与自然和谐共生的崭新社会形态。生态文明建设深刻把握当今世界绿色、循环、低碳发展的新趋势，是可持续发展理论的拓展和升华。然而，我国当前环境安全形势依然十分严峻，重金属行业企业的结构性、布局性环境风险比较突出，次生突发环境事件相继出现，对生态文明建设提出了巨大挑战。

突发环境事件是指突然发生，造成或可能造成环境污染或生态破坏，危及人民群众生命财产安全，影响社会公共秩序，需要采取紧急措施予以应对的事件。与一般的环境污染不同，突发环境事件具有发生发展的不确定性、类型成因的复杂性、时空分布的差异性、侵害对象的公共性、应对处置的紧迫性和危害后果的严重性等特点。当前，我国社会发展与经济建设进入高速发展阶段，各种潜在环境风险不断增加，其中涉重金属突发环境事件高发、频发，社会关注度极高。

重金属是指密度大于 $4.5\ \mathrm{g/cm^3}$ 的金属，约有 45 种，一般都属于过渡元素，如铜、铅、锌、铁、钴、镍、钒、铌、钽、钛、锰、镉、汞、钨、钼、金、银等。大部分重金属如汞、铅、镉等并非生命活动所必需，而且所有重金属超过一定浓度都对人体有毒。重点控制的重金属铅（Pb）、汞（Hg）、镉（Cd）、铬（Cr）和类金属砷（As）[①]等为主要重金属污染物，同时兼顾镍（Ni）、铜（Cu）、锌（Zn）、银（Ag）、钒（V）、锰（Mn）、钴（Co）、铊（Tl）、锑（Sb）等其他重金属污染物，共计 14 种。

《中华人民共和国国民经济和社会发展第十四个五年规划和 2035 年远景目标纲要》（2021 年 3 月 12 日公布，以下简称《规划和纲要》）第三十八章第三节"严密防控环境风险"规定：建立健全重点风险源评估预警和应急处置机制。全面整治固体废物非法堆存，提升危险废弃物监管和风险防范能力。强化重点区域、重点行业重金属污染监控预警。健全有毒有害化学物质环境风险管理体制，完成重点地区危险化学品生产企业搬迁改造。严格核与辐射安全监管，推进放射性污染防治。建立生态环境突发事件后评估机制和公众健康影响评估制度。在高风险领域推行环境污染强制责任保险。《规划和纲要》特别提出要强化重点行业重金属污染监控预警。

《中共中央　国务院关于深入打好污染防治攻坚战的意见》（2021 年 11 月 2 日公布，以下简称《意见》）"（三十一）严密防控环境风险"规定：开展涉危险废物涉重金属企业、化工园区等重点领域环境风险调查评估，完成重点河流突发水污染事件"一河一策一图"全覆盖。开展涉铊企业排查整治行动。加强重金属污染防控，到 2025 年，全国重点行业重点重金属污染物排放量比 2020 年下降 5%。强化生态环境与健康管理。

---

① 砷虽非严格金属，但因毒性及性质相似，常被归入重金属讨论。

健全国家环境应急指挥平台，推进流域及地方环境应急物资库建设，完善环境应急管理体系。《意见》更加突出了加大重金属污染管理力度，开展涉重金属企业环境风险调查评估和涉铊企业排查整治行动。

进入新时代，面对复杂多变的形势，以习近平同志为核心的党中央高瞻远瞩、统筹谋划，将加强生态环境安全体系建设作为推进国家安全体系建设的重要战略举措，为生态环境安全体系建设提出了要求、指明了方向。涉重金属环境风险具有潜在性、突发性、传导性的特点，决定了涉重金属环境风险防控体系建设是一项具有长期性、复杂性、艰难性的系统工程，需要坚持底线思维，增强忧患意识，统筹突发和累积、原生和次生、局部和整体、近期和远期涉重金属环境风险防控，提高防范化解能力。

1.1　我国环境应急管理

1.1.1　发展历程

我国环境应急管理工作伴随着生态环境保护事业发展而不断成长，经历了萌芽起步阶段、快速发展阶段和战略转型阶段，逐渐形成了层次分明、重点突出的环境应急管理体系，环境应急管理理念、技术、方法不断取得进展，管理实践探索丰富多样，在我国生态环境保护工作中发挥了重要作用。

萌芽起步阶段（1980～2004年）。这一阶段围绕环境污染事故应急处置，在应急响应、处置和预案管理方面开展尝试性工作，并逐步建立建设项目、有毒化学品、工业事故环境风险防范相关制度。1988年发布的《海上污染损害应急措施方案》，是我国第一个环境污染事故应急方案。20世纪90年代，我国引入建设项目环境风险评价。2003年，《中华人民共和国环境影响评价法》正式实施，随后国家环境保护总局发布相关技术文件，逐步加强事件防范。2002年，国家环境保护总局组建成立环境应急与事故调查中心，奠定了环境应急管理发展的体制基础。

快速发展阶段（2005～2017年）。这一阶段环境风险形势日益严峻，各类污染事故频发（年均500余起），对经济社会发展、生态环境安全以及社会稳定构成了严重威胁。以2005年松花江水污染事件（吉林石化公司双苯厂发生爆炸导致松花江污染）为代表的重大事件，引起了社会各界的广泛关注和重视，我国环境应急管理工作由被动应对向全过程主动防控转变。环境应急管理相关的法律法规陆续出台，如《中华人民共和国突发事件应对法》《国家突发环境事件应急预案》等。2015年，《中共中央　国务院关于加快推进生态文明建设的意见》《生态文明体制改革总体方案》等对环境应急管理工作提出了明确要求，强调要完善突发环境事件应急机制，提高与环境风险程度、污染物种类等相匹配的突发环境事件应急处置能力。

战略转型阶段（2018年以来）。党的十九大以来，国家对防范化解生态环境风险提出了更高的要求。2018年，中共中央、国务院印发的《关于全面加强生态环境保护坚决打好污染防治攻坚战的意见》指出要有效管控环境风险，并对健全环境应急协调联动机制、环境应急预案管理以及物资储备提出了明确要求。2018 年国务院机构改革，整合 7 个部门的相关职责组建生态环境部，整合 11 个部门的相关职责组建应急管理部，标志着我国向"大环保""大应急"体系蓝图迈出了坚实一步。在这个背景下，环境应急管理进入机遇和挑战并存的战略转型阶段。

1.1.2 治理现状

经过几十年的发展，特别是党的十八大以来，我国环境应急治理体系与治理能力建设取得了较大成就，基本构建起了涵盖事前、事中、事后的环境应急治理体系，治理能力不断提高。

全过程环境应急管理体系基本建立。以《中华人民共和国环境保护法》《中华人民共和国突发事件应对法》为统领，按照统一领导、综合协调、分类管理、分级负责、属地为主的原则，制定实施了《突发环境事件应急管理办法》等 20 多个环境应急相关规范性、指导性文件，对突发环境事件风险控制、风险预警、应急准备、应急处置以及调查评估全过程进行规范、指导。环境应急预案体系基本完善，省、市级政府预案编制率达到 100%，县级预案编制率超过 95%，重点企业、尾矿库预案编制基本实现全覆盖。建立了跨部门、跨区域环境应急联动机制，并在实践中不断深化。

突发环境事件应对能力显著提升。党的十八大以来，全国生态环境系统协助地方人民政府妥善应对了近 4 000 起突发环境事件，其中，2016 年的甘肃陇南锑污染事件影响波及甘肃、陕西、四川三个省，2019 年的江苏响水"3·21"特别重大爆炸事故危及黄海水域，2020 年的鹿鸣矿业尾矿库泄漏事件影响市级水源地并危及松花江水质。妥善应对的背后是应急队伍、应急物资储备和应急信息化水平的不断提高。我国 10 余个省份依托社会力量建立了环境应急救援队伍。全国约 70%的地级市和近一半的区县建设了环境应急物资储备库，围绕应急指挥、物资装备储备管理以及应急处置技术，建设完善环境应急指挥系统。与俄罗斯、哈萨克斯坦等周边国家建立畅通的环境应急沟通渠道。

突发重金属污染事件是突发环境事件的一种，由于严重威胁环境安全，引起了全社会的关注。

1. 重金属污染对环境安全的威胁

重金属污染具有长期性、累积性、隐蔽性、潜伏性和不可逆性等特点，危害大、持续时间长、治理成本高，严重威胁经济社会可持续发展。近年来，随着我国工业化进程加快，长期积累的重金属污染问题开始逐渐显露，部分流域和区域涉重金属的重大污染事件发生频繁，对人类生存和环境安全造成严重威胁。具体表现在以下几个方面。

污染物排放（水、气、固体）地区较为集中，个别地区排放强度较大，大气重金属污染由局部向区域和全球发展；重金属污染排放量大，依然严重（气型污染事故多、水型排放数据比较全），工业烟尘、粉尘含有重金属污染物，缺乏监测数据。

局部水体、大气重金属超标，城市周边土壤和耕地受到重金属污染，个别地区重金属污染对食品安全构成威胁，重金属在人体残留量较高。

突发重金属污染事故多发，严重影响群众身心健康和社会稳定。

历史遗留问题较多、欠账严重，影响环境安全和可持续发展。

工业固废产生量及堆存量大，渣场众多，有环境安全隐患，环境安全处置方面问题较多。

2. 涉重行业企业现状

涉重行业企业主要包括重有色金属矿（含伴生矿）采选业（铜矿采选、铅锌矿采选、镍钴矿采选、锡矿采选、锑矿采选和汞矿采选等）；重有色金属冶炼业（铜冶炼、铅锌冶炼、镍钴冶炼、锡冶炼、锑冶炼和汞冶炼等）；基础化学原料制造业（基础化学原料制造和涂料、油墨、颜料及类似产品制造等）；皮革及其制品业（皮革鞣制加工等）；铅酸蓄电池制造业；金属表面处理及热处理加工业（表 1-1）。

表 1-1　涉重行业企业主要生产工艺和主要重金属污染物

行业	分类	主要生产工艺	污染要素	主要重金属污染物
重有色金属矿采选业	含镉铅锌矿采选业	采矿-破碎-选别-尾矿	废水、粉尘、废石	铅、镉
	高砷金矿采选业	采矿-破碎-选别-尾矿	废水、粉尘、废石	砷、铅
	高砷铜矿采选业	采矿-破碎-选别-尾矿	废水、粉尘	砷
	汞矿采选业	采矿-破碎-选别-尾矿	废水、粉尘、废石	汞
重有色金属冶炼业	铅冶炼业	富氧熔炼、烧结机-鼓风炉炼铅、烧结机-密闭鼓风炉、烧结锅-鼓风炉炼铅	废水、废气、废渣	铅、砷、汞
	再生铅冶炼业	一般以反射炉工艺为主，矿铅厂以底吹工艺为主，小厂则采用冲天炉或大锅熔炼	废渣、废气、废水	铅
	锌冶炼业	以湿法冶炼为主，火法冶炼其次。火法冶炼有三种竖罐炼锌、ISP 鼓风炉炼锌、电炉炼锌	废水、废气、废渣	铅、镉、砷、汞
	铜冶炼业	火法炼铜	废水、废气、废渣	铅、镉、砷
	汞冶炼业		废气	汞
	黄金冶炼业		废气	铅、砷
	再生汞回收		废气	汞

行业	分类	主要生产工艺	污染要素	主要重金属污染物
基础化学原料制造业	电石法生产聚氯乙烯	废水、废渣	汞	电石法生产聚氯乙烯
	硫铁矿制硫酸	废水	铅、砷	硫铁矿制硫酸
	冶炼烟气制酸	废水	砷	冶炼烟气制酸
	有钙焙烧红矾钠（铬盐）	废气、废水、废渣	六价铬	有钙焙烧红矾钠（铬盐）
	铅氧化法生产氧化铅	废气、废水	铅	铅氧化法生产氧化铅
	其他基本化学原料制造	电炉法生产	废气、废水、	砷
	铅铬颜料	铅铬黄	废水	铅、六价铬
		钼铬红		
	白色无机颜料	沉淀-焙烧法生产锌钡白（立德粉）	废水	汞、铬
皮革及其制品业	制革	鞣制	废水	总铬
铅酸蓄电池制造业	铅蓄电池业		废气、废水	铅
	废旧铅酸蓄电池回收加工业		废水	铅、汞
金属表面处理及热处理加工业	镀锌件	结构材料：钢铁工件。工艺材料：镀锌电镀液及其添加剂、酸碱液等	废水	总铬
	镀铬件	结构材料：钢铁工件。工艺材料：镀铬电镀液（铬酐）及其添加剂、酸碱液	废水	总铬

　　涉重行业企业重金属污染物集中排放。金属制品业、皮革及其制品业、重有色金属冶炼业、化学原料及化学制品制造业和重有色金属矿采选业这 5 个行业重金属排放量占工业行业总排放量的 95%。有色冶炼业（9%）和采选业（4%）共占 13%。

1.1.3　发展趋势

　　现阶段，我国突发环境事件频发的高风险态势尚未根本改变。我国处于工业化转型升级过程中，产业结构偏重、能源结构偏煤、交通运输结构不合理的状况还没有根本性改变。我国是自然灾害多发的国家。频繁发生的自然灾害、生产安全事故、疫情等公共卫生事件，以及社会安全事件，都有可能次生和衍生环境污染和生态破坏。同时随着全球化加速，生态环境问题政治化倾向凸显，往往成为负面舆情的发源地、社会稳定的导火索、国际博弈的话题。

为了有效预防突发重金属污染事件的发生，正在建立涉重行业企业监管长效机制。提出区域内涉重行业企业的产业布局和发展规划，加快产业结构调整；综合考虑重金属的富集效应和区域内总量控制，强化区域环评手段，严格涉重行业企业准入制度和排放标准，加强对涉重行业企业建设项目的环评审批把关，从源头上预防突发重金属污染事件的发生。

在美丽中国建设愿景和"两个一百年"奋斗目标的指引下，以降低事件发生频率、减少事件生态环境影响为目标，实现快速、科学、妥善应对突发环境事件，维护生态安全，应发挥我国应急管理体系和生态环境保护制度的特色和优势，以精准化、科学化、法治化推进环境应急治理体系与治理能力现代化，妥善处置重金属污染事件，确保环境安全。

下一步，将利用第二次全国污染源普查成果，筛选重点防控区域、行业和企业，将铅、汞、镉、砷和铬等重金属、类金属作为防控重点，统筹规划重金属污染治理，分期分批确定减排任务。同时，创新突发重金属污染应急处置技术，通过专家论证和科学论证，探索有效方式应对突发重金属污染事件。

1.2 环境应急准备

1.2.1 环境风险评估

环境风险评估主要根据生态系统和风险系统理论方法，针对突发环境事件发生、发展特征，对企业、区域等的生态环境风险状况进行识别、分析，从而判断造成生态环境危害的可能性和后果。按照评估对象，可分为企业环境风险评估、区域环境风险评估和流域水环境风险评估等；按照环境介质，可分为大气环境风险评估、水环境风险评估、土壤环境风险评估和综合环境风险评估；按照评估方法，可分为定性评估、定量评估及定性和定量相结合的评估。

我国已初步建立了环境风险评估制度体系。《突发环境事件应急管理办法》及相关技术规范标准，对企业事业单位、生态环境保护主管部门开展环境风险评估的责任和方法提出了明确要求。截至2021年底，全国已有8万多家重点企业开展了环境风险评估，江苏、河北、山东等省份开展了化工园区环境风险评估，江苏、四川、甘肃等10余个省份组织辖区内的市、县开展了流域水环境风险评估，甘肃、重庆等省份组织开展了流域水环境风险评估。同时，也在移动源环境风险评估、流域水环境风险评估及环境风险地图绘制方法等方面积极研究探索，并在长江经济带、黄河流域等区域进行了实践应用。

1.2.2　环境风险防控

企业环境隐患排查治理。2016年，环境保护部发布《企业突发环境事件隐患排查和治理工作指南（试行）》，推进企业环境隐患排查和治理工作。第二次全国污染源普查数据显示，70%以上重点企业建设了符合要求的截流措施、事故废水收集措施、清净废水系统风险防控措施、雨水排水系统风险防控措施、生产废水处理系统风险防控措施。这些工作为从源头上减少突发环境事件发生奠定了坚实基础。

环境风险预测预警体系建设。依托信息化手段和国家、省、市各级环境监测资源，我国在水源地监控预警、断面水质监测预警、重点水体水质监控预警、大气环境预警、化工园区环境风险预测预警等方面开展了大量工作，提高了环境风险预测预警能力的专业化、智能化和精细化水平。

推进区域风险防控措施建设。2018年淇河污染事件后，生态环境部总结提炼出"以空间换时间"的"南阳实践"，已经在丹江口水库库区等多条河流开展试点，编制"一河一策一图"，完成《突发水污染事件以空间换时间的应急处置技术方法指导手册》。推进各地积极实践，在敏感目标上游或重点区域查找可利用的湖库闸坝等设施，以及可建设截污、导流、污染物收集等工程设施、人工湿地等空间，提前制订方案，防止污染物向更大范围扩散。

推进联防联控机制。2018年洪泽湖水污染事件发生后，党中央、国务院领导高度重视，明确批示要求加强上下游联防联控机制建设。2020年，生态环境部、水利部联合印发了《关于建立跨省流域上下游突发水污染事件联防联控机制的指导意见》，要求上下游要安排好"三联合两共享"，即联合指挥、联合监测、联合处置与信息共享、资源共享，切实推动建立健全联防联控机制。国家和地方通过制定指导意见、签订协议和备忘录及联席会议等形式，深入推进部门联动和上下游联防联控，为保障2020年汛期生态环境安全发挥了重要作用。

1.2.3　应急预案管理

我国突发环境事件应急预案管理是在各类突发环境事件应急实践中逐步完善的，在处理处置、应急准备及风险防控等方面发挥了重要作用，已成为环境应急管理的重要抓手。2005年，国务院首次发布《国家突发环境事件应急预案》，2014年修订，规范了国家层面应对，并指导地方预案的编制。生态环境部制定暂行办法、备案管理办法等管理文件，对生态环境保护主管部门、企业事业单位预案的编制、评估、备案、演练、修订等全过程提出了明确要求，覆盖国家、省、市、县四级，基本形成重点企业的突发环境事件应急预案体系。

1.2.4　环境应急能力

　　环境应急能力是实现快速、科学、妥善处置突发环境事件的必要支撑条件和保障措施，是衡量环境应急水平的重要标志，做好突发环境事件应急能力准备是应急准备体系"落地生根"的重要体现。"十三五"以来，在国家和地方的推动下，人员队伍能力、物资装备能力及信息技术能力等应急准备能力得到了显著提升。

　　人员队伍。按照建设一支专常兼备、反应灵敏、作风过硬、本领高强的环境应急队伍的要求，我国环境应急队伍建设成效显著。2021 年，全国约 2/3 的省份已建有专职生态环境应急机构，10 余个省份依托社会力量建设了环境应急救援队伍；同时，依托全国生态环境监测系统，建设了一支覆盖国家、省、市、县、大型企业和社会力量的多层级环境应急监测队伍，各省、重点市配备了应急监测车。2019 年，在生态环境部环境应急专家组的基础上，组建了第一届生态环境应急专家组。截至 2021 年底，各省均建立环境应急专家库，共有应急专家近 3 000 人。定期组织信息报告、应急监测等专业领域和综合性岗位培训，以及桌面推演和实战相结合的环境应急演练，提升了信息报告、应急监测、污染处置等的规范化和技术水平。

　　物资装备。截至 2021 年，全国 70%的地级市和一半的区县建设了环境应急物资装备储备库，江苏、河南、重庆、贵州、甘肃等省（直辖市）实现了省级、地市级环境应急物资储备库全覆盖，全国 2/3 的省份储备了包括污染源切断、污染物降解、安全防护等在内的七大类环境应急物资装备。为规范环境应急响应，制定应急监测技术规范，配备了一批快速、便携的环境应急监测装备，不断提高环境应急监测能力。

　　信息技术。生态环境部建设了环境应急综合管理系统和环境应急指挥系统，构建全国环境应急"两级部署、四级应用"支撑平台，整合了第二次全国污染源普查、环保举报、水质（空气）自动站及河流水文等相关信息，形成"一张图"的应急指挥模式，初步实现对任意点位发生的突发环境事件分析研判。天津、山东、重庆、新疆等 10 余个省份建立了环境应急管理信息化平台。建立了微信环保举报系统，一些地区将环保举报纳入综合管理平台，实行统一调度管理，大大提高了环保举报受理能力。开发建设了全国环境应急物资信息库和应急处置技术库，汇总分析了全国近 4 000 个环境应急物资储备库 6 万余条环境应急物资信息，以及针对 5 类污染物的 50 种、1 万余条应急处置技术信息。

1.3　环境应急响应

1.3.1　环境应急响应分级

　　《国家突发环境事件应急预案》（2014 年）规定突发环境事件分为特别重大、重大、较大和一般四级。根据突发环境事件的严重程度和发展态势，将应急响应分为Ⅰ级、

II 级、III 级和 IV 级四个等级。初判发生特别重大、重大突发环境事件的，分别启动 I 级、II 级应急响应，由事发地省级人民政府负责应对工作；初判发生较大突发环境事件的，启动 III 级应急响应，由事发地设区的市级人民政府负责应对工作；初判发生一般突发环境事件的，启动 IV 级应急响应，由事发地县级人民政府负责应对工作。海洋石油勘探开发溢油事故和辐射污染事故应急响应也分为 I 级、II 级、III 级和 IV 级四个等级，分别对应特别重大、重大、较大和一般事件。

1.3.2 环境应急先期处置

突发环境事件伴随有毒有害物质、污染物等泄漏、排放，容易造成空气、水及土壤等突发污染，危及人民群众身体健康甚至生命。环境应急先期处置是事件发生后由责任方、所在地政府等主体为控制污染源、遏制污染范围扩大，在第一时间采取的应对措施。实施先期处置是落实分级负责、属地为主、快速反应的必然要求。

1. 基本原则

坚持以"最大限度减小事件环境影响，保障生态环境安全"为原则，切实保障人民群众健康和环境权益。

保障人民群众身体健康。通过采取警示、疏散、隐蔽、防护、应急供应等各种救援方式，保护受到影响或可能受到影响的人群，将污染危害降至最低。

减少污染物的排放。第一时间查明污染原因，采取封堵、拦截、收集甚至停产等措施，阻断或削减污染物的非正常排放，防止污染事态进一步恶化。

阻断污染物的扩散途径。第一时间开展监测，确定污染范围和发展态势，在扩散途径上采取"围、追、堵、截"等方式，防止污染物进一步扩散。

及时处置污染。通过物理、化学、生物等一种或多种方式，将污染处置至符合环境标准或恢复至背景值以内。

及时公布污染信息。第一时间向公众发布事件信息，保障公众知情权。

2. 工作内容

（1）分析研判。成立指挥部，组织有关部门和机构、专业技术人员及专家，及时进行分析研判，预估可能的影响范围和危害程度，确定应急目标。

（2）预警行动。提前疏散、转移可能受到危害的人员，并妥善安置。责令应急救援队伍、负有特定职责的人员进入待命状态，动员后备人员做好参加应急救援和处置工作的准备，并调集应急所需物资和设备，做好应急保障工作。对可能导致突发环境事件发生的相关企业、事业单位和其他生产经营者加强环境监管。

（3）防范处置。采取切断或者控制污染源及其他防止危害扩大的必要措施，控制事件苗头。在涉险区域设置注意事项提示或事件危害警告标志，利用各种渠道增加宣传频次，告知公众避险和减轻危害的常识，需采取的健康防护措施。

（4）舆论引导。及时准确发布事态最新情况，公布咨询电话，组织专家解读。加强相关舆情监测，做好舆论引导工作。

1.3.3　环境应急监测

突发环境事件发生后，应急监测队伍应立即按照相关预案，在确保安全的前提下，开展应急监测工作，尽可能以具有足够的时空代表性的监测结果，尽快为突发环境事件应急决策提供可靠依据。在污染态势初步判别阶段，应以尽快确定污染物种类、监测项目、大致污染范围及程度为工作原则；在跟踪监测阶段，应以快速获取污染物浓度及其动态变化信息为工作原则。

应急监测工作参照《突发环境事件应急监测技术规范》《重特大突发水环境事件应急监测工作规程》执行。

（1）监测项目。优先选择突发环境事件特征污染物作为监测项目。

（2）点位布设。以准确掌握污染团移动情况为核心，以实时监控污染物浓度变化为目标，建立监测点位动态调整机制。

（3）监测频次。主要根据处置情况和污染物浓度变化态势确定，力求以最合理的监测频次，做到既具备代表性、能满足处置要求，又切实可行。

（4）采样分析。每个监测点位配备足够的采样人员，并配备专门的交通工具，根据污染范围布设现场监测实验室。

（5）监测报告。监测报告应对监测数据进行分析，包括污染现状、趋势判断、效果评估、异常分析等，为决策提供支撑。

1.3.4　环境污染控制

突发环境事件发生后，地方人民政府成立应急指挥部，指挥开展污染控制工作：收集汇总相关数据，组织进行技术研判，开展事态分析；迅速组织切断污染源，分析污染途径，明确防止污染物扩散的程序；组织采取有效措施，消除或减轻已经造成的污染；明确不同情况下现场处置人员须采取的个人防护措施；组织建立现场警戒区和交通管制区域，确定重点防护区域，确定受威胁人员疏散的方式和途径，疏散转移受威胁人员至安全紧急避险场所；协调军队、武警等有关力量参与应急处置工作。

《国家突发环境事件应急预案》明确，现场污染处置时，涉事企业事业单位或其他生产经营者要立即采取关闭、停产、封堵、围挡、喷淋、转移等措施，切断和控制污染源，防止污染蔓延扩散。做好有毒有害物质和消防废水、废液等的收集、清理和安全处置工作。当涉事企业、事业单位或其他生产经营者不明时，由当地环境保护主管部门组织对污染来源开展调查，查明涉事单位，确定污染物种类和污染范围，切断污染源。事发地人民政府应当组织制订综合治污方案，采用监测和模拟等手段追踪污染气体扩散途径和范围；采取拦截、导流、疏浚等形式防止水体污染扩大；采取隔离、吸附、打捞、氧化还原、中和、沉淀、消毒、去污洗消、临时收贮、微生物消解、调水稀释、转移异地处置、临时改造污染处置工艺或临时建设污染处置工程等方法处置污染物。必要时，要求其他排污单位停产、限产、限排，减轻环境污染负荷。

1.3.5 信息报告、通报与公开

1. 报告时限

发生突发环境事件时，按照《国家突发环境事件应急预案》《突发环境事件信息报告办法》等相关要求，及时、准确、全面报告事件信息。

2. 信息通报

突发环境事件涉及相邻流域的，事件发生地生态环境主管部门应当及时通报相邻区域同级生态环境主管部门，并向本级人民政府提出向相邻区域人民政府通报的建议。发生跨国界突发环境事件，国务院有关部门向毗邻国家和可能波及的国家通报。接到通报的人民政府和有关部门，应当视情况及时通知本流域内有关部门采取必要措施，当地政府向上级人民政府及相关部门报告，相关部门向本级人民政府和上级部门报告。

3. 信息公开

应急指挥部负责突发环境事件信息的统一发布工作。信息发布要及时、准确，正确引导社会舆论。国务院办公厅印发的《〈关于全面推进政务公开工作的意见〉实施细则》（国办发〔2016〕80 号）要求，"对涉及特别重大、重大突发事件的政务舆情，要快速反应，最迟要在 5 小时内发布权威信息，在 24 小时内举行新闻发布会，并根据工作进展情况，持续发布权威信息，有关地方和部门主要负责人要带头主动发声。"生态环境主管部门积极推动"5/24 原则"信息公开要求，在应急处置过程中，要根据事件发展趋势，持续做好舆情监测，及时掌握舆论动态，主动回应社会关切。

1.4 环境应急事后管理

1.4.1 环境损害评估

环境损害评估是有关政府和相关部门必须履行的法定职责。《中华人民共和国环境保护法》规定，"突发环境事件应急处置工作结束后，有关人民政府应当立即组织评估事件造成的环境影响和损失，并及时将评估结果向社会公布。"

环境损害评估是对突发环境事件造成的生态环境损害的范围和程度，人身和财产损害以及生态环境损害数额、应急处置费用等进行的评估，评估结论是突发环境事件调查处理、损害赔偿、环境修复和生态恢复重建决策的依据。

环境损害评估一般分为应急处置阶段评估和中长期阶段评估两个阶段。应急处置阶段评估是指对突发环境事件发生后至应急处置结束期间的生态环境影响和损失开展的评估，包括对应急处置过程的梳理、评估事件造成的短期生态环境影响、核定事件造成的直接经济损失。中长期阶段评估是指在应急处置结束后至生态环境恢复至事发前水平期间开展的评估工作，包括评估事件造成的长期生态环境影响，制订以消除事件生态环境影响为主要目标的环境修复或恢复方案，以及评估生态环境修复或恢复的效果。

生态环境部高度重视生态环境损害评估对生态环境管理、环境司法等的支撑作用，将建立健全生态环境损害评估管理和技术方法体系建设作为一项重点工作。自 2014 年以来，生态环境部修订印发了《环境损害鉴定评估推荐方法》和《生态环境损害鉴定评估技术指南》系列标准，基本实现生态环境损害评估技术的环境要素的全覆盖，初步建立了我国生态环境损害评估的框架体系。

近年来，在广西龙江河镉污染事件、天津港"8·12"瑞海公司危险品仓库特别重大火灾爆炸事故，以及腾格里沙漠污染事件等一批重特大、敏感事件的调查处置中，均开展了生态环境损害评估工作，其结果在事件定级、损害赔偿、司法诉讼中发挥了重要作用。截至 2021 年，全国已经开展千余损害评估案例，累计评估金额接近 50 亿元，环境损害评估已经成为突发事件应急处置的必要环节。

1.4.2 环境事件调查

《国家突发环境事件应急预案》规定，"突发环境事件发生后，根据有关规定，由环境保护主管部门牵头，可会同监察机关及相关部门，组织开展事件调查，查明事件原因和性质，提出整改防范措施和处理建议。"2014 年，环境保护部颁布实施《突发环境事件调查处理办法》，对突发环境事件调查程序的适用范围、事件调查组的组织、调查取证、调查报告及后续处理等作出了明确规定。

突发环境事件发生后，生态环境主管部门会同有关部门，通过对事件现场勘查、检查、询问等方式收集证据，调查事发单位、地方政府及有关部门事件预防和应对情况，遵循实事求是、客观公正、权责一致的原则，及时、准确查明事件原因，确认事件性质，认定事件责任，总结事件教训，提出防范和整改措施建议及处理意见。国家、省、设区的市生态环境主管部门分别负责组织重大和特别重大、较大、一般事件的调查处理。

开展突发环境事件调查的主要方式包括：通过取样监测、拍照、录像、制作现场勘查笔录等方法记录现场情况，提取相关证据材料；进入突发环境事件发生单位、突发环境事件涉及的相关单位或者工作场所，调取和复制相关文件、资料、数据、记录等；根据调查需要，对突发环境事件发生单位有关人员、参与应急处置工作的知情人员进行询问，并制作询问笔录。提出责任追究意见，主要包括依法给予行政处罚、及时移送有关部门处理等。

生态环境部先后对 10 余起重特大突发环境事件组织开展了调查。例如，针对甘肃陇星锑业有限责任公司"11·23"尾矿库泄漏次生重大突发环境事件，2015 年底环境保护部启动重大突发事件调查程序，成立调查组，邀请甘肃、陕西、四川三省的环境保护厅，甘肃省人民检察院、监察厅、安全生产监督管理局参加，并聘请相关专家对事件原因分析、损失核算、性质认定等方面开展分析论证。通过现场勘察、资料核查、人员询问、检测试验及专家论证，认定该事件是一起因企业尾矿库泄漏责任事故发生的重大突发环境事件。调查报告向社会公开。

1.4.3　生态环境恢复

《国家突发环境事件应急预案》规定，"事发地人民政府要及时组织制订补助、补偿、抚慰、抚恤、安置和环境恢复等善后工作方案并组织实施。"

生态环境恢复是指对事件中已经造成的环境损害采取必要的控制发展和补救措施，对可能造成的中长期环境污染和生态破坏采取必要的预防措施，以减轻损害程度。

生态环境恢复的目标是将受损的生态环境恢复至基线状态、或修复至可接受风险水平、或先修复至可接受风险水平再恢复至基线状态、或在修复至可接受风险水平的同时恢复至基线状态。部分工业污染场地，可根据再利用目的将受损生态环境修复至可接受风险水平。

按恢复目的的不同，可将生态环境恢复划分为基本恢复、补偿性恢复和补充性恢复。基本恢复的目的是使受损的环境及其生态系统服务复原至基线水平；补偿性恢复的目的是补偿环境从损害发生到恢复至基线水平期间，受损环境原本应该提供的资源或生态系统服务；如基本恢复和补偿性恢复未达到预期恢复目标，则需开展补充性恢复，以保证环境恢复到基线水平，并对期间损害给予等值补偿。如果环境污染或生态破坏导致的生态环境损害持续时间不超过一年，则仅开展基本恢复；否则，需要同时开展基本恢复与补偿性恢复。

生态修复是生态系统自我恢复、发展和提高的过程。在生态修复中，生态系统的结构及其群落由简单向复杂、由单功能向多功能转变。生态修复并不是对某个物种的简单修复，而是对生态系统的结构、功能、生物多样性和持续性等进行的全面有效恢复，因此生态修复过程应该尽可能地减少人为干扰，让生态系统的自然调节、恢复和进化功能充分发挥。

环境应急管理是践行绿色发展理念、建设生态文明、实现美丽中国梦的重要内容。经过 40 年尤其 21 世纪 20 余年的快速发展，环境应急管理制度逐步完善，机制日趋健全，能力不断加强，在应急准备、应急响应、事后管理等方面由粗到细、由表及里，在妥善应对各类突发环境事件实践过程中，探索积累了诸如"南阳实践"等经验，为维护生态环境安全底线作出了积极贡献。

第 2 章　典型重金属水污染应急处置技术

随着工业化和城镇化的快速发展，全球水污染问题日益严重，突发性水污染事件频发。以我国为例，近年来突发性水污染事件数量总体处于高位。突发水污染事件有突发性、危险性等特征，对生态环境、人体健康与社会经济发展等方面有着重大影响。因此，如何科学地制定措施应对突发水污染事件，保障水资源质量和居民用水安全是新时期需重点关注的问题。

突发性水污染事件通常是指由人为破坏、自然灾害等突发事故引起，无固定排放方式和途径，瞬间排放大量污染物进入水体，导致水资源污染或水质恶化，严重威胁社会经济正常活动的水体污染事件。我国突发水污染事件中的主要污染物类型包括重金属、石油类及其他有毒有害有机污染物等（徐泽升 等，2019）。重金属水污染是突发性水环境污染的一种重要类型，同时突发重金属水污染事件相对其他突发水污染事件危害更大。重金属在水体中溶解性较高，易被生物体吸收累积，造成有机体致畸或突变，甚至可能导致生物体死亡。由于重金属污染物不能在环境中降解，一旦水体受到了重金属污染，加上水体本身的自净作用有限，无法完全依靠水体自然净化，只能通过应急处理处置，即外力改变其空间位置或改变其化学形态来降低危害。这无疑对应急处置能力提出了较高要求。

突发重金属污染事故的应急处置技术以化学沉淀和混凝沉淀为主。由于许多重金属具有多种价态，在处置时需考虑不同价态的反应特性和毒性差异，必要时进行预氧化或预还原，以优化处置效果、降低生态影响；在水环境中，也应当考虑 pH 对重金属存在形态的影响。处置中使用的部分沉淀剂（如硫化钠）、预氧化剂（如高锰酸钾）在过量使用时可能造成次生污染，或造成水体感官上的异常，应通过实验优化用量，并在加药处置时加强监测，以防发生次生污染。

2.1　我国突发重金属水污染事件概述

2018～2022 年我国突发环境事件状况详见图 2-1。虽然我国突发环境事件总数整体呈下降趋势，但是对生态环境损害严重的重金属水污染事件仍然呈高发态势。

突发重金属污染事故主要是由重金属的开采、冶炼、加工过程和其他涉及重金属污染的工业生产过程中，由于废渣、废水、废气处理工艺落后和管理不当，以及偷排漏排造成的污染事故。与油类、危险化学品污染相比，污染物往往无色无味且溶解于水，往往更具隐蔽性，对水环境可能造成深远的危害。我国是重金属开采、冶炼、使

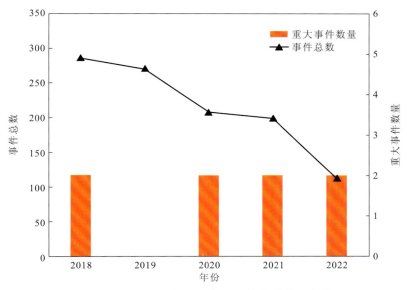

图 2-1　2018～2022 年我国突发环境事件数量变化图

用的大国，沿江、沿河区域高风险行业企业集聚，尾矿库众多，且有大量历史遗留的矿区、尾矿库，结构性和布局性环境风险隐患造成涉重金属突发环境事件高发。近十年来平均每年发生一起涉重金属的重大或敏感突发环境事件，其中 2023 年三起较大突发环境事件中就有一起是重金属污染事件（丹江锑异常），2022 年两起较大突发环境事件中也有一起是重金属污染事件（江西锦江铊异常）。

2.1.1　重金属污染区域分布

根据 2018～2022 年统计数据，生态环境部直接参与调度的突发环境事件总共为 309 起，其中有 23 起为重金属水污染事件，占比为 7.4%。相比 2012～2017 年的 23 起突发重金属污染事件，数量基本保持不变，但是重金属水污染事件的占比提高了接近一倍（2012～2017 年的占比为 4%），这说明我国突发环境事件数量整体呈现下降的趋势，但是针对重金属的污染管控仍需进一步加强。

针对 23 起突发环境事件进行统计分析，事故地点（发生次数大于或等于 2 次）详见表 2-1。由表可知，华南地区尤其是湖南省的重金属污染最为严重。湖南是有色金属之乡，世界已发现的 160 多种矿藏中，湖南就有 140 多种。其中钨、锑、铋、锌、铅、锡等储量均在全国前列，开采历史长达 2 700 多年。因为赋存多种矿产资源，湖南省拥有许多大型工业企业，如冶金、化工企业等。这些企业的生产活动会产生大量的重金属污染物，如铬、镉、铅、汞等。此外，当地政府部门对涉重金属的行业、企业缺乏较为有效的监管，企业针对突发重金属污染事件的应急演练频次低、内容单一。有色金属矿产同样丰富的云南省，突发重金属污染态势同样严峻。云南省涉重金属的行业主要包括重有色金属矿采选业、重有色金属冶炼业、铅酸蓄电池制造业、皮革及其制品业、化学原料及化学制品制造业和电镀行业。这些行业的重金属基础排放总量高位运行,结合一些矿山开采的历史遗留问题,更加剧了突发重金属污染事件的环境风险。

表 2-1 各省份突发重金属水污染事件发生次数

省份	发生次数
湖南	5
云南	3
江西	2
陕西	2
内蒙古	2
江苏	1
河北	1
甘肃	1
四川	1
山东	1
辽宁	1
河南	1
广西	1
山西	1
福建	1

北方则以陕西省和内蒙古自治区最为突出。2020~2021 年,内蒙古自治区连续发生两起涉重金属尾矿库泄漏事件,这与内蒙古自治区的有色金属矿山地域分布高度相关。内蒙古自治区有色金属矿山主要分布在巴彦淖尔市、赤峰市、呼伦贝尔市、锡林郭勒盟等地区,主要有稀土、镍、铜、铅、锌、钨、锡等矿产。其他发生一次的省份包括江苏省、河北省、甘肃省、四川省、山东省、辽宁省、河南省、广西壮族自治区、山西省和福建省。

2.1.2 突发重金属污染原因

根据 23 次突发重金属环境事件的统计分析,其诱发原因主要分为自然灾害、非法排污、生产安全事故和其他,具体占比见图 2-2。其中,生产安全事故是诱发重金属污染的首要因素,主要涉及企业不及时检修污染源的存储设施,包括尾矿库的溢流井、应急池等。云南省迪庆藏族自治州、福建省三明市、黑龙江省伊春市等地都发生过尾矿库设备破损导致的尾矿浆外泄事故,并由此引发了重金属污染事件。

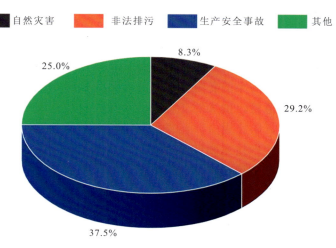

图 2-2　突发重金属水污染事件诱发原因统计图

　　截至 2024 年，全国安全监管监察的尾矿库共有 4 919 座，因尾矿库引起的突发环境事件频发。尾矿库是指筑坝拦截谷口或围地构成的，用以堆存金属或非金属矿山进行矿石选别后排出的尾矿、湿法冶炼过程中产生的废物或其他工业废渣的场所。尾矿库一旦发生了突发环境事件，大致可分为以下 4 种情景：尾矿输送和回水系统泄漏情景；排洪系统泄漏情景；坝体损坏情景，包括坝体管涌、裂缝和溃坝等情景；尾矿水超标外排。所引发的突发环境事件情景不同，其影响及危害程度也不同。工作人员的违规操作和生产设备老化等问题容易引发安全事故，同时造成环境污染。

　　非法排污的占比同样很高，主要是出于以下几个方面的原因。①利润考虑，企业为了追求更高的利润，可能会采取非法排污的方式，以减少成本，提高利润率。例如，企业可能会将废水直接排放到河流或地下水源中，而不是进行规范处理。②管理不善，企业管理不善可能会导致非法排污的问题。例如，企业可能缺乏有效的监管和管理机制，员工也缺乏必要的培训和教育，不了解环境保护法规和标准，从而导致非法排污的行为。例如，2023 年 11 月 24 日锦江江西段的铊污染事件即因某材料公司未掌握涉铊的环境法规和标准，且自身缺乏铊的监测设施，导致向锦江排放的生产废水中铊未得到有效处理；2021 年云南省某地铊超标事故的发生，也是由于企业厂区管理粗放，原料、矿渣露天堆放，雨污未分流，厂区污水、中水、淋溶水等含铊废水流至下游水体引发污染。③技术水平低，有些企业的技术水平和环保设施较为落后，难以达到环境保护标准，从而采取非法排污的行为。例如，2021 年的湖南西洋江铊污染事件，肇事企业缺乏有效的除铊设施，因此偷排废水以逃避环保检查，从而酿成此次事故。④地方保护主义，在一些地方，政府官员可能会为了吸引企业投资，放宽对企业的环保标准和监管要求，甚至放任企业非法排污。总之，企业非法排污是多个方面因素综合作用的结果。应该采取多种手段，包括加大监管和执法力度，提升企业的环保意识和技术水平，建立完善的环保机制和标准，从而减少企业非法排污的行为。

　　自然灾害可能导致突发性重金属污染。地震可能导致地下储存的重金属污染物质释放，如含铅的土壤和水源。洪水可能会将含有重金属的废水和废料冲走，导致水源和土壤的污染。此外，洪水还可能导致化学工厂和储存设施的泄漏，进一步污染环境。2022年山西省吕梁市矿储存场滑塌事件就是因为2021年秋冬季连续降雨，矿体含水量升高，随着气温回升，矿体消融，从而导致局部滑塌。

综合以上突发重金属污染的各种诱因，为了避免和减少重金属污染的影响，可以采取以下措施：①加强监管，加大对工业企业和化学品生产企业的监管力度，确保企业遵守环境法规和标准，防止重金属污染的发生；②建立污染源减排机制，制定减排计划和目标，推广清洁生产技术和节能减排技术，减少重金属污染物的排放；③完善应急预案，建立完善的应急预案和应急响应机制，一旦发生重金属污染事件，能够快速响应和处理；④增强公众的环保意识，加强对公众的环保宣传和教育，增强其环保参与度，提升其对环境保护的主动性和自觉性；⑤改善环境治理，加大对污染地区环境治理的力度，采取适当的技术手段和方法，清除和修复受污染的土壤和水源，恢复生态系统的平衡和稳定。这些措施需要政府、企业和公众共同参与和推动，才能有效地减少和避免重金属污染的发生和影响。

2.1.3 涉事重金属种类

针对23次突发重金属环境事件的金属种类统计分析（图2-3）可知，铊是最近五年来涉重突发环境事件中涉及频次最多的元素。铊（thallium，Tl）是自然界中广泛存在的稀有分散重金属元素，被广泛应用于电子、军工、航天、化工、通信等工业领域。然而铊元素是剧毒重金属元素，具有较强的蓄积性、潜伏性和迁移能力，对哺乳动物来说，其毒性超过砒霜。随着工业化、城镇化进程的不断加速，人为活动带来的铊环境风险不断加剧，大量的铊通过矿山开采、金属冶炼、化工生产等途径进入地表环境中。两起重大涉铊突发水污染事件分别为2021年嘉陵江甘陕川交界断面铊浓度异常事件和2022年江西省宜春市锦江铊污染事件，均由涉铊企业的非法排污所致。

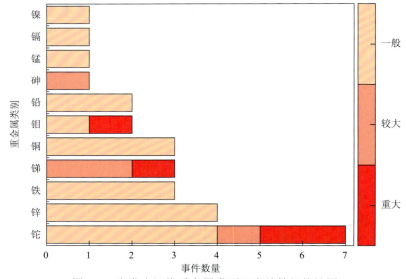

图2-3 突发水污染重金属类别及事故等级统计图

水环境中的锑主要来源于岩石风化、土壤径流及人为活动。一般情况下，在未被污染的水域锑质量浓度都不高于 1 μg/L，但在人为源附近的水体中锑浓度可达自然水平的 100 倍以上。中国是产锑大国。湖南锡矿山是我国最大的锑矿，有"世界锑都"之称。在锡矿山，矿物开采冶炼导致了周围环境的严重污染。两起较大等级的锑污染突发事件均发生在湖南锡矿山附近，分别是 2021 年的湖南省邵阳市平溪江锑污染事件及同年发生的湖南省资江流域娄底段锑污染事件。河南省三门峡市五里川河锑污染事件同样由锑矿山的开采所致。五里川河 7 条支流和主河道王庄村至古墓窑段锑浓度均超过地表水标准，石门水库（县级饮用水水源地）锑浓度超过水源地标准（5 μg/L）的 2.1 倍，造成重大突发环境事件。锑矿采选厂的非法排污和历史遗留的矿坑、矿洞涌水和废渣堆场的降雨淋滤是造成此类事件的主要原因。

钼常用在钢铁工业生产和电子设备中，是国民经济中重要的战略资源。我国钼储量排在世界前列，辽宁省葫芦岛地区是我国主要钼产地之一。伴随钼矿及伴生钼矿的开采和选矿，尾矿和采选矿废水可造成严重的水体污染。最近几年，我国钼污染事件屡有发生，如葫芦岛水库钼污染事件、渭南钼矿污染事件等。2020 年发生的黑龙江省伊春市鹿鸣矿业尾矿库泄漏事故是近年来钼泄漏量最大、环境损害最严重的重大突发环境事件。事故造成依吉密河、呼兰河约 318 km 河道水质超标，特征污染物钼浓度最高超标（《地表水环境质量标准》（GB 3838—2002）中表 3 限值）80.1 倍，导致以上河段的铁力市、绥化市相关饮用水水源地水质受到影响。

2.2 突发重金属水污染应急处置方法

突发水污染事件中常见的削污工艺主要有筑坝拦截、投药降污和吸附拦截等。突发重金属污染事件的削污工程中采用的工艺，同样不外乎上述三种。本书对工艺中涉及的针对不同重金属的削污方法进行综合分析。常见的重金属污染物处理方法主要有物理化学法、化学法和生物法。

2.2.1 物理化学法

物理化学法是指废水中的重金属离子在不改变其化学形态的条件下，通过吸附、浓缩、分离而去除的方法，如稀释法、膜分离法、吸附法及离子交换法等。

1. 稀释法

稀释法就是通过导入干净水体稀释，以降低污染水体中污染物浓度，使之达到相应标准限值。换言之，在重金属污染物总量不变的情况下通过增加溶剂（干净水体）的体积来降低重金属污染物的浓度。通常，稀释法适用于突发性重金属水污染事件的初期或应急处理联合技术的末端，用来减轻突发性污染事件对下游饮用水源的影响，但是由于这种方法对地理条件要求较高，处理效率低，需要周围有充足的干净水源，而且污染水体水量突增可能会导致洪灾等次生灾害，所以稀释法较少单独使用。在实际应用中，稀释法常与其他处理技术联合使用。例如，2015 年在四川省某市突发性锑污染事件中，通过紧急建设应急引水管，把嘉陵江支流南河水引到水厂取水井中，在污染水体进入水厂处理前进行稀释，最大限度地降低水厂除锑的负荷，保证出水口水体达标排放。2012 年广西某河流突发镉污染事件中，应急部门在投加药剂降低污染水体中镉的浓度后，从融江调水稀释，使下游水体镉浓度达标，有效处置了该起突发污染事件。在这两起事件中，前者是在已有水厂处理工艺的前端辅以稀释法，使水厂的进水化学条件满足现有处理工艺的最大负荷，从而实现达标排放；而后者是在应急投加药剂处理后，水体镉浓度仍略超标，存在低污染风险，因此再联合稀释法，使得下排水体镉浓度达标。总之，稀释法仅是辅助技术，不论用在水体污染应急处理技术的哪个阶段，稀释法只能在重金属浓度低、污染范围较小的突发事件或过程中应用。

2. 吸附法

吸附法是利用吸附剂自身的吸附能力，通过物理或化学吸附污染水体中的重金属离子，从而达到净化污染水体的目的。它是将污染物从水中直接移除的方法，具有应用范围广、处理效果好、吸附剂可重复使用等优点，并已在一些应急处置事故中成功应用。

吸附剂的选择是影响吸附法处理效果的关键。一般的工业吸附剂具有比表面积大、选择性强、吸附容量大、理化性质稳定、不易破坏、易再生、来源广泛、成本低等特点。在应急处理处置中，可将吸附剂按照其应用形式分为颗粒状吸附材料和纤维状吸附材料。大部分的无机吸附材料是颗粒状，大部分的有机材料是纤维状。常用的吸附剂及其优缺点见表 2-2。

表 2-2　常见吸附剂优缺点

吸附剂类型		优点	缺点	价格/（万元/t）
颗粒状吸附材料	活性炭吸附剂	比表面积较大，内部结构丰富，吸附能力较强	抗干扰性差，易脱附	0.4～0.9
	活性氧化铝	对大部分金属都有吸附功能，价格低廉	比表面积较小，对砷以外的其他重金属吸附量低	0.4～0.7
	碳纳米管材料吸附剂	比表面积大，孔腔结构独特	未改性处理的 CNTs 对金属离子的吸附容量极低，对人体有潜在毒性	
	纳米金属氧化物	高比表面积，高活性，易改性	稳定性差，易发生团聚	
纤维状吸附材料	离子交换树脂	适应性大，应用范围广，吸附选择性好，稳定性高	可能发生热降解，从而引起树脂性能劣化，使用效果下降	0.5～0.6
	改性纤维素类吸附剂	容易再生，稳定性高，吸附选择性特殊，吸附成本低	吸附量较小	0.5～3.0
	改性木质素类吸附剂	稳定性高，吸附选择性特殊，吸附成本低	吸附量较小，选择性差	5.8～10.4

1）无机吸附材料

自 20 世纪 40 年代吸附技术应用于水处理以来，研究者一直致力于寻找开发经济、高效、无毒的吸附材料。活性炭因其微孔结构、比表面积大和化学特性，成为最早被应用于处理和回收城市和工业废水的吸附材料之一。然而，活性炭受限于吸附容量小、再生成本高及再生后吸附效果显著降低等劣势，无法大规模地应用于常态化水处理。但是在突发环境事件中，如何在短时间内快速控制敏感区域内的重金属浓度是首要考虑的问题，降低处置成本并非当务之急。因此，国内外不少学者针对流域内突发重金属污染尝试了不同种类的吸附材料。针对水体突发铍污染事故，伍敏瞻等（2021）采用 4 种常见的应急处置材料（蒙脱土粉、活性炭粉、高岭沸石粉及硅藻土粉）作为吸附剂，考察其对 Be^{2+} 的去除效果。结果表明，活性炭粉反应优化 pH 为 6、35 ℃时对 Be^{2+} 的吸附容量达到最大，其他三种材料对 Be^{2+} 的吸附反应优化 pH 为 8，吸附效果受温度影响小。随反应时间延长，投加量减少，四者对 Be^{2+} 吸附容量上升。处理同一浓度铍废水时，优化投加量蒙脱土粉＜高岭沸石粉＝硅藻土粉＜活性炭粉，吸附平衡时间蒙脱土粉＜高岭沸石粉＝活性炭粉＜硅藻土粉。考虑成本并保证合适的吸附率，高岭沸石粉是应急处理现场吸附去除 Be^{2+} 的最佳选择。在 25 ℃，初始 Be^{2+} 的质量浓度为 0.5 mg/L，pH 为 8，投加 2 g/L 的吸附剂，吸附时间为 10 min 时，去除率达 92.36%。

2）有机吸附材料

生物质吸附剂因具有相对较高的吸附容量、易生产和低成本等优势，逐渐成为吸附剂研究领域的热点，目前已经发表了大量关于利用农业废弃物（如秸秆、花生壳、菌渣等）、生物废弃物（螃蟹壳、虾壳）、水藻和微生物菌剂等生物质吸附剂处理重金属废水的研究成果。曲建华（2018）以重金属镉离子为代表性目标污染物，以吸附法为核心，采用廉价易得的稻壳基生物质材料在微波辐射条件下快速制备了黄原酸化改性吸附剂。基于该改性材料建立了可实现自来水厂镉离子高效去除的应急吸附-混凝体系。江海燕等（2016）针对突发性江河重金属镉、铅、镍水污染，研发改性聚乙烯醇吸附剂，探讨改性聚乙烯醇吸附镉、铅、镍的热力学和动力学行为，对其进行材料环境协调性评价，综合考察材料的功能性、环境性和经济性三方面，同时开展了改性聚乙烯醇在流动水体去除重金属离子的净化实验，进一步验证材料的应用性。许丽（2012）以聚对苯二甲酸乙二醇酯（PET）纤维为原料，通过接枝反应和化学修饰，制备新型纤维状应急吸附材料。该材料由于表面含有氨基和酰胺基，具有较好的亲水性和韧性，可以快速吸附去除水中铜离子、镍离子，且吸附容量高于商品离子交换纤维。通过吸附模型和结构表征实验证实吸附主要通过纤维表面修饰的氨基对重金属离子的螯合作用。丁龙等（2014）以硅藻土和芦苇秸秆为原材料，分别进行酸碱改性，制备出两种新型的重金属离子吸附剂，两种吸附剂对 Cr^{6+} 的去除率均随着吸附剂投加量的增加而升高，随着pH 和 Cr^{6+} 初始浓度的升高而降低。当 pH 为 1、吸附时间为 120 min、Cr^{6+} 的初始质量浓度为 10 mg/L 时，锰改性硅藻土和改性芦苇秸秆吸附剂对 Cr^{6+} 的去除率分别达到了 96.5% 和 99.6%。水中共存离子对吸附剂去除 Cr^{6+} 均具有一定程度的影响。目前已有研究仍处于实验室级别的探索性试验阶段，它们在大尺度现场的应用效果还有待验证。

21 世纪以来，随着材料科学的迅猛发展，吸附稳定性好、吸附效率高的高分子聚合物和纳米材料吸附剂（如石墨烯、树枝状聚合物、离子交换纤维、腐殖酸、微孔共轭聚合物等）逐渐被应用于重金属水污染治理。但是，目前这类高新材料的吸附剂生产成本极高，且安全性有待验证，因此尚不适用于突发性水体重金属污染的应急处理。

2.2.2 化学法

化学法是通过化学反应去除水中重金属离子的方法，如化学沉淀法（如硫化物沉淀法、碱性化学沉淀法等）、氧化还原法、絮凝络合法和电化学法等。目前国内的大部分重特大突发水体重金属污染事件中主要采用化学沉淀法应急处置。化学沉淀法是通过投加药剂使重金属在适当的条件下形成不溶物，并借助混凝剂形成的矾花加速沉淀。化学沉淀法常用的投加药剂为酸碱剂和硫化物等，因此，根据投加药剂的不同，可分为碱性化学沉淀法和硫化物沉淀法等。其他化学法如络合法、氧化还原、电化学法等，因操作复杂，对场地、电力等设备要求高，目前较少用于突发污染事件的现场应急处置。

1. 化学沉淀法

1）碱性化学沉淀法

碱性化学沉淀法（又称碱性化学沉淀-混凝法）是将水体调到弱碱性，生成难溶的金属氢氧化物或碳酸盐。具体来讲，就是使污染水体中的金属阳离子与加入的氢氧根结合（一般为 pH > 8.5），形成低溶解度的氢氧化物或重碳酸盐根化为碳酸根生成碳酸盐析出，如式（2-1）所示，然后加入铁盐或铝盐混凝剂促使水中的悬浮污染物吸附在混凝剂形成的絮体上，达到去除污染物的效果。部分重金属的氢氧化物溶解度如图 2-4 所示（戴树桂，2006；邓同舟，1979）。

$$M^n + n(OH)^- \longrightarrow M(OH)_n \downarrow \qquad (2-1)$$

碱性化学沉淀法是一种相对成熟的技术，适用于去除镉、铜、镍、铬、锌、铅、汞、钴等重金属，国内外已有较多的相关研究（Jiang et al., 2022；谭浩强 等，2013；苗艾军 等，2012）。例如，王曦等（2012）研究了碱性化学沉淀法对铜、锰等重金属污染物的应急处理效果，发现在 pH ≥ 9.5 时，可以有效降低重金属污染物的浓度，即便超标达到 10 倍时，处理效果依然很明显。Mirbagheri 等（2005）使用碱性化学沉淀法去除污染水体中的铬，当添加石灰将 pH 调至 8.7 时，铬的质量浓度由 30 mg/L 降至 0.1 mg/L。碱性化学沉淀法已多次应用于我国突发水体污染应急处理处置中。例如在 2005 年广东北江水体镉污染事件中，采用弱碱性化学沉淀技术去除水体中的镉，通过投加氢氧化钠将水体 pH 调节为 9 左右，而后投加铁盐和铝盐絮凝剂，取得了很好的除镉效果（张晓健，2006）。碱性化学沉淀法的一般工艺参数和工艺流程参见表 2-3（张晓健 等，2011）和图 2-5。

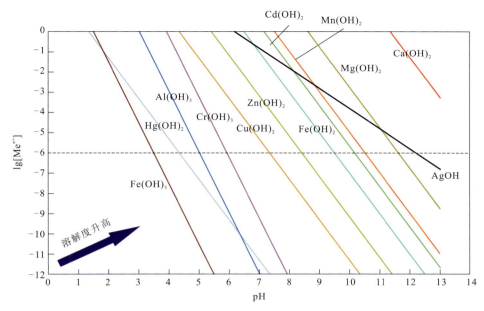

图 2-4 部分重金属的氢氧化物溶解度示意图

图右侧的重金属氢氧化物溶解度大于图左侧的重金属氢氧化物溶解度，虚线下部表示完全沉淀

表 2-3 化学沉淀法处理重金属的相关工艺参数

元素	生活饮用水标准/(mg/L)	实验浓度 [a] /(mg/L)	沉淀物形式	理论 pH	铁盐混凝沉淀法		铝盐混凝沉淀法	
					pH	剂量（以 Fe 计）/(mg/L)	pH	剂量（以固体聚氯化铝计）/(mg/L)
镉	0.005	0.042	$CdCO_3$	>9	8.5~9.0	>5	8.5~9	>20
			$Cd(OH)_2$					
汞	0.001	0.005 2	HgO	>9	>9.5	>5	不适用	
镍	0.02	0.12	$Ni(OH)_2$	>9.8	>9.5	>5	不适用	
			$NiCO_3$					
铍	0.002	0.010 6	$Be(OH)_2$	>6.4	>8	>10	7~9.5	>10
铅	0.01	0.252	$PbCO_3$	>10.2	>7.5	>5	9~9.5	>20
			$Pb(OH)_2$					
铜	1	5.23	$Cu(OH)_2$	>6.6	>7.5	>5	8~9.5	>10
			$CuCO_3$					
锌	1	5	$Zn(OH)_2$	>7.9	>8.5	>10	>7	>5
			$ZnCO_3$					
银	0.05	0.26	AgOH	>12.5 [b]	>7	>10	>7	>10
			Ag_2CO_3					

注：a 为初始水体重金属质量浓度，按照表中工艺参数设计可达到生活饮用水卫生标准，b 依据资料（戴树桂，2006）计算得到

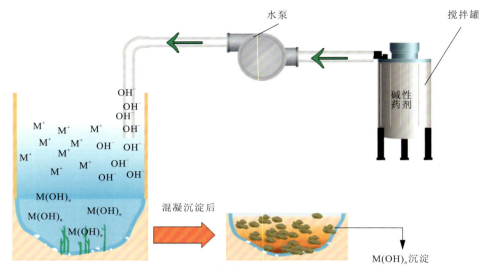

图 2-5　化学沉淀法示意图

　　碱性化学沉淀法的关键在于水体 pH 调节、碱性药剂和混凝剂选择。pH 是影响重金属沉淀效果的关键因素之一。pH 控制过低时，OH^- 浓度较低，根据离子积常数，溶液中的重金属离子溶解度升高，重金属离子不会完全沉淀析出；pH 过高时，OH^- 浓度较高，一些两性金属氢氧化物可能出现返溶（郭燕妮 等，2011），导致水溶液中的重金属离子浓度升高，而且过高的 pH 会造成在处理终端需要更高的成本去调节 pH。因此，控制好 pH 使重金属离子最大限度地生成氢氧化物沉淀是碱性化学沉淀法成功的关键之一。与传统调节 pH 的理论控制点是初始 pH 不同，碱性化学沉淀法的 pH 理论控制点是混凝反应终点的 pH。这是因为混凝剂在水中的水解作用会造成水体 pH 降低，一般会降低 0.2～0.6 个 pH 当量（张晓健，2006），实际降低值与原水水质和混凝剂种类及投加量有关。总体而言，应用碱性化学沉淀法进行应急处置时，必须根据水量、水体 pH 等参数合理设计和投加酸碱调节剂调节 pH。

　　调节水体 pH 常用的碱性药剂主要有氢氧化钠（烧碱）、石灰和碳酸钠（纯碱）等（表 2-4）。碱性药剂的选择十分重要，不同的碱性药剂的处理效果及处理成本不同。如石灰的成本低，能抑制两性氢氧化物的沉淀再溶解（马彦峰 等，1998），但其投加劳动强度大，且会产生大量残渣。纯碱的成本较高，提升 pH 能力不如其他药剂，因此除特殊情况外，一般不使用。氢氧化钠溶解后便于投加和准确控制，劳动强度小，成本适中，因此氢氧化钠被认为是提升 pH 的最佳碱性药剂。例如在 2012 年广西龙江突发镉污染事件中，通过投加氢氧化钠溶液将水体 pH 调节为 8.0～8.5，然后加入聚氯化铝混凝剂加速絮凝沉淀，成功将出水镉浓度降低至标准值以下（张晓健 等，2013b）。需要注意的是，与北江突发镉污染事故相比，龙江镉超标倍数较低且只投加了聚氯化铝混凝剂，所以相比北江镉污染事件时 pH 要低。另外，由于众多流域水体是下游居民的饮用水水源，在实际应用过程中，建议选择饮用水处理剂或食品级的酸碱试剂。

表 2-4　常用 pH 调节药剂优缺点

pH 调节剂	优点	缺点	价格/(元/t)
氢氧化钠（烧碱，NaOH）	易操控，劳动强度小，反应速度较快	需严格控制投加量并佩戴防护装备，容易造成二次污染和水体生物死亡	2 150~2 450
石灰（CaO）	成本低，原料易得，可抑制沉淀再溶解	渣量多，操作强度大，不便自动控制	700~900
碳酸钠（纯碱，Na₂CO₃）	副产物少，不易造成二次污染	仅适用于轻度至中度酸度调节，用量大	1 800~2 300

此外，在碱性化学沉淀法应用过程中，还应注意混凝剂的科学选用。不同的混凝剂适用的 pH 范围不同。一般地，硫酸铝适用的 pH 范围为 5.5~8.0，铁盐混凝剂适用的 pH 范围为 5~10，聚合铝适用的 pH 范围为 5~9。特别注意，当 pH 大于 9.5 时，使用铝盐混凝剂可能会产生可溶于水的偏铝酸根，造成水体铝超标（Zhao et al.，2009；Hu et al.，2006）。因此，铝盐混凝剂不适用于高 pH 条件沉淀去除汞、镍等（刘丽冰 等，2020）。当前常用的一些混凝剂的 pH 适用范围及优缺点见表 2-5。相对而言，铁盐混凝剂的 pH 适用范围比铝盐广，但是铁盐混凝剂的水质感官差，且易腐蚀管道设备。

表 2-5　常用混凝剂的 pH 适用范围与优缺点

混凝剂	优点	缺点	适用范围	价格/(元/t)
铁盐混凝剂	矾花易沉降，不易造成二次污染	水质感官差，易腐蚀管道设备	5~10	1 200~1 600
硫酸铝	成本低、原料广	絮凝生长速度慢、矾花小而轻、用量大、余铝高	5.5~8	680~1 500
聚合铝	絮凝效果好，操作简单	需要较高的投加量	5~9	1 100~1 800

2）硫化物沉淀法

硫化物沉淀法也是去除水体中重金属的常用化学沉淀法之一。它通过加入硫化物药剂，使金属离子与硫离子形成金属硫化物沉淀，反应过程如式（2-2）所示，再加入混凝剂以加速沉淀分离，达到净化水体的目的。

$$M^{2+}(aq) + S^{2-}(aq) \longrightarrow MS(s)\downarrow \qquad (2\text{-}2)$$

硫化物沉淀法适用于去除水体中的汞、镉、铅、银、镍、铜、锌等。硫化物沉淀法的优势在于：相较于金属氢氧化物，金属硫化物的溶解度更低；而且金属硫化物沉淀不是两性的，不会在 pH 调节过程中发生再溶解。因此，硫化物沉淀法能够在更宽的 pH 范围内具有更好的净化效果。硫化物沉淀法的关键在于精确厘定硫化物投加量和后续选择合适的混凝剂进行辅助沉淀。基于硫化物及其反应过程产物的特性，硫化物投加需注意以下几个要点：①投加量要满足其与金属污染物生成沉淀的剂量；②尽管金属硫化物沉淀溶解度较低，不易二次溶解，但硫化物本身具有一定毒性，是《地表水环境质量标准》（GB 3838—2002）中限制的污染物，如果投加量过高，必须加入氧化剂予以去除，以免引发次生污染问题（林朋飞 等，2014）；③在酸性条件下，加入硫化物药剂可能释放毒性的硫化氢（H_2S）气体，因此，这种方法必须在中性或碱性介质条件下使用。此外，硫化物沉淀法生成的难溶盐的颗粒粒径很小，分离困难，可投加铁盐或铝盐混凝剂，形成矾花进行共沉淀，使化学沉淀法产生的沉淀物有效沉淀分离，在去除水中胶体颗粒、悬浮颗粒的同时，去除这些金属和非金属离子污染物。在混凝剂选择方面，应尽量选用铝盐混凝剂，因为铁离子与硫离子易生成硫化铁沉淀，影响净化效果。

总体而言，考虑硫化物本身毒性和可能引起的二次污染问题，目前硫化物沉淀法仍处于实验室研究阶段，还未在突发性水体重金属污染应急处理处置事件中实践应用。

3）其他化学沉淀法

磷酸盐沉淀法是指通过预先投加一定剂量的正磷酸盐（如磷酸钠、磷酸氢二钠等），与目标金属污染物形成磷酸盐沉淀，在实际应用中通常会辅助投加铝盐混凝剂，促使目标金属污染物快速形成磷酸盐沉淀以达到净化效果。由于除碱金属（如钠、钾）外，大部分重金属与磷酸根形成的盐都不溶于水［反应过程如式（2-3）所示］，所以磷酸盐沉淀法可以处理镉、镍、钴、锌等大部分重金属。这种应急处理技术的关键是精确厘定磷酸盐投加量和选择合适的混凝剂。在混凝剂的选用方面，与硫化物沉淀法相似，应选用铝盐混凝剂，而不用铁盐混凝剂，以免生成不溶的磷酸铁沉淀而影响对目标金属元素的去除效果。尽管磷酸盐在国外经常作为管道缓蚀剂在饮用水处理中使用，但目前磷酸盐化学沉淀法在国内外突发性水体重金属污染事件的应急处理处置应用中尚未见报道。

$$M^{2+}(aq) + HPO_4^{2-}(aq) \longrightarrow MHPO_4(s)\downarrow \qquad (2\text{-}3)$$

2. 氧化还原法

氧化还原法是指通过氧化或还原手段将易溶于水的变价元素转化成难溶于水的离子价态，再进行化学沉淀，因此氧化还原法常与化学沉淀法联合使用，这种方式适用于砷、锑、铬、铊、锰等变价元素。例如，在 2007 年 12 月底贵州省都柳江砷污染事件中，张晓健等（2008）先使用预氯化方法将水体中的三价砷氧化为五价砷，再用铁盐混凝剂络合吸附砷酸根或形成难溶的砷酸铁沉淀，从而达到去除水中砷的效果。

氧化还原法常与其他方法联合去除水体中的重金属，如零价铁将水中的三价砷还原为不溶性的单质砷，同时生成的铁氧化物可通过吸附作用而被去除；将漂白粉作为氧化剂时用石灰乳调节 pH 至 11 左右可进行砷的去除；用藻酸盐固定的生物触媒，将二价汞还原为单质汞，然后用 $KMnO_4/H_2SO_4$ 溶液快速氧化回收汞蒸气，30 h 内能将水中的汞质量浓度从 5～10 mg/L 降到 120 μg/L；活性炭-高锰酸钾组合工艺除铅是指高锰酸钾不仅作预氧化剂，而且会产生具有高比表面积、高活性的中间产物新生态水合二氧化锰，加之活性炭本身的吸附作用可去除水中的铅离子。

3. 电化学法

电化学法在水体中对重金属的去除包括电絮凝、电气浮和电氧化等过程。例如，电絮凝法除砷主要是以铁或铝为阳极，生成的氢氧化物可作为絮凝剂与砷酸根离子发生反应。

针对不同的重金属突发水污染事件，要有针对性地选择合适的处置方法。总体而言，近 20 年来我国重大突发水污染事件中常见的重金属污染物有镉、砷、锑、铊、锰等，常用应急处理方法主要为化学法，尤其是针对发生频次较高的镉污染使用碱性化学沉淀法已经是非常成熟的技术；对于在碱性条件下不易沉淀的砷、锑等，常用氧化还原沉淀法进行处理。随着水体重金属污染处理技术和材料的不断发展与进步，为了降低或消除重金属水污染应急处理后的次生环境影响，越来越多的学者逐渐重视吸附法在处理突发水体重金属污染中的研究与应用。

2.2.3　生物法

生物法是利用（微）生物的絮凝、吸收、累积、富集、形态转化等作用去除水体中重金属离子的方法，如微生物絮凝、氧化还原和超富集植物生态修复等。由于生物的驯化、生长及其对重金属的吸收往往需要较长时间，在重金属水污染应急中应用较为有限，在此不作过多介绍。

2.2.4　各处置方法综合分析

发生在自然水体中的突发重金属污染事件现场往往很难为一些处理技术的实施提供足够的环境条件，这就使其应急处置技术的选择除了要保证良好的去除效果，更要考虑其在现场的适用性，即在大水量、污染物浓度高、停留时间短、污染团持续迁移扩散、流场情况复杂、动力供应设施有限等条件下，仍能高效地将污染物从水中移除。

上述重金属污染处理技术中，膜分离法虽然工艺简单，但因膜通量有限、对水质要求较高，其实施前需先将污染水体截留贮存，并需要大量的配套设备，显然难以适用于大量连续流动、水质状况复杂的突发污染事件的现场应急处置，如果条件允许，可以作为移动式处理方法。吸附法是目前可以将污染物从水中直接移除的主要方法，已在一些应急处置事故中得到成功应用。然而，由于吸附材料多为颗粒状多孔物质，且吸附容量越大的吸附材料，其粒径往往越小，这些吸附材料一般都需装在编织网袋中固定，但对于水大流急的污染事故现场，紧密堆积的吸附材料会产生很大的流体阻力，吸附坝这样的装置难以适用。

化学沉淀法操作简单，药剂来源较广泛，虽已多次应用于重特大水体突发重金属污染事件中，但在自然水体中其与重金属形成的絮凝物会沉在水底并随推移质和悬移质一起继续迁移，通过水中食物链成为二次污染源。其他化学法如电化学法等，因其操作较为复杂，所需的设备在现场难以配置，在短时间内难以适用于突发污染事件的现场应急处置，但如果条件允许，可以作为移动式处理方法。

2.3 水体汞污染应急处置技术

汞是环境中生物毒性极强的重金属污染物,开采矿产、工厂生产等使用的汞未经相关处理直接排入水体,会对环境产生非常恶劣的影响,威胁人类健康。

2.3.1 汞的毒性与标准限值

1. 生态毒性

汞影响微生物生理生化过程:水中汞质量浓度达 0.02 mg/L 时,废水的 BOD_5 降低 20%。生物富集和生物放大:甲基汞具有很强的亲脂能力,会在鱼类体内发生生物蓄积;汞还可经由食物、种子、动物的途径进入陆生食物链,会对椋鸟、猎鸟、鸣禽及啮齿动物等造成严重的危害;汞的浓度沿食物链逐级升高。

2. 毒理和毒性

暴露途径:吸入、食入、经皮吸收。

人体内吸收、分布、代谢和排泄:经消化道暴露的汞化合物,主要通过肠道吸收,随血液进入器官和组织,主要在脂肪中蓄积。

毒性:汞蒸气剧毒,短期内大量吸入汞蒸气引起急性中毒,严重者可发生化学性肺炎,引起肾脏损伤。

随饮水进入人体和动物体内的汞及其化合物毒性很大,因为肠对汞及其化合物吸收很快,并可随血液进入器官和组织中,进而引起剧烈的全身性毒性作用。随饮水进入成年人体内的致死量为 75～100 mg/d。二价汞或升汞的毒性特别大,易溶于类脂化合物中并很快进入组织。有机汞在人体内的毒性效应与其所含有机基团有很大的关系,一般而言,短链的烷基汞衍生物比芳基汞和甲氧乙基汞化合物具有更大的毒性。在人体中,芳基汞和甲氧乙基汞都能降解为无机汞,而烷基汞在人体内比无机汞稳定,能在很长时间内保持不变。汞与蛋白质中的—SH 基有较强的亲和力,侵入机体后与—SH 基结合而形成硫醇盐,使一系列含—SH 基酶的活性受到抑制,从而破坏细胞的基本功能和代谢,破坏肝细胞的解毒作用,中断肝脏的解毒过程,因而可能产生一种毒性更高或有致畸性的中间产物,损害肝脏合成蛋白质的功能或其他功能。另外,甲基汞能使细胞膜的通透性发生改变,从而破坏细胞的离子平衡,抑制营养物质进入细胞内并引起离子渗出细胞膜,导致细胞坏死。工业生产中长期接触汞或长期生活在受汞污染的环境中可引起慢性中毒,从而发生脑皮质萎缩和中枢及末梢神经脱髓鞘,临床上有精神、表情和运动障碍,口腔黏膜发生溃疡性炎症。急性汞中毒的病人有头痛、头晕、乏力、多梦、发热等全身症状,并有明显口腔炎表现;可出现食欲不振、恶心、腹痛、腹泻等症状;部分患者皮肤出现红色斑丘疹,少数严重者会出现间质性肺炎及肾脏损伤等。慢性汞中毒的病人最早出现头痛、头晕、乏力、记忆减退等神经衰弱综合征的症状；汞毒性震颤；另外可有口腔炎，少数患者有肝、肾损伤。

3. 相关环境标准

水环境汞含量标准见表 2-6。

表 2-6　水环境汞含量标准

标准来源	标准名称	标准限值/(mg/L)				
中国（GB 8978—1996）	《污水综合排放标准》	总汞：0.05 烷基汞：不得检出				
中国（GB 5749—2022）	《生活饮用水卫生标准》	0.001（总汞）				
中国（GB 5084—2021）	《农田灌溉水质标准》	0.001（水田作物、旱田作物、蔬菜）				
中国（GB/T 14848—2017）	《地下水质量标准》	I 类	II 类	III 类	IV 类	V 类
		0.000 1	0.000 1	0.001	0.002	>0.002
中国（GB 11607—1989）	《渔业水质标准》	0.000 5				
中国（GB 3838—2002）	《地表水环境质量标准》	I 类	II 类	III 类	IV 类	V 类
		0.000 05	0.000 05	0.000 1	0.001	0.001
中国（GB 3097—1997）	《海水水质标准》	I 类	II 类	III 类	IV 类	
		0.000 05	0.000 2	0.000 2	0.000 5	

2.3.2　环境分布与迁移转化

汞在自然界中以金属汞、无机汞和有机汞化合物的形态存在。甲基汞是有机汞的主要形式，是一种具有神经毒性的环境污染物，主要损害人体中枢神经系统，其损伤是不可逆的。水环境中的元素汞和无机汞均可在一定条件下转化为甲基汞。汞具体存在状态包括：在水相中，以 Hg^{2+}、$Hg(OH)_n^{2-n}$、CH_3Hg^+、$CH_3Hg(OH)$、CH_3HgCl、$C_6H_5Hg^+$ 为主要形态；在固相中，以 Hg^{2+}、HgO、HgS、$CH_3Hg(SR)$、$(CH_3Hg)_2S$ 为主要形态；在生物相中，以 Hg^{2+}、CH_3Hg^+、CH_3HgCH_3 为主要形态。无机汞存在 3 种价态，即 $Hg(0)$、$Hg(I)$、$Hg(II)$，且在一定程度上可相互转化，这主要取决于水环境的氧化还原电位。$Hg(I)$ 和 $Hg(II)$ 分别以二聚物（Hg_{2+2}）和 Hg^{2+} 的形式存在，同时也以多种络合物形式存在，Hg_{2+2} 容易发生歧化反应生成 Hg^{2+} 和 Hg^0，而 Hg^{2+} 具有较强的水溶性，在水环境中可以发生络合、吸附、甲基化等反应，并通过生物和非生物化学还原转化为 HgO。

汞进入土壤后，95%以上能迅速被土壤吸附或固定。主要是土壤中含有的黏土矿物和有机质对汞有强烈的吸附作用，因此汞易累积在土壤中。汞的生物迁移过程，实际上主要是甲基汞的迁移与累积过程：大部分汞以无机的形态和苯基的形态进入水环境，并通过细菌的甲基化活动进入水生生物链，并沿食物链迁移。

E_h-pH 图[又称泡佩克斯（Pourbaix）图]可显示水溶液中不同物种的热力学稳定区域，便于分析金属元素在不同还原电势和氢离子浓度环境下的主要存在形态。稳定性区域是以 pH 和电化学势的函数来表示的，其中水的稳定性上限和下限在图 2-6 中用虚线表示。对于汞元素，E_h-pH 图可用于预测在不同条件下汞的化学形态和稳定性。在较高的氧化还原电位和较低的 pH 条件下，汞多以 Hg^{2+} 的形式存在；而在较高的氧化还原电位和较高 pH 条件下，汞可能以 HgO 的形式存在。在酸性环境中（较低 pH），汞可能以 Hg^{2+} 的形式存在；而在碱性环境中（较高 pH），汞可能以 HgO 或 $Hg(OH)_2$ 的形式存在。同样，在缺氧条件下（较低 E_h），汞可能以较低氧化态（Hg_2^{2+}）存在，而在氧气丰富的条件下（较高 E_h），汞以较高氧化态（Hg^{2+}）存在。

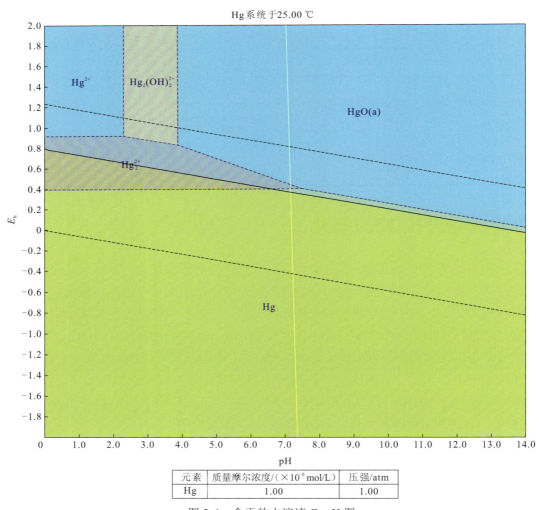

元素	质量摩尔浓度/($\times 10^{-6}$ mol/L)	压强/atm
Hg	1.00	1.00

图 2-6　含汞的水溶液 E_h-pH 图
1 atm = 101 325 Pa

2.3.3　水环境中汞污染来源

水环境的汞污染来源分为自然源和人为源。自然源的汞污染主要是岩石矿物风化分解、土壤和植物经蒸腾作用将汞带入环境。汞进入水体中，除在水体中以溶解态和颗粒态存在外，汞也易于在沉积物中富集，并在一定条件下转化为甲基汞。水环境突发汞污染事件多由人为源所致，可分为工业源、农业源和生活污染源。

1. 工业源汞污染

由于汞特殊的理化性质，汞可用于仪表制造、电工技术和各种仪器的生产，如电池、荧光灯、温度计、电子开关等。其中，化工业、造纸业、采矿业和国防工业应用汞及其各种化合物最为广泛，如化学毒剂、颜料、金属电镀、爆竹制造及氯碱生产。化工业是世界上使用汞最多的行业，其产生的汞污染物进入水生态系统，对水体和沉积物均造成严重污染。著名的水俣事件就是典型的化工厂污染事件。

氯碱工业排放废水是我国重要的汞污染源，煤多油少的现状导致当前我国仍有很多企业采用电石法生产聚氯乙烯（polyvinyl chloride，PVC），其中氯乙烯合成工序中需使用氯化汞触媒。氯化汞在高温下易升华的特点导致其在一定周期内会失效，同时产生废汞触媒、含汞废活性炭、含汞废水、含汞废酸和废碱。2011 年环境保护部发布了《关于加强电石法生产聚氯乙烯及相关行业汞污染防治工作的通知》，要求到 2015 年底电石法聚氯乙烯生产企业需全部使用低汞触媒，逐步削减高汞触媒生产，鼓励开展无汞触媒研发，从而减少含汞废水排放量。

矿山开采也会带来汞污染。20 世纪 80 年代，巴西通过加热汞齐的方法提炼黄金，大量汞蒸发到大气中，通过大气环流进行全球迁移，而大气中的汞又会随着水循环进入水体。我国汞储量在全球位于第三，主要分布在贵州省和陕西省。贵州省的汞矿储量、产量均居全国第一，占全国汞资源储量的 78%。在历史上，还存在因企业排放矿山开采的含汞废水，对流域造成大面积污染的问题（段志斌 等，2016）。2002 年 5 月，贵州省汞矿实施政策性关闭破产。然而随着近年来国际汞价的急剧上涨，大型汞矿被关闭后，"小作坊"式的土法炼汞又开始不断涌现，其突发环境污染风险依然严峻。

有色金属冶炼也会向环境中排放高浓度含汞废水。冶炼过程可将矿石中的汞等重金属部分转移到生产用水中，从而产生大量的酸性含汞重金属冶炼废水，废水中不但含有汞，还含有砷、铅、锌、镉等其他重金属污染物。汞等重金属浓度波动大，通常为 10～30 mg/L，有时波动范围达到 1～500 mg/L，除无机汞外，还含有有机汞。含汞废水来源复杂，包括工艺冷却水、酸洗废水、酸性洗涤废水、冲洗废水等。

2. 农业源汞污染

含汞农药的不当使用和污水灌溉是导致农产品及其周边水体汞含量升高的重要原因（王璐 等，2022）。有机化肥中的溶解性有机质可降低土壤对汞离子的吸附能力，使汞更容易被农作物吸收。研究发现，水稻中的汞含量与灌溉水中的汞浓度呈显著正相关（段志斌 等，2016）。

3. 生活污染源汞污染

日常生活中汞污染隐患也一直存在。荧光灯利用低气压汞蒸气或其他稀有气体（如氩气）将电转换成光，破损后极易造成汞污染。汞也可被用作原料制作锌汞电池，用于助听器、医疗仪器及军事装备等。医疗机构对汞的需求量非常大，传统体温计、血压计、齿科材料和化验室化学品等造成的汞污染并不罕见。此外，劣质含汞化妆品流入市场，以及交通饮食业含汞化石燃料的使用导致生活来源的汞污染很广泛。城镇生活垃圾任意堆放及填埋处理过程中产生的渗滤液泄漏、地下水管道的污水泄漏等，都会对城市及周边地表水和地下水系统造成汞污染。

总体来看，一方面由于大量汞矿山的闭坑及含汞化肥和农药的禁用，工农业汞污染有所减少，但另一方面城市生活和交通带来的汞污染呈扩大趋势。

2.3.4 地表水汞污染应急处置技术

当河道、湖沼、水库发生汞污染事故时，根据实际情况尽可能采取下列措施：首先建设截污点，切断汞随水体流动的途径，把污染控制在小范围内，对污染水进行单独处理。

1. 削减工艺

1）碱性化学沉淀法

将 pH 控制在 7~9，产生氢氧化汞，再通过投加铁盐（如聚合硫酸铁、聚合氯化铁等）、铝盐（如聚合硫酸铝、聚合氯化铝等）等混凝剂将水体中汞去除。华南理工大学胡勇有教授采用氯化铝作为混凝剂，以北江水为试验原水，分别考察了 pH 和混凝剂用量对汞去除效果的影响。在未改变溶液 pH 的情况下，首先考察聚合氯化铝（poly aluminium chloride，PAC）投加量对除汞的影响，如图 2-7 所示。当原水汞浓度超过《生活饮用水卫生标准》（GB 5749—2006）限值约 100 倍时，混凝（PAC 投加量从 20 mg/L 增至 70 mg/L）对汞的去除率为 23.5%~31.8%。可见，常规混凝对水中汞的去除效果较差。因此，当原水受突发汞污染时，不宜采用单纯混凝的方法处理。

原水含汞约 0.1 mg/L，pH 为 7.82，投加石灰乳调节 pH 至 9、10 和 11，PAC 投加量为 20 mg/L 时进行混凝试验，结果如图 2-8 所示。对应 pH 为 9、10 和 11 的水样，汞的去除率分别为 32.8%、45.2%、79.8%，较未调 pH 的除汞效率均有所提高，且随 pH 升高，除汞效率提升明显。当 pH 为 9~11 时，汞形成氢氧化物与 PAC 转化的氢氧化铝形成共沉淀，从而提高了汞的去除率。虽然 pH 为 11 时汞的去除率最高，但是石灰乳的投加量较 pH 为 9 时增加了近 30 倍，会大大增加污泥量以及回调酸的用量。因此，采取预投加石灰乳调节 pH 至 9~10，在突发性汞污染程度较轻微时，能起到一定的应急除汞效果。

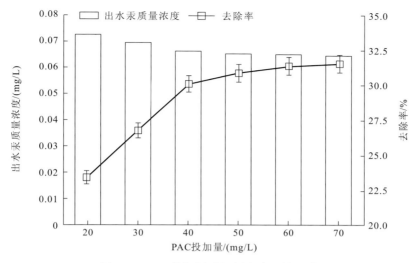

图 2-7　PAC 投加量对混凝土除汞的影响

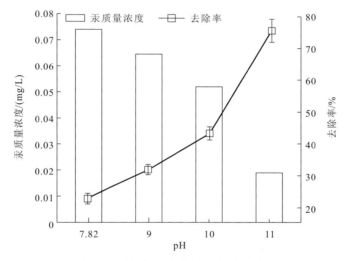

图 2-8　预投加石灰乳的混凝除汞效果

2）硫化物沉淀法

通过投加一定剂量的硫化物（如硫化钠、硫化钾等），与目标污染物形成硫化物沉淀，再投加混凝剂，形成矾花进行共沉淀，以使化学沉淀法产生的沉淀物快速沉淀分离。预投加石灰乳调 pH 为 9，考察单独加入硫化钠（Na_2S）的去除效果，原水含汞约 0.1 mg/L，结果如图 2-9 所示。随硫化钠投加量的增加，汞去除率呈快速上升的趋势，投加量增至 0.2 mg/L 时，汞去除率达 93.2%，继续增加投加量，汞去除率提高不明显，因此，硫化钠的最佳投加量为 0.2 mg/L，对应最佳投量比为 1∶2（Hg^{2+}∶$Na_2S \cdot 9H_2O$）。检测沉淀出水中残余硫离子（S^{2-}）发现，硫化钠投加量在 0.6 mg/L（过量 2 倍）以下，沉淀出水中硫离子均未超标。再增加硫化钠投加量，则会造成出水中硫离子超标。

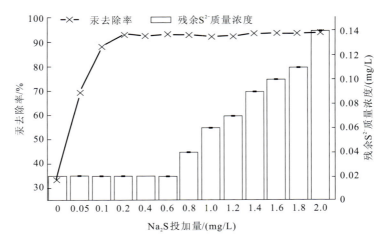

图 2-9 不同硫化钠投加量对汞的去除效果

聚合氯化铝（PAC）和聚合硫酸铁（polymeric ferric sulfate，PFS）是目前给水厂常用的混凝剂。试验先预投加石灰乳调 pH 为 9，硫化钠投加量为 0.2 mg/L，而后投加 PAC 或 PFS，原水汞质量浓度约为 0.1 mg/L，结果如图 2-10 所示。随着混凝剂投加量的加大，汞去除率升高。当 PAC 投加量大于 20 mg/L，汞去除率都在 93% 以上，这是 PFS 所不能比拟的。这是因为 PFS 水解产生的铁盐会与 S^{2-} 反应而消耗了水中部分 S^{2-}，故其除汞效率较低。而 PAC 水解产生的铝盐则不会出现此情况。PAC 投加量 40 mg/L 较 20 mg/L 的除汞效率虽提高了 4.1 个百分点，但是药剂费用成倍增加。因此，确定 PAC 的最佳投加量为 20 mg/L。

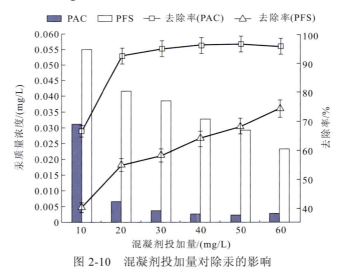

图 2-10 混凝剂投加量对除汞的影响

在酸性条件下，硫化钠容易形成硫化氢气体，从水中挥发，不利于除汞；而在弱碱性条件下，硫化钠能发挥最大作用。用石灰乳调节水样 pH，硫化钠投加量为 0.2 mg/L，PAC 质量浓度为 20 mg/L，原水汞质量浓度约为 0.1 mg/L，结果如图 2-11 所示。当 pH 低于 7.78 时，汞去除率随 pH 升高而显著提高，pH 为 9 和 10 时，汞去除率几乎无变化。

虽然原水 pH 从 7.78 调节至 9，汞去除率仅提高了 0.9 个百分点，但是为防止硫化钠以气体形式挥发对后续试验造成影响，后续试验均采用石灰乳将 pH 调为 9。

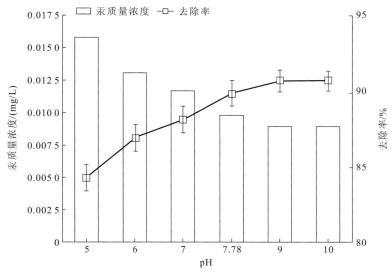

图 2-11　pH 对硫化钠除汞的影响

2．工艺流程

1）碱性化学混凝沉淀处理工艺流程

碱性化学混凝沉淀处理工艺流程见图 2-12。

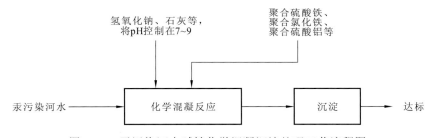

图 2-12　汞污染河水碱性化学混凝沉淀处理工艺流程图

2）硫化物混凝沉淀处理工艺流程

硫化物混凝沉淀处理工艺流程见图 2-13。

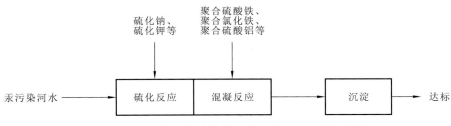

图 2-13　汞污染河水硫化物混凝沉淀处理工艺流程图

3. 工艺要点

（1）推荐的碱性化学沉淀处理（图 2-12）工艺参数：控制 pH 在 7～9，如 pH 超出这个范围，不仅影响污染物削减效果，而且易产生新的问题。混凝剂投加量一般为 50～300 mg/L，根据原水中汞的浓度，适度调整混凝剂的投加量。

（2）推荐的硫化物沉淀处理（图 2-13）工艺参数：硫化物投加量一般为 5～50 mg/L，混凝剂投加量一般为 50～300 mg/L。特别注意硫化物的投加量，硫化物溶于水后呈黑色，过量投加会影响河水感官，且易产生二次污染。因此，在突发环境事件处置中，优先采用化学混凝沉淀法；在极端低温等不利条件下化学混凝剂处理效果不能满足要求或无法获取足量化学混凝剂时，可采用硫化物沉淀法。

（3）在河道实施投药处置时，一般利用桥梁、现有闸坝或临时坝等设施，布设穿孔管或喷头进行投加，尽量保证药剂的均匀投加。

2.3.5　地下水汞污染应急处置技术

天然地下水中的汞元素，主要是从岩土中溶滤释放出来的，一般含量甚微。它虽是一种有害元素，但其质量浓度小于 1 μg/L 时，并不会危害人体健康。由于地下水中 Cl⁻ 浓度较高，Cl⁻ 与 Hg^{2+} 具有较强的亲和力，形成的络合物溶解度较高，可以显著提升汞的迁移能力。

在迁移转化过程中汞的形态分布特征存在明显的差异，其主要形态大部分以溶解性二价汞存在，一部分发生转化过程，如还原为金属汞，与有机质结合形成 Hg-DOM 络合物，同时几乎不含有水铁矿结合态汞，由此可作为原位修复汞污染地下水的参考依据。例如，可渗透反应墙（permeable reactive barrier，PRB）内填充一些反应活性吸附剂，通过电子转移使汞还原为金属汞。

2.3.6　自来水厂汞污染应急处置技术

1. 应急工艺

当自来水厂取水口汞质量浓度高于 0.011 mg/L 时，建议停止取水，或与其他清洁水源混合后，确保混合进水汞质量浓度低于 0.011 mg/L。

当自来水厂取水口汞质量浓度低于 0.011 mg/L 时（超标 10 倍以内），可采用碱性化学沉淀法或硫化物沉淀法处理，确保达标供水。

2. 工艺流程

1）碱性化学沉淀法处理工艺流程

自来水厂内碱性化学沉淀法处理工艺流程见图 2-14。

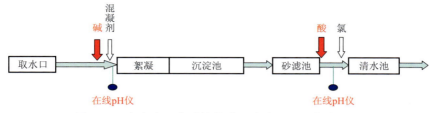

图 2-14　自来水厂内碱性化学沉淀法处理工艺流程图

2）硫化物沉淀法处理工艺流程

自来水厂内硫化物沉淀法处理工艺流程见图 2-15。

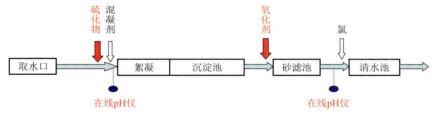

图 2-15　自来水厂内硫化物沉淀法处理工艺流程图

3．工艺要点

采用碱性化学沉淀法处理时，pH 宜控制在 7～9。调节 pH 的碱性药剂可以采用氢氧化钠（烧碱）、石灰或碳酸钠（纯碱）等。调节 pH 的酸性药剂可以采用硫酸或盐酸。因是饮用水处理，必须采用饮用水处理级或食品级的酸碱药剂。

采用硫化物沉淀法处理时，硫化物可以在自来水厂内与铝盐混凝剂一起投加，经过混凝—沉淀后大部分硫化物与污染物结合成为不溶物而得以去除；在进入滤池前加入一定剂量的氧化剂，将残余的硫化物氧化去除，避免二次污染。需要强调的是，配制硫化物溶液时需要投加一定量的碱，以防产生硫化氢气体。

2.4　水体镉污染应急处置技术

镉为重金属，其相对密度（将水密度看作 1）为 8.64。镉污染主要来自印染、农药、陶瓷、影印、矿石开采、冶炼等行业。20 世纪初以来，全球经济快速发展，镉被广泛应用于电镀工业、化工业、电子业、核工业等领域，镉的产量和用量不断增加，相当数量的镉通过废气、废水、废渣进入自然环境中。早在 1931 年，日本富山县发生的"痛痛病"事件，就是由镉污染造成的，大量病人出现关节疼痛、骨质疏松、身体萎缩等症状，在当地共造成 200 多人死亡。

21 世纪以来，我国也相继发生了几次重大镉污染事件：2005 年广东省北江镉污染事件，2006 年湖南省湘江镉污染事件，2012 年广西壮族自治区龙江镉污染事件，2016

年江西省新余市仙女湖镉污染事件等，这些水体镉污染事件主要是由相关企业向环境中非法排放含镉污染物所引起。

2.4.1　镉的毒性与标准限值

1. 生态毒性

镉质量浓度大于 2 mg/L 时，水会出现浑浊；镉质量浓度为 25 mg/L 时，水会有涩味。水中镉质量浓度为 0.1 mg/L 时，BOD_5 会降低，微生物分解代谢会受到影响。暂时性固定于水生系统的底质和悬浮物质中的痕量金属镉，也会对水生生物产生毒性效应。

环境中的镉能被植物吸收并在植物体内积累，随着土壤 pH 的降低，植物中镉含量升高。不同种类的植物对镉的吸收存在明显差异。镉会影响植物的细胞分裂及正常的生长、代谢，造成光合作用效率和生物量下降。镉可在动植物和其他水生生物体内富集。

2. 毒理和毒性作用

暴露途径：吸入、食入。

人体内吸收、分布、代谢和排泄：进入人和动物体内的镉元素通过血液循环系统到达全身，并且有选择性地主要蓄积于肾和肝脏中，其中肾脏可以蓄积吸收量的 1/3 左右，是镉中毒的主要靶器官。另外，镉在脾、胰、甲状腺、睾丸和毛发中也有一定的蓄积。镉的骨代谢是人和动物体内一种复杂的代谢活动，含量超标引起的肾功能障碍会影响维生素的活性，也会使尿钙的排出量增加，造成体内钙的吸收量减少，引起成骨过程和正常骨代谢紊乱。

健康影响：人吸入镉燃烧形成的氧化镉烟雾时可能会急性中毒，产生肺损害，出现急性肺水肿和肺气肿，个别病例可伴有肝、肾损害，对眼有刺激性。长期吸入较高浓度镉引起职业性慢性镉中毒，临床表现有肺气肿、嗅觉丧失、牙釉黄色环、肾损害、骨软化症等。食入后可引起急性中毒症状，伴有恶心、呕吐、腹痛、腹泻、大汗、虚脱甚至抽搐、休克等症状。长期摄入微量镉可引起骨痛病，潜伏期可达 10～30 年；患者尿镉和血镉的浓度高，反映体内镉负荷高；患者有镉中毒的自觉症状和他觉症状，如全身性疼痛，由于病理性骨折而引起骨骼变形，身躯显著缩短；同时，也会出现头痛、头晕、流涎、恶心、呕吐、呼吸受限、睡眠不安等症状。

生殖毒性：雄性动物体内的镉含量超标，会严重损伤 Y 染色体，使新出生的幼体多为雌性；可作用于雌性动物的卵巢，损害生殖功能，导致不育。镉可通过胎盘屏障进入胎儿体内，也可通过乳汁等途径进入幼体体内。

三致作用：镉及其化合物为有明确证据的人体致癌物，可引起肺、前列腺等器官癌变。镉及其化合物也有致畸作用。

3. 相关环境标准

水环境镉含量标准见表 2-7。

表 2-7　水环境镉含量标准

标准来源	标准名称	标准限值/(mg/L)				
中国（GB 8978—1996）	《污水综合排放标准》	0.1				
中国（GB 5749—2022）	《生活饮用水卫生标准》	0.005				
中国（GB 5084—2021）	《农田灌溉水质标准》	0.01（水作、旱作、蔬菜）				
中国（GB/T 14848—2017）	《地下水质量标准》	I 类	II 类	III 类	IV 类	V 类
		0.000 1	0.001	0.005	0.01	>0.01
中国（GB 11607—89）	《渔业水质标准》	0.005				
中国（GB 3838—2002）	《地表水环境质量标准》	I 类	II 类	III 类	IV 类	V 类
		0.001	0.005	0.005	0.005	0.01
中国（GB 3097—1997）	《海水水质标准》	I 类	II 类	III 类	IV 类	
		0.001	0.005	0.01	0.01	

2.4.2　环境分布与迁移转化

人类生产、生活过程中产生的镉污染物经过各种途径进入水环境中，其在水体中的迁移能力取决于镉的存在形态和所处的环境化学条件。就其形态而言，迁移能力顺序如下：离子态>络合态>难溶悬浮态。就环境化学条件而言，酸性环境能使镉的难溶态溶解、络合态离解，从而使离子态存在的镉增多，利于迁移；在碱性条件下镉容易生成多种类型沉淀，影响镉的水流迁移。水体悬浮物和水底沉积物对镉表现出较强的亲和力，天然水体中的镉污染物大部分存在于固相，即悬浮物和底质沉积物中，可占水体总含量的90%以上。随水流迁移到土壤中的镉，可被土壤吸附；吸附的镉一般在 0～15 cm 的土壤表层累积，15 cm 以下土壤中镉含量显著降低。水体中镉会发生一系列的溶解、配合、吸附、解吸、沉淀等反应，从而生成多种溶解态和颗粒态的镉化合物。镉和其他重金属一样，在自然环境中难以降解，进入水环境的镉只能在各种形态之间迁移、转化、分散及富集。

1. 物理化学作用

可溶性的含镉污染物能够被水体中的悬浮物和底泥所吸附，同时还伴随着解吸作用。这两种作用是控制水中镉离子浓度的主要理化过程。镉离子的吸附过程是一个动态平衡过程，水体近底流速的增大、温度的升高、酸性条件等因素会促进镉离子的解吸释放，已吸附到悬浮物上或沉积到底泥中的镉元素，在此条件下，会释放到水体中，从而对水体造成二次污染，因此吸附到悬浮物上或沉积到底泥中的镉元素仍然存在较大的环境安全风险。

通常情况下，进入水环境中的镉离子可以与水环境中的部分阴离子生成难溶的化合物，如 $CdCO_3$、$Cd(OH)_2$、CdS 等，其存在形态与 pH 等因素有关（图 2-16）。这些

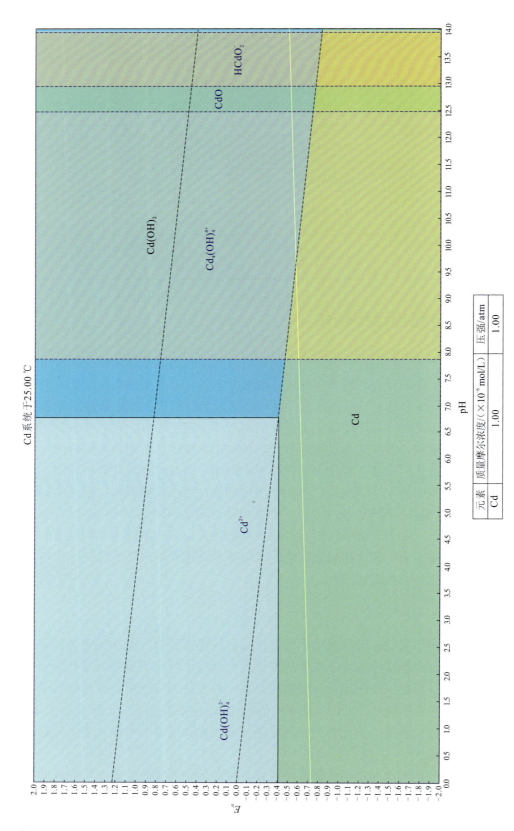

图 2-16 Cd 的 E_h-pH 图

难溶的化合物可以在重力作用下发生沉降反应，在富含这些阴离子的水体中，大大限制了镉污染物在水环境中的扩散范围，使镉主要保留在排污口附近的底泥中，降低了镉离子在水中的迁移能力，在一定程度上对水质起到了净化作用。天然水体中还存在大量黏土矿物、金属氧化物等无机高分子化合物和腐殖质、蛋白质、碳水化合物等有机高分子化合物，它们是天然水体中存在的主要胶体物质。胶体一般带有电荷，还具有巨大的比表面积和表面能，对水体中的各种分子和离子有很强的吸附作用，能够影响镉离子在水体中的迁移。

2. 生物富集作用

镉元素在水体中还可以被鱼类、贝类、甲壳类、水生植物等摄取吸收，在其体内富集，并随着食物链的累积效应逐级放大，造成生物体内的镉含量远远超过自然环境中的镉水平，这些含镉生物被人类食用后，会在人体内蓄积，给人体健康带来很大的危害。

镉元素在生物体内的富集作用与镉污染物的性质、浓度，污染作用时间，富集生物的种类等因素有关，是水体生态环境与生物自身吸收、代谢综合作用的结果，过程非常复杂。李海军（2009）利用污水处理厂的中水浇灌生长良好的 30 种植物，测定不同植物对镉的富集能力，研究结果表明，植物对镉的富集作用与植物种类有关，不同植物对镉的富集能力强弱不同。有研究表明，镉元素的生物富集作用还受到环境中共存的其他金属离子的影响。

2.4.3 水环境中镉污染来源

水环境中镉污染物的来源可以分为两大类：自然环境背景来源和人为排放来源。

1. 镉污染物的自然环境背景来源

水环境中镉的自然环境背景来源主要是指水体中镉污染物的本底含量，本底含量主要来自该水体集水区域内土壤和岩石中的镉元素。镉是一种相对稀有的重金属元素，在土壤中的含量很少，在世界范围内，一般土壤中镉的质量分数为 0.01～2.00 mg/kg，平均质量分数为 0.35 mg/kg，我国土壤中镉质量分数 95%的置信度区间为 0.017～0.332 mg/kg，质量分数受所处地域和土壤类型的影响而存在差异（宋玉婷 等，2018）。土壤和经过风化的岩石被淋滤后，镉元素便会通过地表径流进入水体中，因此水体中都存在一定浓度的镉元素。此外，富镉地区土壤中的镉元素也会通过风、蒸发等自然作用进入大气，随着气流转移到其他地方，再通过干、湿沉降进入其他区域土壤或水体中。

2. 镉污染物的人为排放来源

除在环境中的本底存在外，水环境中的镉污染物有相当大一部分还来自人为的排放，如涉镉工业、企业的"三废"排放，农业生产中化肥农药的大量使用，日常生活产生的含镉废弃物处置不当及突发的镉污染事故等。镉是炼锌业的副产品，作为原料或催化剂用于生产电池、塑料、颜料和试剂、塑胶稳定剂；由于镉的抗腐蚀性及耐摩擦性，也是生产不锈钢、电镀及制作雷达、电视机荧光屏等的原料；还是制造原子核反应堆控制棒的材料之一。随着电池工业的发展，镍镉电池以其优良性能得到了广泛应用，镍镉电池的生产在 20 世纪 80 年代中后期快速增长，在镉年产量不断增长的同时，1981 年镍镉电池用镉占镉消费量的 23%。

因此，水体中镉的污染源主要来自铅锌矿、有色金属冶炼、电镀、玻璃、油漆颜料、纺织印染、影印、电子管生产、陶瓷和用镉作原料的化工厂等的排水。镉的废旧产品也会造成环境污染，如废镍镉电池。有关资料表明，硫铁矿石制取硫酸和磷矿石制取磷肥时排出的废水中含镉量较高，每升废水中镉的含量可达数十至数百微克。此外，大气中的铅锌矿及其他有色金属冶炼、燃烧、塑料制品焚烧所形成的镉颗粒也可能进入水体污染水源。另外，用镉作原料的触媒、颜料、塑料稳定剂、合成橡胶硫化剂、杀菌剂等排放的镉也可能对水体造成污染，导致饮用水中镉含量显著升高。

农业的发展过程中伴随着大量化肥和农药的使用，许多种类的化肥和农药中都含有一定量的镉。化肥特别是磷肥中的镉含量较高，通常情况下，磷矿石中镉的含量不高，但在湿法加工磷肥的过程中，磷肥最终会富集磷矿石中 70%～80% 的镉元素；某些农药也含有一定浓度的镉元素，如乐果、草甘膦等。随着化肥和农药的大量使用，镉会随之进入农田土壤，沉积到农田土壤环境中的镉元素随着雨水冲刷等作用进入水体，造成水体镉污染。

人们日常生活所产生的某些废弃物也含有一定量的镉元素，如餐具和食品包装袋等。这些包装袋被废弃后形成的渗滤液及燃烧产物中的镉元素并不会消失，而会通过不同的途径进入水环境中，造成污染。此外，突发性镉污染事件会使镉污染物在短时间内、以极高的浓度进入环境中，并通过各种途径进行迁移，不但对污染区域造成严重的环境污染，也会对下游区域形成长时间的、较大范围的环境污染压力，更会破坏整个生态系统的平衡，威胁人类的安全。

2.4.4　除镉的水处理技术基本原理

1. 化学絮凝沉淀法

突发性镉污染事件中，镉在水体中主要以溶解态形式存在，所占比例＞60%。常规混凝沉淀可有效去除吸附态镉，但对溶解态镉的去除效果有限。化学絮凝沉淀法是预先向污染水体中投加碱剂或者硫化剂，提高吸附态镉的比例，最终通过絮凝反应形成大絮体，从而使污染物从水中分离的方法。在镉污染事件处置措施中，絮凝沉淀法常用的絮凝剂主要包括石灰、Na_2CO_3、NaOH、Na_2S、K_2S 及 $Al_2(SO_4)_3$、聚氯化铝、聚铁等。其中投加 NaOH 或石灰是为了提高污染水体的 pH，使 pH 在 8～9，这时部分溶解态镉便会反应生成 $CdCO_3$、$Cd(OH)_2$ 等细小颗粒的吸附态镉，然后利用絮凝剂把这些细小微粒混凝在一起，形成不溶于水的大颗粒沉淀，这些大颗粒在重力作用下沉降到水体的底部。硫化钠和硫化钾则是通过硫离子与镉生成难溶性化合物硫化镉，从而便于后续絮凝沉淀。絮凝沉淀法具有工艺简单、成本低廉、沉降速度快、处理效果好等优点，在实际镉污染突发事件中被广泛应用，近年来我国发生的几次重大镉污染突发事件均采用碱性絮凝沉淀的方法进行处理。

投加高锰酸钾（$KMnO_4$）可以提高絮凝沉淀对镉的去除率。$KMnO_4$ 在强化混凝去除水中微量重金属中的作用主要有两个：一是氧化助凝作用；二是与水中的还原物质（如腐殖酸等）反应生成的新生态水合二氧化锰具有良好的吸附性能，对重金属离子具有一定的吸附作用。投加 $KMnO_4$ 能明显改善混凝效果，具体表现为絮体尺寸增大，分离效果提高，出水浊度降低。这主要是由于 $KMnO_4$ 的氧化作用使部分有机物分子的极性增强，从被吸附的颗粒表面脱落，使胶体颗粒脱稳；氧化作用使腐殖酸等大分子有机物相互螯合，有利于混凝；$KMnO_4$ 还原生成的水合二氧化锰能在水中迅速形成较大分子聚合物，通过表面配位或其他化学作用及吸附作用与水中带负电的胶体颗粒结合，并在胶体颗粒之间起架桥作用，使胶体颗粒相互结合，从而强化混凝作用，最终生成大的絮体或发生共沉淀，达到强化混凝的目的。

2. 吸附法

吸附法是利用具有较大比表面积的多孔性固体物质，投加到污染水体中，通过吸附作用将水体中的污染物质吸附在固体表面而将污染物去除的方法。常用于镉污染水体处理的吸附剂有活性炭、生物炭、矿渣、硅藻土、无定形氢氧化铁等。其中活性炭是一种价格低廉且处理效果好的吸附剂，在应急处理中应用最广泛。

不同的吸附剂处理含镉废水的机理不尽相同，可以分为物理吸附、化学吸附、离子交换吸附三大类。总体来讲，吸附法工艺简单，处理效果稳定，使用的吸附剂价格低廉，适用于环境水体流量大、污染物含量低的污染物的去除，但是在实际处理时，影响镉污染物吸附效果的因素比较多，如吸附剂的种类、粒度、投放量、吸附处理时间、水体 pH、流量、流速及镉污染物的浓度等。在实际应急处置过程中要根据这些因素来进行应急处置方法的选择，应综合考虑各种因素，在必要时，可以联合使用各种处理方法，以达到最佳的应急处理效果。

2.4.5　地表水镉污染应急处置技术

1. 削减工艺

1）碱性化学沉淀法

将 pH 控制在 7～9，产生氢氧化镉，再通过投加铁盐（如聚合硫酸铁、聚合氯化铁等）、铝盐（如聚合硫酸铝、聚合氯化铝等）等混凝剂将水体中镉去除。

2）硫化物沉淀法

投加一定剂量的硫化物（如硫化钠、硫化钾等）与目标污染物形成硫化物沉淀，再投加混凝剂形成矾花进行共沉淀，使化学沉淀法产生的沉淀物快速沉淀分离。

3）高锰酸钾沉淀法

投加一定剂量的高锰酸钾对来水进行预氧化，再投加混凝剂，可提高混凝除镉效果。

4）吸附法

适用于镉的吸附材料主要分为三类：活性炭、高分子材料及纳米材料（碳纳米管和金属氧化物纳米材料）、生物质吸附材料及天然吸附剂。

2. 工艺流程

1）碱性化学沉淀处理工艺流程

镉污染河水碱性化学沉淀处理工艺流程见图 2-17。

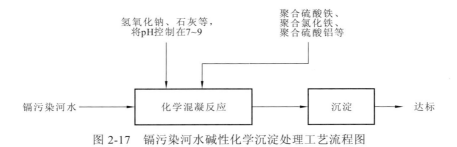

图 2-17　镉污染河水碱性化学沉淀处理工艺流程图

2）硫化物沉淀处理工艺流程

镉污染河水硫化物沉淀处理工艺流程见图 2-18。

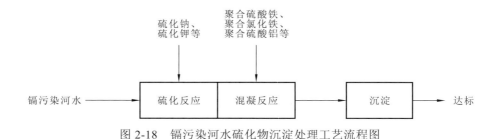

图 2-18　镉污染河水硫化物沉淀处理工艺流程图

3. 工艺要点

（1）推荐的碱性化学沉淀处理工艺参数：将 pH 控制在 7～9，如 pH 超出这个范围，不仅影响污染物削减效果，还易产生新的问题。混凝剂投加量一般为 50～300 mg/L，根据原水中镉的浓度，适度调整混凝剂的投加量。

（2）推荐的硫化物沉淀处理工艺参数：硫化物投加量一般为 5～50 mg/L，混凝剂投加量一般为 50～300 mg/L。特别注意硫化物的投加量，硫化物溶于水后呈黑色，过量投加会影响河水感官，且易产生二次污染。因此在突发镉污染环境事件处置中，优先采用碱性化学沉淀法；在极端低温等不利条件下碱性化学沉淀处理效果不能满足要求或无法获取足量化学混凝剂时，采用硫化物沉淀法。

（3）$KMnO_4$ 与 PAC 联用能强化二者的协同作用，当 $KMnO_4$ 的投加量为 1 mg/L、PAC 投加量为 60 mg/L 时，对 Cd^{2+} 的去除率为 88.9%，比常规混凝沉淀工艺提高了 78.4%。但在不采取其他还原措施的情况下，$KMnO_4$ 投加过量会使出水呈红色，导致锰含量超标。

（4）在河道实施投药处置时，一般利用桥梁、现有闸坝或临时坝等设施，布设穿孔管或喷头进行投加，尽量保证药剂的均匀投加。

（5）常规的活性炭、生物炭和树脂等材料对镉的吸附过程符合朗缪尔（Langmuir）吸附等温线模型和准二级动力学模型，主要为单分子吸附，受化学吸附控制。吸附材料对镉离子的吸附受 pH 变化影响较大，随着 pH 升高，吸附效果增强。镉的初始浓度也影响吸附反应的进行，初始浓度越高，吸附量越大。吸附过程在 120 min 后基本达到饱和状态。

2.4.6　地下水镉污染应急处置技术

地下水镉污染的处置可以选择可渗透反应墙（permeable reactive barrier，PRB）技术。PRB 是一种合理有效的原位地下水修复技术，具有占地面积小、环境扰动小、运行维护成本低、对污染物捕集效率高等优点。目前，国内外在使用 PRB 技术治理有机物、重金属、无机离子、放射性元素等单一污染的地下水体方面已有较为完备的研究，并已在工程中应用。

PRB 技术的关键在于 PRB 介质的选择。零价铁是常用的 PRB 修复介质，针对重金属污染的 PRB 介质，除常用的氧化还原介质（零价铁）外，还有吸附型介质材料（钢渣、粉煤灰、沸石）、沉淀介质材料（磷灰石）和复合介质材料等。利用零价铁缺氧腐蚀释氢的特性，向修复体系中引入微生物及硝酸盐，通过加速非生物与生物铁腐蚀过程，可以提高 Cd(II)污染地下水的修复效果。例如，研究者采用连续流反应器模拟可渗透反应墙来考察硝酸盐介导的微生物-零价铁体系协同修复 Cd(II)污染地下水的过程，发现 Cd(II)去除能力比一般的零价铁反应器提高了 2.9 倍，运行寿命延长了 2.5 倍。此外，微生物与零价铁协同作用的区域分布在连续流反应器内，具有不均匀性，出水段显示出更强的 Cd(II)去除能力。

2.4.7　自来水厂镉污染应急处置技术

1. 应急工艺

当自来水厂取水口镉质量浓度高于 0.055 mg/L 时，建议停止取水，或与其他清洁水源混合后，确保混合进水镉质量浓度低于 0.055 mg/L。

当自来水厂取水口镉质量浓度低于 0.055 mg/L 时（超标 10 倍以内），可采用碱性化学沉淀法或硫化物沉淀法处理，并确保达标供水。

2. 工艺流程

自来水厂内碱性化学沉淀法和硫化物沉淀法处理工艺流程见图 2-14 和图 2-15。

3. 工艺要点

工艺要点详见 2.3.6 小节相关内容。

2.5　水体铅污染应急处置技术

铅属于重金属，相对密度（将水密度看作 1）为 11.34。铅的工业污染来自矿山开采、冶炼、橡胶生产、染料、印刷、陶瓷、铅玻璃、焊锡、电缆及铅管等生产废水和废弃物；此外，汽车尾气中存在四乙基铅。

2.5.1　铅的毒性与标准限值

1. 生态毒性

铅对动植物及微生物均有一定生态毒性。水体受铅污染时（Pb 质量浓度为 0.3～0.5 mg/L），明显抑制水的自净作用，Pb 质量浓度达 2～4 mg/L 时，水即呈浑浊状。对鱼类具有毒性：96 h 急性暴露实验显示水体中 Pb 对南方鲇和胭脂鱼的半致死浓度（96 h LC_{50}）分别为 4.47 mg/L 和 0.264 mg/L；8 周的慢性暴露实验显示南方鲇和胭脂鱼的肝脏、肾脏和鳃中谷胱甘肽 S-转移酶（GST）活性、静止代谢率和肝脏（或肝胰脏）的线粒体状态 3 呼吸率均随水体中 Pb 浓度升高而升高，肝脏中糖原含量、特定体重生长率随 Pb 暴露浓度的升高而呈下降趋势。35～70 mg/kg 土壤铅浓度可使小麦分蘖数、株高、地径、单叶鲜重、单叶干重、叶片厚度、单株鲜重、单株干重、叶绿素含量、叶氮含量、植物过氧化物酶活性和过氧化氢酶活性均显著下降。

2. 毒理和毒性数据

暴露途径：吸入，食入。

人体内吸收、分布、代谢和排泄：铅对人体的毒害是积累性的，经呼吸道吸入的铅有 25%沉积在肺里，部分通过水的溶解作用进入血液；经消化道摄入的铅约有 10%被吸收。进入人体的铅 70%～90%最后以磷酸氢铅（$PbHPO_4$）形式沉积并附着在骨骼组织上，且终生逐渐增加；蓄积在人体软组织和血液中的铅在人的成年早期后几乎不再变化，多余部分会自行排出体外。铅的化合物小部分可以通过消化系统以代谢最终产物排出体外，包括尿（约 76%）和肠道（约 16%），以及出汗、脱皮和脱毛发等途径。

①急性毒性：半数致死量（LD_{50}）为 70 mg/kg（大鼠颈静脉给药）。②亚急性毒性：在 10 μg/m³ 浓度下，大鼠接触 30～40 天，红细胞胆色素原合酶活性减少 80%～90%，血铅浓度高达 150～200 μg/100 mL，出现明显中毒症状；在 10 μg/m³ 浓度下，大鼠吸入 3～12 个月后，从肺部洗脱下来的巨噬细胞减少了 60%，出现多种中毒症状；在 0.01 mg/m³ 浓度下，人职业接触，会导致泌尿系统炎症，血压变化，死亡，孕妇胎儿死亡。③慢性毒性：长期接触铅及其化合物会导致心悸、易激动，血象中红细胞增多；铅侵犯神经系统后，出现失眠、多梦、记忆减退、疲乏等症状，进而发展为狂躁、失明、神志模糊、昏迷，最后因脑血管缺氧而死亡。

三致作用：致癌，2B 类致癌物，可能与泌尿系统癌症有关，但存在较大个体差异；致畸，动物实验支持致畸作用；致突变，细胞实验表明 DNA 复制损伤。

3. 相关环境标准

水环境铅含量标准见表 2-8。

表 2-8 水环境铅含量标准

标准来源	标准名称	标准限值/(mg/L)				
中国（GB 8978—1996）	《污水综合排放标准》	1.0				
中国（GB 5749—2022）	《生活饮用水卫生标准》	0.01				
中国（GB 5084—2021）	《农田灌溉水质标准》	0.2（水作、旱作、蔬菜）				
中国（GB/T 14848—2017）	《地下水质量标准》	I 类	II 类	III 类	IV 类	V 类
		0.005	0.005	0.01	0.1	>0.1
中国（GB 11607—1989）	《渔业水质标准》	0.05				
中国（GB 3838—2002）	《地表水环境质量标准》	I 类	II 类	III 类	IV 类	V 类
		0.01	0.01	0.05	0.05	0.1
中国（GB 3097—1997）	《海水水质标准》	I 类	II 类	III 类	IV 类	
		0.001	0.005	0.01	0.05	

2.5.2　环境分布和迁移转化

环境中的无机铅及其化合物十分稳定，不易代谢和降解，但存在水体向沉积物转移、大气向水和土壤环境沉降等不同环境介质间的迁移；水体、土壤、空气中的铅可被生物吸收并在生物体内富集，在鱼类、贝类等生物中的生物富集作用较强。

水环境中铅由于受 OH^-、Cl^-、SO_4^{2-} 及 CO_3^{2-} 等浓度水平的影响，其浓度水平和形态存在一定的变化，在水环境中，铅化合物和上述离子间存在沉淀-溶解平衡和配合平衡的关系。当 pH 发生变化时，水中各种铅化合物含量也相应发生变化。铅在水体中的存在形态，一般按其总量可分为可溶态和颗粒态，一些+2 价、+4 价的铅离子都是可溶态的，可溶态的铅毒性较大，可以被人、生物直接吸收，蓄积性强。悬浮物和沉积物中的铅是颗粒态的。张宝贵（2009）研究显示河水中有 15%～83%的铅是以与悬浮颗粒物相结合的形态存在，该形态中又有相当数量是以与大分子有机物相结合或以被无机水合氧化物（如氧化铁等）所吸附的形态存在。在中性和弱碱性水中，当水中溶解有 CO_2 时，可以出现 Pb^{2+}、$PbCO_3$、$PbOH$、$Pb(OH)_2$ 等。海水中存在大量 Cl^-，因此海水中的铅主要存在形态为 $PbCO_3$、$Pb(CO_3)^{2-}$、$PbCl^+$、$PbCl_4^-$ 等。还有部分铅是以有机铅化合物形态存在于水体中，但该形态的有机铅化合物溶解度小、稳定性差，在光照下易分解。

2.5.3　水环境中铅污染来源

环境中的铅主要来自两个方面：自然来源和人为活动。自然来源指火山爆发烟尘、飞扬的地面尘粒、森林火灾烟尘及海盐气溶胶等自然现象释放到环境中的铅。但构成环境污染的最大量、最常见的污染源是人为活动，包括铅及其他重金属矿的开采、冶炼、蓄电池工业、玻璃制造业、粉末冶金及相关企业产生的"三废"，燃料油、燃料煤的燃烧废气，油漆、涂料、颜料、彩釉、医药、化妆品、化学试剂及其他含铅制品的生产和使用等。最主要的人为污染源有两个，即燃油和铅冶炼、蓄电池等工业性污染。前者占大气总污染份额的 56.7%，后者占 30.24%。

我国有大大小小的再生铅厂近 300 家，生产能力从几十吨到上千吨不等，2×10^4 t 规模及执行"三同时"的企业屈指可数，普遍处于规模小、耗能高及污染重、回收率低的状况。工艺上主要采用传统的小反射炉、鼓风冲天炉等熔炼工艺，极板和铅膏混炼，基本上未经预处理工艺，90%以上的企业没有采取环保措施。全国每年按 6.0×10^5 t 废铅蓄电池产出 28 t 再生铅计算，年排放烟尘约 4.8×10^4 t（其中铅尘 4×10^4 t），年产弃渣量达 1.2×10^5 t（其中含铅 1.2×10^4 t）。

铅的农业污染主要来自施肥。作为工业副产品的锌肥含铅量可高达 50～52 000 mg/kg，磷肥品种过磷酸钙中含铅 32.5 mg/kg。但在目前的磷肥用量下，铅在土壤和作物中的积累和吸收量不高。污水灌溉和农药是另外两个重要的污染源。

2.5.4　除铅的水处理技术基本原理

1. 碱性化学沉淀法

碱性化学沉淀法需要与混凝沉淀过滤工艺结合运用，最常采用的方法是通过预先调整 pH，降低所要去除的污染物的溶解度，使污染物形成沉淀析出物；再投加铁盐或铝盐混凝剂，形成矾花进行共沉淀，使化学沉淀法产生的沉淀物有效沉淀分离，在去除水中胶体颗粒、悬浮颗粒的同时，去除这些金属和非金属离子污染物。多数金属元素会生成氢氧化物、碳酸盐沉淀，因此当水源水呈弱碱性时（一般为 pH>8.5），由于水中 OH 浓度升高，同时碳酸氢根转化为碳酸根，就会生成溶解度低的氢氧化物或碳酸盐，从而从水中沉淀分离。由于与混凝剂共同使用，混凝形成的矾花絮体对离子污染物会有一定的电荷吸附、表面吸附等去除作用，对污染物的去除效果优于单纯的化学沉淀法。

碱性化学沉淀法应急处理技术的主要技术要点是调节适宜的 pH、选择合适的混凝剂。由于调节 pH 的做法在我国的水厂中并不常用，水厂也缺少相关设备和操作经验，所以需要提前做好准备。对于要求控制 pH 的化学沉淀混凝处理，该工艺的理论控制点是指混凝反应之后的 pH，而不是投加混凝剂之前的 pH。这是由于混凝剂的水解作用会使水的 pH 降低，特别是酸度较大的液体混凝剂。投加混凝剂后水的 pH 一般要下降 0.2~0.5，降低的数值与水的化学组成和所用混凝剂种类及其投加量有关。

对于需要调节 pH 进行混凝沉淀的应急处理，还必须注意所用混凝剂的 pH 适用范围。铁盐混凝剂适用 pH 范围为 5~11，硫酸铝适用 pH 范围为 5.5~8.0，聚合铝适用 pH 范围为 5~9。特别要注意的是，铝盐混凝剂在 pH 过高（pH≥9.5）条件下使用会产生溶于水的偏铝酸根，可能会产生滤后水铝超标的问题（饮用水标准中铝的限值为 0.2 mg/L）。

2. 硫化物沉淀法

由于重金属离子与硫离子反应生成的硫化物沉淀在水中的溶解度极低，所以在处理含铅废水时，常用硫化物为硫化剂，使铅与之生成难溶的硫化物沉淀而达到净化废水的目的。由于 PbS 的溶度积（3.4×10^{-28}）远低于 $Pb(OH)_2$ 的溶度积（1.0×10^{-16}），硫化物沉淀的去除效率要高于氢氧化物沉淀。何绪文等（2013）通过投加硫化钠对含铅废水进行处理实验，发现在 S^{2-} 和 Pb^{2+} 的物质的量比为 3：1、pH>6 时，铅的去除率最佳，达到 99.6%。该沉淀反应过程符合一级反应动力学，且生成的 PbS 粒径为 2.62 μm，具有较好的沉降性，利于沉淀物从水中去除。硫化剂价格较昂贵，处理含铅水时成本增加，同时 PbS 具有一定毒性，在处理过程中需特别注意操作的安全性。

2.5.5　地表水铅污染应急处置技术

1. 削减工艺

1）碱性化学沉淀法

将 pH 控制在 7～9，产生氢氧化铅，再通过投加铁盐（如聚合硫酸铁、聚合氯化铁等）、铝盐（如聚合硫酸铝、聚合氯化铝等）等混凝剂将水体中的铅去除。

刘韵达等（2008a）以北江水为试验用水配制含铅原水，开展了预加碱强化混凝应急处理突发性铅污染原水的小试和中试研究。着重研究碱的种类、pH、混凝剂聚氯化铝（PAC）和助凝剂聚丙烯酰胺（polyacrylamide，PAM）投加量对加碱应急除铅效果的影响。首先，在实验室开展了小试实验，分别使用氢氧化钠、石灰乳和石灰水调节原水（铅质量浓度为 0.701 mg/L）呈碱性，混凝预试验确定 PAC 加药量为 20 mg/L。结果表明，pH 为 9 和 10 时，石灰乳对铅的去除效果优于氢氧化钠和石灰水。石灰乳有强化混凝作用，生成速度快，絮体大，沉淀快。虽然会增加沉淀污泥量，但短期应急处理选用石灰乳可行。接着，通过石灰乳调节铅污染原水（铅质量浓度为 0.647 mg/L，pH 为 7.8）至 pH 为 9～11.83，加 20 mg/L PAC，考察了混凝反应的最佳 pH。当 pH 为 10 时，去除率最高为 98.5%，但石灰用量增加了 10 倍。考虑污泥量，pH 为 9 较适宜，去除率达 93.7%，但出水铅浓度（0.040 7 mg/L）未达标。在此基础上继续考察 PAC 投加量对混凝效果的影响（图 2-19），发现当 PAC 投加量为 15 mg/L 时铅的去除率已大于 95%，继续提高 PAC 投加量至 39 mg/L 时可使水中铅浓度达标，但是铅去除率仅提高不到 3%。这是由于随 PAC 投加量增加，无定形氢氧化铝絮体相对增多，电中和作用被削弱，以吸附卷扫絮凝作用为主，虽然可以增强对水中氢氧化铅颗粒的吸附，强化除铅效果，但是此效果并不显著，而且不经济。因此，预加碱强化混凝应急除铅的 PAC 最佳投加量为 20 mg/L。外加絮凝剂 PAM，不仅可以减少 PAC 的投加量，而且能强化絮体沉降性，减少污泥量。当 PAM 投加量为 0.4 mg/L 时，铅的去除率最高，达到 99.3%，沉淀出水的铅含量已达标。在混凝过程中，絮体体积和密实程度均随 PAM 投加量的增加而加大，沉淀时间也由未加 PAM 的大于 15 min 减少至小于 1 min。何文杰等（2006）的研究表明，阴离子型 PAM 主要对水中杂质起吸附架桥作用，增大絮体尺寸，能吸附水中残余的铅的氢氧化物颗粒，从而强化对铅的去除效果。因此，投加约 0.4 mg/L 的阴离子 PAM 可以起到强化混凝应急除铅的作用。

采用烧杯实验确定的最佳操作条件，通过在方形竖流式反应池开展中试实验，对不同铅污染倍数原水进行中试，验证小试除铅效果并优化投药和操作条件，结果见表 2-9。常规混凝处理沉淀出水铅质量浓度远超标准值，滤后水接近达标。对碱的选择以石灰乳调 pH 的除铅效果最好，且沉淀出水铅质量浓度可达标，明显较烧杯实验效果好，这是因为方形竖流式反应池混凝反应更完全。当原水铅污染倍数低于 70 时，沉淀出水中的铅质量浓度低于标准值；而原水铅污染倍数高于 70 时，沉淀出水中

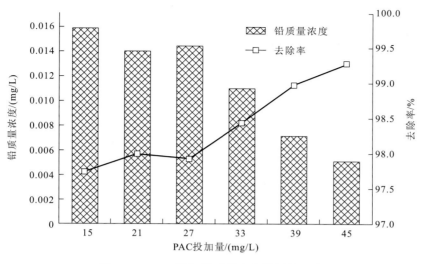

图 2-19 PAC 投加量对铅去除效果的影响

的铅质量浓度有一定波动，最高超标 3 倍。连续监测滤后水总硬度（以 $CaCO_3$ 计），结果均低于 5 mg/L。综上，预加碱强化混凝工艺的应急除铅效果较好，能使原水铅质量浓度超标 168 倍以下时处理达标，并且在铅质量浓度超标 70 倍以下时控制在滤前达标，在确保安全供水的同时还减轻了铅对滤池的污染。

表 2-9 各处理方法的应急除铅效果中试综合比较

序号	加碱	PAC 投加量 /(mg/L)	PAM 投加量 /(mg/L)	铅质量浓度/(mg/L)		铅去除率/%	
				沉后	滤后	沉后	滤后
1	—	20	—	0.305 0	0.022 8	69.5	97.7
2	—	50	—	0.228 5	0.007 9	77.2	99.2
3	氢氧化钠-9	20	0.4	0.176 9	0.001 6	82.3	99.8
4	石灰乳-9	20	0.4	0.006 8	0.001 1	99.3	99.9
5	石灰水-9	20	0.4	0.040 5	0.003 0	96.0	99.7

混凝剂的种类及投加量（铁盐以 Fe(III) 计，铝盐以 Al_2O_3 计）对铅去除效果的影响如图 2-20 所示。随着投加量的增加，两种混凝剂对铅的去除效果呈现不同的变化趋势。随 PFS 投加量的增加，Pb(II) 的去除率并无明显的变化。而随着 PAC 投加量的增加，Pb(II) 的去除率升高得十分明显。PFS 对 Pb(II) 的去除效果明显优于 PAC，这主要是由 PFS 和 PAC 不同的性质及混凝机理决定的。铁盐水解产生的无定形氢氧化物 FeO(OH) 的表面离子配位不饱和，可与水形成配位结构，生成羟基化表面；其表面羟基会与水中的重金属离子或其水解产物发生由静电引力而引起的交换吸附。因此，在溶解态 Pb(II) 的去除方面，铁系絮凝剂比铝系絮凝剂更具优越性。再者，由于二者水解特性不同，$Fe(OH)_3$ 的溶度积 K_{sp}（3.2×10^{-38}）远小于 $Al(OH)_3$ 的溶度积 K_{sp}（1.9×10^{-3}），

所以铁盐比铝盐具有更强的水解、聚合及沉淀能力。而铝盐水解生成的絮体松散庞大，网捕卷扫作用显著。因此，铝盐对 Pb(II)的去除主要依靠网捕卷扫作用，故 Pb(II)的去除率随 PAC 增加而升高的趋势较为显著。PFS 对 Pb(II)的去除则主要依靠吸附和共沉淀作用，故当混凝剂投加量增加到一定程度后，再增大混凝剂的投加量虽然提供了更多的吸附交换点位，但也提高了絮体的正电荷的密度，不利于带正电的溶解态 Pb(II)的接近，因而对 Pb(II)去除率的提高帮助不大。

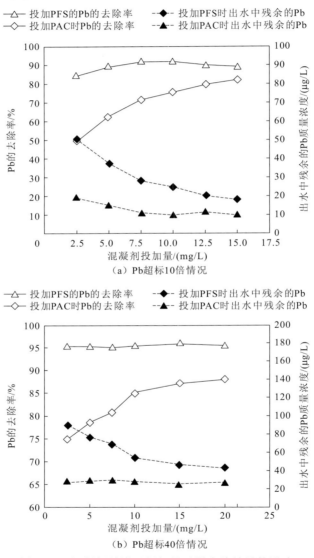

图 2-20　混凝剂种类及投加量对铅去除效果的影响

2）硫化物沉淀法

投加一定剂量的硫化物（如硫化钠、硫化钾等）与目标污染物形成硫化物沉淀，再投加混凝剂，形成矾花进行共沉淀，以使化学沉淀法产生的沉淀物快速沉淀分离。

2. 工艺流程

1) 碱性化学沉淀处理工艺流程

铅污染河水碱性化学沉淀处理工艺流程见图 2-21。

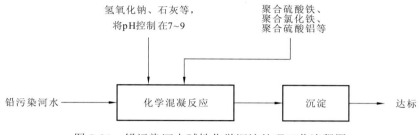

图 2-21　铅污染河水碱性化学沉淀处理工艺流程图

2) 硫化物沉淀处理工艺流程

铅污染河水硫化物沉淀处理工艺流程见图 2-22。

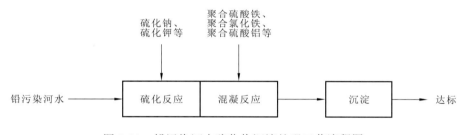

图 2-22　铅污染河水硫化物沉淀处理工艺流程图

3. 工艺要点

（1）推荐的碱性化学沉淀处理工艺参数：将 pH 控制在 7～9，若 pH 超出这个范围，不仅影响污染物削减效果，而且易产生新的问题。混凝剂投加量一般为 50～300 mg/L，根据原水中铅的浓度，适度调整混凝剂的投加量。

（2）推荐的硫化物沉淀处理工艺参数：硫化物投加量一般为 5～50 mg/L，混凝剂投加量一般为 50～300 mg/L。特别注意硫化物的投加量，硫化物溶于水后呈黑色，过量投加会影响河水感官，且易产生二次污染。因此，在铅污染突发环境事件处置中，应优先采用碱性化学沉淀法；在极端低温等不利条件下碱性化学沉淀处理效果不能满足要求或无法获取足量化学混凝剂时，采用硫化物沉淀法。

（3）在河道实施投药处置时，一般利用桥梁、现有闸坝或临时坝等设施，布设穿孔管或喷头进行投加，尽量保证药剂的均匀投加。

2.5.6　地下水铅污染应急处置技术

铅是地下水重金属污染中的常见元素，目前的修复技术主要分为物理屏蔽法、抽出处理法和原位修复法。原位修复法是目前主要的研究方向，包括渗透反应格栅、生物修复和电动修复技术等。

可渗透反应墙（PRB）的关键为 PRB 介质的选择。零价铁是常用的 PRB 修复介质，零价铁渗透反应墙（zero-valent iron permeable reactive barrier，Fe^0-PRB）技术以其处理费用低、使用寿命长、能有效截获地下水污染羽状体等特点，被广泛用于重金属污染地下水的原位修复。针对重金属污染的 PRB 介质，除常用的氧化还原介质（零价铁）外，还有吸附型介质材料（钢渣、粉煤灰、沸石）、沉淀介质材料（磷灰石）和复合介质材料。

近年来发展的电动修复技术也是地下水重金属污染应急处置的热点方向。电动修复技术的基本原理是将电极插入受污染的地下水及土壤区，在施加直流电后，形成直流电场。由于土壤颗粒表面的双电层、孔隙水离子或颗粒带有电荷，引起土壤孔隙水及水中的离子和颗粒物质沿电场方向进行定向运动。在电动修复过程中，主要的物质迁移方式有电渗流、电迁移、自由扩散和电泳等。电渗流是土壤中的孔隙水在电场中从一极向另一极的定向移动，非离子态污染物会随着电渗流移动而被去除。电迁移是离子或络合离子向相反电极的移动，溶于地下水中的带电离子主要通过该方式迁移和去除。电泳是电渗的镜像过程，即带电粒子或胶体在直流电场作用下的迁移过程。电动修复技术可以有效地去除地下水和土壤中的铅离子。在施加直流电后，带正电的重金属离子开始向阳极迁移，其迁移速度比同方向流动的电渗流快得多。修复过程受到土壤的 pH、铅元素形态和电极材料的影响。电动修复技术具有人工少、接触毒害物质少、经济效益高、对土壤性质结构损害小等优点。

2.5.7　自来水厂铅污染应急处置技术

1. 应急工艺

当自来水厂取水口铅质量浓度高于 0.11 mg/L 时，建议停止取水，或与其他清洁水源混合后，确保混合进水铅质量浓度低于 0.11 mg/L。

当自来水厂取水口铅质量浓度低于 0.11 mg/L 时（超标 10 倍以内），可采用碱性化学沉淀法或硫化物沉淀法处理，并确保达标供水。

2. 工艺流程

自来水厂内碱性化学沉淀法和硫化物沉淀法处理工艺流程见图 2-14 和图 2-15。

3. 工艺要点

工艺要点详见 2.3.6 小节相关内容。

2.6 水体铬污染应急处置技术

2.6.1 铬的毒性与标准限值

铬属于重金属，相对密度（将水密度看作 1）为 6.92，主要以六价铬和三价铬的形式存在。铬常作为一种金属腐蚀缓蚀剂在工业生产中用于制造坚韧优质钢及不锈钢、耐酸合金，纯铬用于电镀。

1. 生态毒性

研究表明，六价铬的毒性是三价铬的百倍，且具有更高的迁移性和难降解性，对人体有明显的三致危害（杜良 等，2004），被列为全国 5 种重点重金属污染物之一。铬对鱼类有毒性，LC_{50} 为 14.3 mg/L（鲤鱼，96 h）；会抑制微生物好氧活动，当水中铬质量浓度为 1 mg/L 时，BOD_5 降低 18%；具有低生物富集性，BCF 为 1.03～1.22（虹鳟）。

2. 毒理和毒性数据

暴露途径：吸入，食入。

人体内吸收、分布、代谢和排泄：进入人体的铬被积存在人体组织中，代谢和被清除的速度缓慢。铬进入血液后，主要与血浆中的铁球蛋白、白蛋白、r-球蛋白结合，六价铬还可透过红细胞膜，15 min 内可以有 50%的六价铬进入细胞，进入红细胞后与血红蛋白结合。经消化道、皮肤及黏膜进入体内的铬主要积聚在肝、肾和内分泌腺中，而通过呼吸道进入的铬则易积存在肺部。铬的代谢产物主要从肾脏排出，少量经粪便排出。

健康危害：单质铬对人体几乎不产生有害作用，未见引起工业中毒的报道。六价铬有强氧化作用，对人体存在慢性毒害；经呼吸道吸入时，会引起鼻炎、咽炎和喉炎、支气管炎等。

三致作用：致癌，六价铬化合物为 1 类致癌物，对人体具有明确的致癌证据。

3. 相关环境标准

水环境铬含量标准见表 2-10。

表 2-10　水环境铬含量标准

标准来源	标准名称	标准限值/(mg/L)
中国（GB 8978—1996）	《污水综合排放标准》	1.5（总铬），0.5（六价铬）
中国（GB 5749—2022）	《生活饮用水卫生标准》	0.05（六价铬）
中国（GB 5084—2021）	《农田灌溉水质标准》	0.1（六价铬）

标准来源	标准名称	标准限值/(mg/L)				
中国（GB/T 14848—2017）	《地下水质量标准》（六价铬）	I 类	II 类	III 类	IV 类	V 类
		0.005	0.01	0.05	0.1	>0.1
中国（GB 11607—1989）	《渔业水质标准》	0.1（总铬）				
中国（GB 3838—2002）	《地表水环境质量标准》（六价铬）	I 类	II 类	III 类	IV 类	V 类
		0.01	0.05	0.05	0.05	0.1
		0.001	0.005	0.01	0.05	
中国（GB 3097—1997）	《海水水质标准》（六价铬）	I 类	II 类	III 类	IV 类	
		0.005	0.010	0.020	0.050	

2.6.2 环境分布和迁移转化

在自然环境中，铬以多种价态形式存在，最常见的是三价铬和六价铬，它们在一定条件下可互相转化。

一般情况下，水体中的六价铬以 CrO_4^{2-}、$Cr_2O_7^{2-}$ 和 $HCrO_4^-$ 三种阴离子形式存在，在水溶液中存在以下平衡：

$$Cr_2O_7^{2-} + H_2O \Longrightarrow 2HCrO_4^- \Longrightarrow 2H^+ + 2CrO_4^{2-}$$

如果水溶液中酸、碱度发生变化，则平衡就会移动。

六价铬的钠盐、钾盐、铵盐均溶于水；三价铬的碳酸盐、氢氧化物均难溶于水。

六价铬污染严重的水通常呈黄色，根据黄色深浅程度不同可初步判定水受污染的程度。刚出现黄色时，六价铬的质量浓度为 2.5～3.0 mg/L。当水中六价铬质量浓度为 4 mg/L 时，水会有异味。

2.6.3 水环境中铬污染来源

铬污染主要来自工业生产。铬的开采、冶炼、铬盐制造、电镀、金属加工、制革、油漆、颜料、印染等行业，以及燃料燃烧排放的含铬废气、废水、废渣都是铬污染源。例如，皮革行业通常每处理 1 t 生皮，排放含铬 410 mg/L 的废水 50～60 t；如果每天处理 10 t 的生皮，每年会排放 72～86 t 的铬。美国某飞机厂长期排放高铬废水，附近地下水中铬质量浓度高达 14 mg/L。

电镀废水中的铬主要来源于电镀零件钝化后的清洗过程。由于工艺技术的要求，一般水中其他成分含量较少，主要污染物为铬。日本宇都宫市一家电镀厂的废水污染了水井，使井水中的铬质量浓度达到 9.2 mg/L。

2.6.4　除铬的水处理技术基本原理

含铬废水中主要含有六价铬的酸根离子，一般将其还原为微毒的三价铬后，投加石灰，生成氢氧化铬沉淀分离除去。向废水中投加还原剂，使金属离子还原为金属或价数较低的金属离子，再加石灰（或片碱）使其成为金属氢氧化物沉淀。还原法常用于含铬废水的处理，也可用于铜、汞等金属离子的回收。

硫酸亚铁还原-化学沉淀处理铬的处理反应如下：

$$6FeSO_4 + H_2Cr_2O_7 + 6H_2SO_4 \longrightarrow 3F_2(SO_4)_3 + Cr_2(SO_4)_3 + 7H_2O$$
$$Cr_2(SO_4)_3 + 3Ca(OH)_2 \longrightarrow 2Cr(OH)_3 \downarrow + 3CaSO_4$$

2.6.5　地表水铬污染应急处置技术

1. 削减工艺

亚铁还原-化学沉淀法。通过投加还原剂将六价铬还原为三价铬。由于三价铬的氢氧化物溶解度很低，在碱性条件下，可形成 $Cr(OH)_3$ 沉淀物从水中分离出来。

2. 工艺流程

铬污染河水亚铁还原-化学沉淀处理工艺流程见图 2-23。

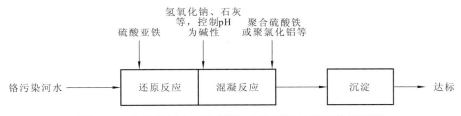

图 2-23　铬污染河水亚铁还原-化学沉淀处理工艺流程图

3. 工艺要点

（1）亚铁还原-化学沉淀处理工艺参数：硫酸亚铁投加量一般为 10～100 mg/L，六价铬与硫酸亚铁的质量比 1∶30 较为合适，根据原水中铬的浓度，适度调整硫酸亚铁的投加量。将 pH 控制在 7～9，混凝剂的投加量一般为 50～300 mg/L。

（2）在河道实施投药处置时，一般利用桥梁、现有闸坝或临时坝等设施，布设穿孔管或喷头进行投加，尽量保证药剂均匀投加。

2.6.6　地下水铬污染应急处置技术

铬在地下水环境中主要以三价铬和六价铬的形式存在，由于六价铬溶解度高、表面带负电，其在地下水中极易迁移。而三价铬的迁移性差且毒性低，通常以氧化物或氢氧化物形式沉淀。

目前，关于六价铬污染地下水的修复方法主要有化学还原法、电动修复法和生物修复法等。

可渗透反应墙技术是一种合理有效的原位地下水修复技术，其关键为 PRB 介质的选择，零价铁是常用的 PRB 修复介质。零价铁渗透反应墙技术以其处理费用低、使用寿命长、能有效截获地下水污染羽状体等特点，被广泛用于六价铬污染地下水的原位修复。

目前，PRB 修复铬渣污染场地地下水已有中试应用，中试经济技术指标达到《地下水质量标准》（GB/T 14848—2017）中 IV 类水标准，即六价铬质量浓度 < 0.1 mg/L，运行 24 周内可以保持良好的处理效果。

2.6.7 自来水厂铬污染应急处置技术

1. 应急工艺

当自来水厂取水口六价铬质量浓度高于 0.55 mg/L 时，建议停止取水，或与其他清洁水源混合后，确保混合进水铬质量浓度低于 0.55 mg/L。

当自来水厂取水口六价铬质量浓度低于 0.55 mg/L 时（超标 10 倍以内），可采用亚铁还原-化学沉淀法处理，并确保达标供水。

2. 工艺流程

自来水厂内亚铁还原-化学沉淀法处理工艺流程见图 2-24。

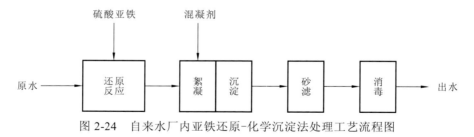

图 2-24　自来水厂内亚铁还原-化学沉淀法处理工艺流程图

3. 工艺要点

推荐的应急除铬的工艺参数：硫酸亚铁投加量一般为 5～20 mg/L；为了防止铁超标，必须在还原反应之后投加游离氯将二价铁氧化为三价铁共沉淀，投氯量应不小于硫酸亚铁投加量的 50%；混凝剂投加量一般为 10～60 mg/L（以 Fe 计），根据原水中铬的浓度，适度调整亚铁、混凝剂投加量，并控制 pH 在中性条件，可实现出水铬达标。

2.7 水体砷污染应急处置技术

2.7.1 砷的毒性与标准限值

砷为类金属，用于特种玻璃、涂料、医药及农药等生产，也作为制取合金的添加物。砷的污染来源为矿渣、染料、制革、制药、农药等废渣或废水，以及因泄漏、火灾等意外事故而产生污染。砷的毒性与其存在形态有着密切的关系。在砷的各种化合物中，无机砷的毒性比多数有机砷的毒性大得多，其中三价砷比五价砷的毒性高35～60倍。

1. 生态毒性

砷对浮游植物、原生动物等均有毒害。过量的砷能够降低植物叶片蒸腾速度，抑制根系的活性，阻碍植物对水分及 N、K、P、Mg、Ca 等养分的吸收和运输。植物表现为叶片脱落，根部生长受阻，直到死亡。不同种类植物对土壤中砷污染的抗性不同，旱生植物抗性大于水生植物，禾谷类植物抗性大于豆类、黄瓜等蔬菜。砷可抑制酶的活性，影响环境微生物群落结构，例如，土壤中真菌、细菌、放线菌及固氮菌的数量与土壤含砷量呈显著负相关关系，而过量的砷会致使固氮作用减弱。

2. 毒理和毒性数据

暴露途径：吸入、食入。

人体内吸收、分布、代谢和排泄：在正常情况下，人每天从食物、水、空气中摄入砷的总量不超过 1 mg，可通过粪便、尿、汗排出，不会引起中毒。但如果机体的摄入量超过排出量，就可能引起不同程度的危害。三价砷和五价砷均可被胃肠道和肺脏吸收，并散布于身体组织和体液中。砷还可经皮肤吸收，对儿童是致命的。砷进入人和动物体后，会蓄积于肝、肾、脾、皮肤、指甲及毛发等处。砷在指甲和毛发内蓄积的时间最长，量也最大，可超过肝脏蓄积量的 50 倍。体内砷主要经肾脏和肠道排出，小部分经胆汁、汗腺、乳汁排出。砷的排出比较缓慢，故可较长期蓄积在体内。

健康危害：不同形态的砷的毒性不同。有研究表明，三价砷的毒性高出五价砷60倍，五价砷对大鼠和小鼠的经口半数致死量为 100 mg/kg，而三价砷的这个数值约为10 mg/kg。此外，有研究显示粗制 As_2O_3 和精制 As_2O_3 对大鼠经口半数致死量分别为23.6 mg/kg 和 15.1 mg/kg；对小鼠的经口半数致死量分别为 42.9 mg/kg 和 39.4 mg/kg。各种形态砷的毒性如下：$AsH_3 >$ As(III) $>$ As(V) $>$ 甲基胂（MMA）$>$ 二甲基胂（DMA）。在体内，砷可与细胞内巯基酶结合而使其失去活性，从而影响组织的新陈代谢，引起细胞死亡；也可导致神经细胞代谢障碍，造成神经系统病变。砷对消化道有腐蚀作用，接触部位可产生急性炎症、出血与坏死。砷吸收后，可麻痹血管运动中枢，可直接作用于毛细血管，使脏器的微血管发生麻痹、扩张和充血，以致血压下降。人体吸收的砷，部分潴留于肝脏，引起肝细胞退行性变和糖原消失。砷进入肠道，可引起腹泻，并可使心脏及脑组织缺血，引起虚脱、意识消失及痉挛等。砷的慢性毒性主要是由长期饮用高砷地下水引起，砷能够对人类呼吸系统、皮肤、肝脏、心血管系统、神经系统及其他组织造成损害。

三致作用：砷酸盐和亚砷酸盐能透过哺乳动物的胎盘。砷酸盐和亚砷酸钠具有致胚胎毒性和致畸性。但经口染毒需要高剂量的砷酸盐才能引起比较少的畸形。在鼠伤寒沙门菌/微粒体的致突变试验中，亚砷酸盐和砷酸盐均为阴性；As_2O_5在枯草杆菌试验中为阳性，在大肠杆菌试验中Na_3AsO_3可引起点突变；在哺乳动物细胞试验中，砷酸盐和亚砷酸盐能引起染色体畸变。

3. 相关环境标准

我国与砷相关的水质标准如表 2-11 所示。

表 2-11　水环境砷含量标准

标准来源	标准名称	标准限值/(mg/L)				
中国（GB 8978—1996）	《污水综合排放标准》	0.5				
中国（GB 5749—2022）	《生活饮用水卫生标准》	0.01				
中国（GB 5084—2021）	《农田灌溉水质标准》	0.05（水作、蔬菜），0.1（旱作）				
中国（GB/T 14848—2017）	《地下水质量标准》	I 类	II 类	III 类	IV 类	V 类
		0.001	0.001	0.01	0.05	>0.05
中国（GB 11607—89）	《渔业水质标准》	0.05				
中国（GB 3838—2002）	《地表水环境质量标准》	I 类	II 类	III 类	IV 类	V 类
		0.05	0.05	0.05	0.1	0.1
中国（GB 3097—1997）	《海水水质标准》	I 类	II 类	III 类	IV 类	
		0.02	0.03	0.05	0.05	

2.7.2　环境分布和环境行为

环境中砷的化合物一般以+5、+3、0、−3 四种价态存在。金属砷只有在很少情况下产生，$As^{3−}$是在E_h最低时生成的，共价化合物 AsS 在低 pH 和稍低E_h时是稳定的。As^{5+}在水中与钙、铜、硫、铝和铁等的化合物形成不溶于水的沉淀，同时砷酸盐被共沉淀或被吸附到水合氧化铁的沉淀上。因为在大多数地质环境中，铁表面带正电荷，它优先吸附阴离子，亚砷酸类化合物能与氧化铁共沉淀。

在河流湖泊中，溶解的砷主要是无机As^{3+}和As^{5+}以砷酸根（$AsO_4^{3−}$）、亚砷酸根（$AsO_3^{3−}$）形式存在，或者以甲基化的砷化合物甲基胂酸（methylarsonic acid，MAA）、二甲基胂酸（dimethylarsinic acid，DMA）形式存在，并且在还原性水体中以亚砷酸根

（AsO_3^{3-}）为主，而在富氧化性水体（具有较高的 E_h）中砷酸根（AsO_4^{3-}）占优，各种形态的砷在 E_h-pH、氧化-还原、吸附-解吸及生物作用下可相互转化（金雪莲 等，2012；Cullen et al.，1989）。王颖等（2010）等认为对于大多数的河流湖泊水体，其 E_h 值通常在适中的 0.2～0.6，pH 呈中性，水体中主要存在亚砷酸根（AsO_3^{3-}）。但处于喀斯特地貌地区的河流湖泊，由于碳酸盐溶水的成分很高，pH 多呈弱碱性，砷以砷酸根和亚砷酸根两种价态的物种存在（齐剑英 等，2010）。

无机砷化合物经生物甲基化作用转变成烷基砷。砷比汞、铅等更容易发生水流迁移，其迁移去向是经河流到海洋。砷的沉积迁移是砷从水体析出转移到底质中，包括吸附到黏粒上、共沉淀和进入金属离子的沉淀中。砷一般都积累在表层，向下迁移比较困难。砷在水中的另一转化途径是水中生物的氧化还原作用，一些无机和有机的砷化物均可被微生物氧化或还原。细菌和海洋浮游植物可由一些细菌催化将砷化物氧化为砷酸盐或还原为砷化物，可在生物体内蓄积。

2.7.3 水环境中砷污染来源

砷在地壳中主要是以硫化物矿的形式存在，无论何种金属硫化物矿石中都含有一定量砷的硫化物。随着冶金和化工等行业的发展及贫矿的开发，砷伴随主要元素被开发出来，冶炼矿石时，砷蒸气逸散到空气中，迅速氧化成三氧化二砷（俗称砒霜）。砷化合物可用于制造农药、防腐剂、染料和医药等。废水中砷的含量相当大，含砷废水有酸性和碱性，其中一般也含有其他重金属离子。

自然水体中砷的主要来源有含砷产品生产过程中产生的"三废"排放、农业生产活动和自然环境中砷的释放。据统计，全球每年人类活动排入水环境中的砷约为 120 万 t，自然作用排放到水环境中的砷约为 2.2 万 t。其中工农业砷的排放是造成河流湖泊砷污染的主要原因。

含砷工业"三废"的排放，特别是矿业活动，是导致水体砷污染的重要原因。由于砷是 240 余种矿物的组成成分，常以金属硫化物矿石或金属的砷酸盐形式存在，所以在有色金属矿的开采及冶炼过程中会造成砷的集中排放。其次是硫酸工业、农药生产等排放。硫酸工业使用高砷硫铁矿作原料时，引起的砷污染已多次发生（陈明，2009）。若未经处理或处理不达标的情况下排放生产废水，或者含砷矿区受到雨水冲刷，则会使砷大量进入河流、湖泊。

在农业生产中，含砷化肥和农药的使用，是河流湖泊水体砷污染的另外一个来源。含砷农药中主要含有砷酸钙、砷酸铅、甲基胂、亚砷酸钠、甲基胂酸二钠和乙酰亚砷酸铜（俗称巴黎绿），而磷肥中的含砷量一般在 20～50 mg/kg，高时甚至可以达到几百毫克每千克，这些不同价态的砷在施用后有 0.1%～10%能够转化为可溶性的砷进入河流与湖泊（陈怀满，2002）。若长期大量施用含砷量高的农药、磷肥及其他含砷化肥，则会使环境中的砷不断积累，使大量的砷进入河流、湖泊，从而达到对人类及环境有害的程度。

2.7.4　除砷的水处理技术基本原理

　　化学沉淀法除砷的基本原理是沉淀物的溶解平衡。根据溶解平衡，可通过改变溶液中某种离子的浓度，使其达到溶解平衡。如果继续投加该种离子，即可使另一种离子以沉淀形式去除。砷酸根能与多种金属离子（如 Ca^{2+}、Fe^{3+}、Al^{3+}等）形成难溶化合物，进而通过沉淀、过滤的方式去除。化学沉淀法除砷工艺中沉淀剂的种类很多，最常用的是钙盐，即石灰沉淀法，这种方法简单、易于实施，但会产生大量含砷废渣，处理不当可能造成二次污染，因此该方法多用于含砷废水处理，不常用于应急处置。

　　铁盐混凝沉淀法主要利用铁盐在混凝过程中形成大量氢氧化铁矾花，五价砷的砷酸根可以被金属氢氧化物的矾花所吸附，去除效果很好，可以用于地表水源的饮用水处理和含砷工业废水的达标排放处理，也可用于被污染水体的应急处理。铁盐混凝过程中形成的矾花对不同形态的砷都具有一定的吸附去除作用，但对五价砷的去除效率明显高于三价砷。这可能是因为在一般 pH 条件下，水中三价砷主要以亚砷酸形式存在，不带电荷，因此铁盐混凝过程中形成的带正电荷的矾花无法通过静电吸附过程去除三价砷。因此，一般需要预先将三价砷氧化为五价砷，这不仅有利于对砷的去除，而且有利于降低砷的毒性和危害。

2.7.5　地表水砷污染应急处置技术

　　1. 削减工艺

　　水体中溶解态的砷一般以三价和五价两种价态存在，其中，三价砷难以直接用混凝沉淀法去除，必须先投加氧化剂将三价砷氧化成五价砷，然后再用铁盐混凝法沉淀去除。氧化三价砷的氧化剂有氯、二氧化氯、高锰酸钾等。

　　2. 工艺流程

　　砷污染河水预氧化-铁盐混凝沉淀处理工艺流程见图 2-25。

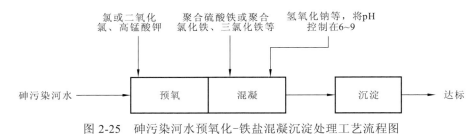

图 2-25　砷污染河水预氧化-铁盐混凝沉淀处理工艺流程图

　　3. 工艺要点

　　（1）首先要了解砷污染物的价态，如果不清楚砷的具体价态，可按三价砷考虑，首先要在混凝剂投加之前采用游离氯等氧化剂将三价砷氧化为五价砷的砷酸根，该氧化反应可在数分钟内完成。

（2）采用三氯化铁或聚合硫酸铁等铁盐混凝剂，利用含氢氧化铁的矾花絮体吸附砷酸根，或形成砷酸铁沉淀，从而去除砷。注意：铝盐混凝剂的效果较差，一般不采用。

（3）推荐的应急除砷的工艺参数：预氧化时，若投加氯或二氧化氯，加氯量为2～10 mg/L，以控制沉淀后水余氯大于 0.5 mg/L 为准；若投加高锰酸钾，投加量应小于1 mg/L，以控制河水不变红为准。铁盐混凝剂投加量一般为 50～300 mg/L（以 Fe 计），根据原水中砷的浓度，适度调整铁盐混凝剂的投加量，控制 pH 在中性条件下，可实现出水砷达标。

（4）在河道实施投药处置时，一般利用桥梁、现有闸坝或临时坝等设施，布设穿孔管或喷头进行投加，尽量保证药剂的均匀投加。

2.7.6　地下水砷污染应急处置技术

砷能与多种金属伴生，并广泛存在于地质岩层中。在地下水侵蚀作用下，岩层中的砷可能溶入地下水中，造成地下水砷超标的问题。地下水砷超标问题在世界范围内广泛存在。我国台湾、新疆奎屯等地都存在地下水砷超标的问题。

地下水含砷问题存在范围广，长期饮用高含砷地下水会对人体健康产生影响，造成慢性砷中毒。《生活饮用水卫生标准》（GB 5749—2022）中对砷的浓度限值从原来的0.05 mg/L 提高到 0.01 mg/L，因此部分原本供水合格的水厂也存在砷超标问题，亟待解决。含砷地下水的处理处置技术很早就开始研究，目前已有成熟的地下水除砷工艺。

地下水含砷问题的特点是：砷的浓度较低、水量较小，砷超标的问题长期存在。因此，目前发展的地下水除砷工艺主要以化学吸附法为主。其中最常用的有：利用活性氧化铝或改性吸附介质的化学吸附法；以阴离子交换树脂为主的离子交换法。此外，还可以通过投加铁盐，利用除铁过程协同除砷。

2.7.7　自来水厂砷污染应急处置技术

1. 应急工艺

当自来水厂取水口砷质量浓度高于 0.30 mg/L 时，建议停止取水，或与其他清洁水源混合后，确保混合进水砷质量浓度低于 0.30 mg/L。

当自来水厂取水口砷质量浓度低于 0.30 mg/L 时（超标 5 倍以内），可采用预氧化-铁盐混凝沉淀法处理，并确保达标供水。

2. 工艺流程

自来水厂内预氧化-铁盐混凝沉淀法处理工艺流程见图 2-26。

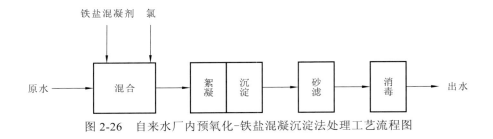

图 2-26　自来水厂内预氧化-铁盐混凝沉淀法处理工艺流程图

3. 工艺要点

采用三氯化铁或聚合硫酸铁等铁盐混凝剂，利用含氢氧化铁的絮体吸附砷酸根，或形成砷酸铁沉淀物，从而去除砷。注意：铝盐混凝剂的效果较差，一般不采用。

推荐的应急除砷的工艺参数：预氧化加氯量为 2～10 mg/L，以控制沉淀后水余氯大于 0.5 mg/L 为准；铁盐混凝剂投加量一般为 10～60 mg/L（以 Fe 计），根据原水中的砷浓度，适度调整铁盐混凝剂的投加量，并控制 pH 在中性条件下，可实现出水砷达标。为了强化除砷效果，该混凝剂投加量应高于正常的混凝处理，并注意加强过滤处理，尽可能降低出水浊度，提高对砷的截留效果。

2.8　水体铊污染应急处置技术

铊属于重金属，相对密度（将水密度看作 1）为 11.85，用于光电管、低温计、光学玻璃的生产，也用于制铊的化合物。我国是世界上含铊矿产资源最丰富的国家之一，也是少数几个进行铊商业生产的国家，所生产的含铊产品供应全球市场。自 1960 年起，我国含铊硫化物矿床大面积开采并应用于多种工业，导致土壤和淡水中铊的蓄积量不断增加，铊环境污染形势严峻。目前发现的高铊污染区，有广东省西部和北部、贵州省西南部、云南省、安徽省、广西壮族自治区和湖北省的部分区域。

2.8.1　铊的毒性与标准限值

燃煤厂、有色金属开采冶炼及含铊产品生产过程中，产生的废水排入河流或渗入地下水，严重污染水源。长期的化学风化、矿化岩石的自然侵蚀、间歇性洗涤和淋溶事件，促进铊从废物堆中释放、扩散和再分配，成为潜在的长期污染源，使土壤、地下水和地表水受到污染，并可能最终到达市政含水层系统，从而影响整个生态系统。

铊对水生生物的毒性随生物的物种和生命期而变化，黑头呆鱼 30 d 的致死剂量，对胚胎是 720 µg/L，对幼鱼是低于 350 µg/L，铊浓度超过 40 µg/L 可显著降低黑头呆鱼幼鱼的成活率。对于大西洋鲑鱼，铊的初始致死浓度约为 30 µg/L，不受水的硬度和腐殖酸含量的影响。铊可以影响藻类的光合作用、细胞的呼吸作用和多糖的生产；在光照下，藻类吸收氯离子、硫离子和碳酸根的活动受到铊的抑制。

铊对植物的毒性远大于铅、镉、汞等重金属。大豆铊中毒时根系呈棕褐色，侧根稀少，发育不良，地上部老叶发黄。水培条件下营养液中铊质量浓度大于 2 mg/L 时，菜豆和油菜生长受抑制，地上部生物量降低 10%；水培条件下营养液中铊质量浓度为 1 mg/L 时，白菜、大豆和玉米地上部生物量分别降低 16%、58% 和 87%；土培条件下铊质量分数为 20 mg/kg 时，白菜地上部生物量仅为对照组的 43%。

植物对铊具有明显的富集作用。盆栽条件下蔬菜作物对铊的生物富集系数（植株地上部或可食部铊含量与土壤铊含量的比值，按干重计）多数大于 1，其中最大的达到 22.7（菠菜），油菜、甘蓝等十字花科作物对铊的生物富集系数也可达到 1～11。

1. 毒理和毒性数据

暴露途径：吸入，食入，经皮吸收。

人体内吸收、分布、代谢和排泄：铊通过胃肠道、呼吸道、皮肤和黏膜等途径吸收，迅速进入血液，广泛分布于机体各组织，主要蓄积在骨骼、肾髓、肝脏和中枢神经系统中。在哺乳动物中，铊能穿过胎盘屏障、血脑屏障。通常铊摄入量为 2 ng/d，而摄入被铊污染的食物（蔬菜、鱼类、肉制品）和饮水，将导致体内铊含量增加。研究显示，人体器官铊含量依次为：大脑（0.42～1.5 ng/g）＜肝脏（1.5 ng/g）＜肾脏（6.1 ng/g）＜骨骼（0.6 μg/g）＜头发（0.65 μg/g）＜指甲（1.2 μg/g），表明铊倾向于蓄积在外周组织如指甲中。铊主要通过尿液排泄，其次是粪便。因此，尿铊是检测人体内铊含量最可靠和精确的指标。人体内检出任何剂量的铊都被认为异常，我国规定正常人血铊＜2 μg/L，尿铊＜5 μg/L，生物接触限值为 20 μg/L。发铊在暴露后 2～4 个月内保持相对稳定，是反映既往暴露的特异指标，但发铊含量尚无标准。发铊含量在不同国家人群中不一样，如伊朗 0.036 mg/kg、巴基斯坦 0.047 mg/kg、瑞典 0.007 mg/kg、印度 0.001 mg/kg，铊中毒患者发铊平均含量为 0.60～2.04 pg/mm。

健康影响：铊化合物毒性极高，具有蓄积性，为强烈的神经毒物，并可引起肝脏及肾脏损害；一价铊的毒性较三价铊弱。急性中毒：口服出现恶心、呕吐、腹部绞痛、厌食等，3～5 天后出现多发性颅神经和周围神经损害，出现感觉障碍及上行性肌麻痹等症状；中枢神经损害严重者，可发生中毒性脑病；脱发为其特异表现；皮肤出现皮疹，指（趾）甲有白色横纹，可有肝、肾损害。慢性中毒：主要症状有神经衰弱综合征、脱发、食欲缺乏，可有周围神经病、球后视神经炎，可发生肝损害。

生殖毒性：铊可以跨越胎盘屏障直接作用于发育中的胎儿，并可通过乳汁影响胎儿和幼儿生长发育。流行病学研究表明，铊中毒孕妇可出现胎儿死亡、早产、出生低体重或严重中毒后遗症，而母亲孕期暴露于环境水平铊也会影响胎儿发育，增加不良生育结局（胎儿死亡、先天畸形、早产和出生低体重）的风险。体内研究表明，铊可引起母体循环甲状腺激素的减少，影响子代的整体生长发育。

三致效应：铊具有致畸作用，特别是在软骨和骨形成方面，可直接影响儿童骨骼发育。

2. 相关环境标准

《地表水环境质量标准》（GB 3838—2002）中铊标准：标准值 0.000 1 mg/L。
《生活饮用水卫生标准》（GB 5749—2022）中铊标准：限值 0.000 1 mg/L。

2.8.2　环境分布和环境行为

铊在天然水体中有三价（Tl^{3+}）和一价（Tl^+）两种氧化价态，其中+1 价是主要的。Tl^+比 Tl^{3+}稳定，Tl^{3+}/Tl^+的氧化还原电位为+1.28 V。Tl^+对 pH 不敏感，而 Tl^{3+}在一定的 pH 下易水解。Tl^+与大多数配位体形成的络合物稳定性都比较弱，Tl^{3+}却能形成稳定性强的配位体。在富含硫酸盐、砷酸盐的矿区水体中，铊主要以硫酸盐、砷酸盐和氯的配合物形式迁移。Tl^+的稳定性很高，不易沉淀；而 Tl^{3+}不稳定，易沉淀，温度升高会导致铊在水中的活动性加大。Tl^+几乎占据所有 E_h-pH 区域，只在极氧化和碱性条件下才有 Tl_2O_3 的存在，而 Tl^{3+}只有在极氧化和酸性条件下才可能存在（图 2-27）。

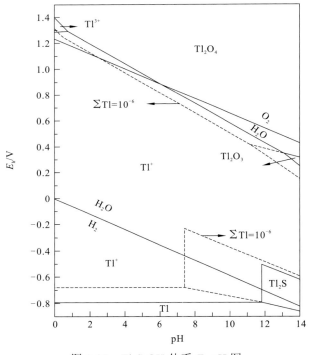

图 2-27　Tl-S-OH 体系 E_h-pH 图

天然水体（饮用水和海水）中铊的含量一般为几皮摩尔每升或纳克每升，而在被污染水体中含量可达几纳摩尔每升或毫克每升。在大多数金属矿区附近的河流中发现铊，其质量浓度达到 1～828 mg/L。广东一家大型钢铁厂调查显示，原材料中含极低剂量的铊（0.0～1.03 mg/kg），可在烧结炉除尘废水中富集。在滥木厂河流沉积物中，铊的总含量很高，且对环境容易造成危害的有效态含量也很高。在意大利托斯卡纳一个被铊严重污染的酸性矿山排水系统、地表水和泉水中检测到 Tl^{3+} 和 Tl^+，该地饮用水的公共分配系统也被铊污染。农作物种植在铊污染土壤中或用被铊污染的水灌溉，可导致农作物根部吸收铊，并进一步富集于可食部分。

2.8.3 水环境中铊污染来源

铊的污染来源主要包括矿山风化淋滤、大气沉降、工业废水排放和土壤冲刷等。其中最主要来源是人为活动的排放和成土母质中铊的释放（肖祈春 等，2015；刘敬勇 等，2007）。含铊矿石的开采过程中会向环境中排放大量铊。同时，废弃的尾矿等经长期的风化、氧化、分解和水-酸-气综合反应等过程产生大量的酸性废水，铊在酸性废水中溶解得到活化，并随之转移到水体中。矿石开采过程中产生的粉尘污染及其沉降也是铊污染的重要来源。以广东某含铊硫铁矿的开采为例，该矿硫铁矿的年产量可达 300 万～400 万 t，以平均铊含量为 5 mg/kg 为计算依据，则每年排放到环境中的铊可达 5～20 t（陈永亨 等，2001）。

2.8.4 除铊的水处理技术基本原理

化学沉淀法是一种常用的重金属污染治理方法，在废水处理中得到了广泛应用。由于 Tl^+ 及其化合物大多是可溶的，所以仅采用化学沉淀对 Tl^+ 的处理效果有限。

通过添加硫化物及利用 $TlCl$ 溶解度很小的特点可以沉淀 Tl^+，但存在会产生 H_2S 造成二次污染及出水含盐量过高的缺点，处理效果也难以达到我国现有排放标准，因此仅用于应急处理，并且需要密切关注出水硫离子和氯离子浓度。

鉴于 $Tl(OH)_3$ 在水中的溶解度较低，将 Tl^+ 预氧化为 Tl^{3+} 并沉淀是处理含铊废水的有效方法之一。Tl^{3+} 具有较高的氧化还原电位，只有强氧化剂（如 MnO_2、$KMnO_4$、H_2O_2、高铁酸盐及过硫酸盐等）可将 Tl^+ 氧化为 Tl^{3+}。虽然 Tl^{3+} 可能受配体的影响改变其沉淀行为，但从以往研究结果来看，预氧化-沉淀法在应用于含铊废水处理时显示了良好的效果。

2.8.5 地表水铊污染应急处置技术

1. 削减工艺

（1）硫化物沉淀法。通过投加一定剂量的硫化物（如硫化钠、硫化钾等），与目标污染物形成硫化物沉淀，再投加混凝剂，形成矾花进行共沉淀，以使化学沉淀法产生的沉淀物快速沉淀分离。

（2）预氧化-铁盐混凝沉淀法。一价铊难以直接混凝沉淀去除，必须先投加氧化剂将一价铊氧化为三价铊，然后再用铁盐混凝法沉淀去除。用来氧化一价铊的氧化剂为高锰酸钾等。

2. 工艺流程

1) 硫化物沉淀处理工艺流程

铊污染河水硫化物沉淀处理工艺流程见图2-28。

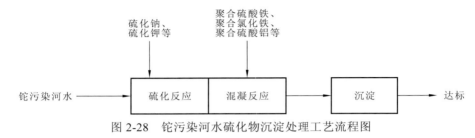

图 2-28　铊污染河水硫化物沉淀处理工艺流程图

2) 预氧化-铁盐混凝沉淀处理工艺流程

铊污染河水预氧化-铁盐混凝沉淀处理工艺流程见图2-29。

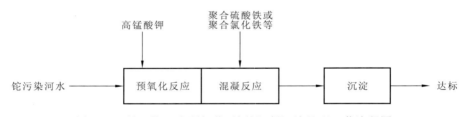

图 2-29　铊污染河水预氧化-铁盐混凝沉淀处理工艺流程图

3. 工艺要点

（1）首先要了解铊污染物价态，如果不清楚铊的具体价态，可按一价铊考虑，直接用硫化物沉淀法去除，或投加高锰酸钾等氧化剂将一价铊氧化为三价铊后投加铁盐混凝去除，氧化反应可在数分钟内完成。

（2）推荐的硫化物沉淀处理工艺参数：硫化物投加量一般为 5～50 mg/L，混凝剂投加量一般为 50～300 mg/L。特别注意硫化物的投加量，硫化物溶于水后呈黑色，过量投加会影响河水感官，且易产生二次污染。

（3）推荐的预氧化-铁盐混凝沉淀处理工艺参数：预氧化时，投加高锰酸钾，以控制河水不变红为准。铁盐混凝剂投加量一般为 50～300 mg/L（以 Fe 计），根据原水中铊的浓度，适度调整铁盐混凝剂的投加量，控制 pH 在中性条件下，可实现出水铊达标。

（4）在河道实施投药处置时，一般利用桥梁、现有闸坝或临时坝等设施，布设穿孔管或喷头进行投加，尽量保证药剂的均匀投加。

2.8.6　地下水铊污染应急处置技术

近年来，水体铊污染已呈现加剧的趋势，广西贺州等地也发生过地下水铊浓度超标事件，但行之有效的铊污染治理技术却较少。文献报道的铊污染水处理方法主要有化学沉淀法、离子交换法、溶剂萃取法和吸附法等。但现有方法大多存在处理成本高、容易造成二次污染等问题。

中国地质大学张宝刚课题组王松等（2018）提出采用好氧微生物将 Tl^+ 氧化为 Tl^{3+}，并利用微生物自身的吸附絮凝作用将其固定，实现了实验室模拟体系中铊污染地下水的有效修复。

2.8.7　自来水厂铊污染应急处置技术

1. 应急工艺

当自来水厂取水口铊质量浓度高于 0.001 mg/L 时，建议停止取水，或与其他清洁水源混合后，确保混合进水铊质量浓度低于 0.001 mg/L。

当自来水厂取水口铊质量浓度低于 0.001 mg/L 时（超标 10 倍以内），可采用预氧化铁盐混凝沉淀法处理，并确保达标供水。

2. 工艺流程

自来水厂内预氧化-铁盐混凝沉淀法处理工艺流程见图 2-30。

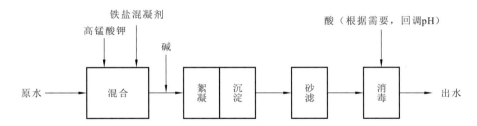

图 2-30　自来水厂内预氧化-铁盐混凝沉淀法处理工艺流程图

3. 工艺要点

推荐的应急除铊的工艺参数为：将 pH 控制在 9~10，提高 pH 有利于除铊；高锰酸钾投加量一般为 1~3 mg/L；铁盐投加量一般为 10~50 mg/L，根据原水中铊的浓度，适度调整高锰酸钾和铁盐混凝剂的投加量，可实现出水铊达标。为了强化除铊效果，该混凝剂投加量应高于正常混凝处理，并应注意加强过滤处理，尽可能降低出水浊度，提高对铊的截留效果。

2.9 水体钼污染应急处置技术

2.9.1 钼的毒性与标准限值

1. 生态毒性

Erguson 等（1938）首次报道牧草中钼（Mo）含量过高，可使放牧牛群产生以剧烈腹泻为典型症状的中毒病，称之为 Teart 病，钼作为一种有毒元素首先被动物营养学家所认识。1953 年，DeRenzo 等研究发现饲料中的钼含量对大鼠组织中黄嘌呤氧化酶的活性有明显影响，同年，Richert 等研究证实钼是黄嘌呤氧化酶等的组分，并与其活性密切相关，才确认钼是动物营养必需的微量元素。但由于地壳中平均含钼 1 mg/kg，且分布广泛，各种动物对钼的营养需要量均小于 1 mg/kg，自然条件下一般不会发生钼缺乏症。与此相反，由于部分地区的土壤钼自然蓄积或工业污染，常发生动物尤其是反刍动物钼中毒，尤其是近年来，钼制剂作为动物饲料添加剂，所造成的钼中毒事件屡有发生。

2. 毒理和毒性数据

钼是一种动物和人类所需的重要金属元素，研究表明，钼在人体中含量小于 50 mg，而日均需求量为 0.2 mg，但人体中钼过量会导致痛风、贫血、腹泻等。钼的侵入途径主要有吸入、食入。对人体的健康危害包括对眼睛、皮肤有刺激作用。部分接触者出现尘肺病变，自觉有呼吸困难、全身疲倦、头晕、胸痛、咳嗽等症状。

3. 相关环境标准

钼的相关环境标准见表 2-12。

表 2-12 钼的相关环境标准

标准来源	标准名称	标准限值				
中国（GBZ 1—2010）	《工业企业设计卫生标准》	车间空气中有害物质的最高容许浓度：4 mg/m³（可溶性化合物）6 mg/m³（不溶性化合物）				
中国（GB/T 14848—2017）	《地下水质量标准》	I 类	II 类	III 类	IV 类	V 类
		0.001 mg/L	0.05 mg/L	0.2 mg/L	0.5 mg/L	>0.5 mg/L
中国（GB 3838—2002）	《地表水环境质量标准》	0.07 mg/L				
中国（GB 5749—2022）	《生活饮用水卫生标准》	0.07 mg/L				
欧共体理事会（EU)2020/2184）	《生活饮用水水质条例》	0.07 mg/L（饮用水中对健康有影响的化学物质）				

2.9.2　环境分布和环境行为

钼的化合价有 2 价、3 价、4 价、5 价、6 价 5 种，其中 4 价和 6 价钼较为稳定，主要化合物有二硫化钼（MoS_2）、三氧化钼（MoO_3）、正钼酸（H_2MoO_3）、钼酸钙（$CaMoO_3$）、钼酸铵 $[(NO_4)_2MoO_4]$、钼酸钠（Na_2MoO_3）、六羰基钼，在天然水体和工业废水中主要以钼酸根（MoO_4^{2-}）形式存在，并与钠、铁、钙等其他金属阳离子形成相应的盐。在不同 pH 下，钼存在不同的形态，且不同形态的钼带有不同的电荷。

含钼尾矿主要为 MoS_2（Koopmann et al.，2023），堆积一段时间后，其形态发生一定变化。Landa（1984）运用 Tessier 化学提取法测定了含钼尾矿中钼存在的 6 种形态，分别为水溶态、可交换态、碳酸盐结合态、铁锰氧化物结合态、硫化物有机物结合态及残渣态。其中，水溶态和可交换态容易释放，碳酸盐结合态和铁锰氧化物结合态较容易释放，硫化物有机物结合态较难释放，残渣态最难释放。Langedal（1997）研究挪威 Knabeana Kvina 地区底泥颗粒态钼活性时，将钼分为生物有效态、吸附态（可交换态）、氧化物态和残渣态。在河流下游，残渣态随流程延长很快消失，认为云母和闪石矿物分解，晶格中的钼转化为其他状态。

MoS_2 的溶度积常数（K_{sp}）为 2.2×10^{-56}，极难溶于水，但 MoS_2 在表生作用下容易被氧化为 MoS_3，吉布斯自由能（$\Delta r G_m^{\theta}$）为 $-1\,412.096$ kJ/mol，热力学平衡常数（K_{θ}）为 10^{247}。在碱性条件下，MoS_3 可进一步转化为 MoO_2^{4-}。降水淋滤转化的动力学表明两种转化分别为气固相和液固相转化。温度高有利于转化。尾矿颗粒的大小直接影响转化速率，小颗粒易于转化。

地下水排泄给地表水的钼形态主要以离子态为主。pH>6.5，在氧化条件下，以 MoO_4^{2-} 为主；在还原条件下，以 MoS_2^{2-} 和 $MoO_2S_2^{2-}$ 为主。钼渗入地下水，可使地下水钼浓度高于本底值 $10^2 \sim 10^4$ 倍（Qu et al.，1993）。

2.9.3　水环境中钼污染来源

水体钼污染来源存在多途径特点（钱冬旭 等，2016)，如采选矿废水、尾矿（库）堆、受钼污染的土壤和地下水构成河流、湖泊、水库等水体的污染源，其中采选矿废水无组织排放是水体钼污染的主要来源。采选矿废水中的钼主要以颗粒态选钼尾矿和矿井地下水中离子态钼组成。钼矿石约有 30 余种含钼矿物，MoS_2 一般占 98%（质量分数），其余主要为钼华（MoS_3）、钨钼钙矿（$Ca(W \cdot Mo)O_4$）、彩钼铅矿（$PbMoO_4$）等。国际上 MoS_2 的回收率一般在 90%，我国一般在 80% 以上，葫芦岛地区为 85% 左右（杨晓峰 等，2021），10%～20% 的钼矿物随选矿废水排放。矿井地下水经过水岩平衡作用含有离子态钼，总钼组成一般为：MoO^{2-}，$CaMoO_4$，$MgMoO$，$NaMoO^-$，极少量的 MoO_2^{2+}、$KMoO^{4+}$、$HMoO^{4+}$、H_2MoO_4、MoO_2OH^+、MoO_2^+ 和 Mo^{3+}（王梓博 等，2020）。

2.9.4　除钼的水处理技术基本原理

目前，国内外处理含钼废水的主要方法有人工湿地法、化学沉淀法、离子交换法及吸附法等。

1. 人工湿地法

人工湿地法是通过基质、植物和微生物共同作用去除污染物的方法。人工湿地法利用化学、物理和生物的方法，通过吸附、过滤、离子交换、氧化还原、植物吸附和微生物富集来实现对重金属的处理。对于低浓度的重金属废水，设计合理的人工湿地基本能满足去除要求，而对于高浓度的重金属废水可以通过预处理再进入人工湿地，对于高浓度的钼污水，可以采用加入铁盐加强絮凝沉淀的协同作用。

人工湿地法适合处理低浓度的钼污染水体，可以满足饮用水水源预处理的要求，但人工湿地法产生的富含钼的基质、微生物、植物仍存在很大的环境风险，钼污染转移的可能性很大。

2. 化学沉淀法

化学沉淀法是一种向废水中投加化学物质，并与污染物发生反应形成难溶盐沉淀，从而降低溶液中污染物浓度的方法。根据不同沉淀类型，化学沉淀法可以分为氢氧化物沉淀法、难溶盐沉淀法和铁氧体法。处理钼酸盐有以下几种方式：依靠材料的还原性能，使 Mo^{6+} 还原成 MoO_2 或者单质钼沉淀；使用混凝剂使其形成絮体沉淀；利用铁氧体的吸附能力，形成钼铁盐共沉淀。

化学沉淀法的适用范围较广，对水质的要求较低，可以适应高浊度的水体。利用铁盐或者铝盐可以处理饮用水中低浓度的钼污染。化学沉淀法处理钼污染水体具有较好的前景，特别是改性的铁基材料，处理效果好，适用性强，但需要研究提高其资源利用率，加强循环利用。

3. 离子交换法

离子交换法使用的材料分为阳离子交换树脂和阴离子交换树脂。钼酸盐污水处理时，是利用阴离子交换树脂在高浓度钼酸盐溶液中释放出 OH^-，吸收 MoO_4^{2-}，在交换到达平衡状态后，溶液中钼浓度稳定。平衡的阴离子交换树脂通过利用高浓度的氢氧化钠（NaOH）或氨水（$NH_3 \cdot H_2O$）进行再生，并释放吸附的钼酸盐污染物。离子交换法成本较低，去除效果好，能有效实现二次利用。当含有其他元素污染物时，可以控制 pH 反应条件，实现不同污染物的分离回收，但在污染物浓度较低、水量较大时，pH 缓冲剂消耗较多。

离子交换法的主要影响因素包括溶液 pH、共存的阴离子。对多污染物的混合水体而言，离子交换树脂的去除效果受 pH 等因素影响较大。重复利用时，需要大量碱液解吸，耗能较大，钼难以直接回收。今后研究离子交换树脂材料需要提高其对污染水体的适应性，并加强对钼的回收利用。

4. 吸附法

吸附主要有物理吸附、化学吸附和吸附-絮凝沉淀协同作用这 3 种方式。吸附动力学模型主要是一级动力学模型和准二级动力学模型，而常用的吸附等温方程主要有 Freundlich 方程、Langmuir 方程、Temkin 方程、Dubinin-Radushkevich 方程和 Flory-Huggins 方程。除吸附剂的材料自身影响之外，影响吸附的因素还有吸附时间、温度及溶液中共存离子。酸性条件下，共存阳离子对钼酸阴离子吸附的影响较小，而共存阴离子具有较强的抑制作用。当共存阴离子带有的负电荷越多时，与吸附剂之间静电力越强，越容易被吸附在吸附剂表面。pH 通过影响钼离子在水中的形态，决定了钼盐所带电荷，进而影响吸附效果。当 pH 在 2~5 时，具有较好的吸附效果。

2.9.5 地表水钼污染应急处置技术

1. 削减工艺

铁盐混凝沉淀法是利用部分两性金属、类金属物质（如锑等）可以被铁盐矾花吸附，或者能够和三价铁离子发生共沉淀的特点，使用铁盐混凝剂来去除这些金属、类金属离子的方法。相较于化学沉淀法，不仅需要投入的药剂量比较少，而且处理量更大。铁盐混凝沉淀法除钼主要是表面电化学吸附过程，可以研究吸附容量和平衡浓度的关系。

清华大学环境学院试验采用六联混凝试验搅拌机（ZR4-6，深圳中润）模拟混凝沉淀过程，分别采用氯化铁（≥98%，Sigma）和 $Al_2(SO_4)_3$（≥99.99%，Sigma）作为混凝剂。混凝沉淀工艺控制参数如下：快速混合 200 rad/mim，1 min；慢速混合 60 rad/mim、45 rad/mim、30 rad/mim 各 5 min；沉淀 30 min。沉淀出水采用 0.45 μm 滤膜过滤。对比沉淀出水和过滤出水钼浓度，分析悬浮态和溶解态钼的含量。

试验采用 0.1 mol/L HCl（37%，Sigma）和 0.1 mol/L NaOH（≥98%，Sigma）调节水样 pH。弱酸性铁盐混凝沉淀法除钼的有效 pH 为 3.5~5.0（图 2-31），其中最佳 pH 为 4.0~4.5。在有效 pH 范围之外，铁盐混凝沉淀法对钼的去除效果很不理想，很难达到地表水标准。

弱酸性条件下铁盐混凝沉淀法除钼的等温线结果符合 Langmuir 吸附等温线方程（图 2-32）。每毫克铁盐混凝剂最大吸附量为 1.08 mg，常数 b 为 3.2 L/mg。即弱酸性铁盐混凝沉淀法除钼在适用 pH 范围内，符合单层吸附特征。

针对高浓度含钼废水，为保证处理出水满足地表水环境质量标准，宜采用二级处理以提高药剂的使用效率，二级铁盐混凝沉淀过滤工艺除钼效果如图 2-33 所示。采用二级铁盐混凝沉淀过滤工艺处理，可以在一级处理的基础上，进一步降低出水中钼浓度，处理后过滤出水钼的质量浓度可小于 0.07 mg/L，满足地表水环境质量标准的限值要求。

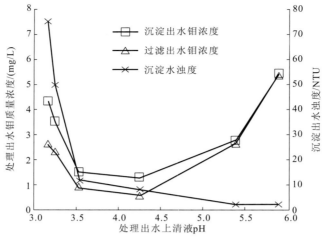

图 2-31　不同 pH 对铁盐混凝剂除钼效果的影响

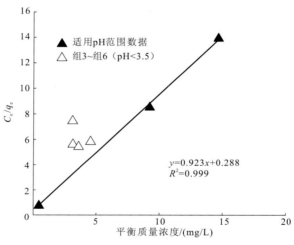

图 2-32　铁盐混凝除钼吸附等温线

C_e 为平衡质量浓度；q_e 为平衡吸附量

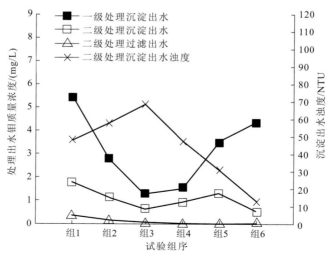

图 2-33　二级铁盐混凝沉淀过滤工艺除钼效果

2. 工艺流程

钼污染河水铁盐混凝沉淀处理工艺流程见图 2-34。

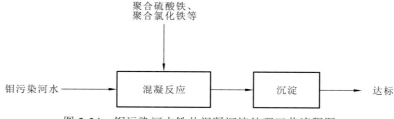

图 2-34　钼污染河水铁盐混凝沉淀处理工艺流程图

3. 工艺要点

（1）推荐的铁盐混凝沉淀处理工艺参数：铁盐投加量一般为 50～300 mg/L，根据原水中钼的浓度，适度调整铁盐的投加量。

（2）在河道实施投药处置时，一般利用桥梁、现有闸坝或临时坝等设施，布设穿孔管或喷头进行投加，尽量保证药剂的均匀投加。

2.9.6　地下水钼污染应急处置技术

地下水中的钼浓度极低，发生地下水钼污染时可以参考地表水的应急处置方法。

2.9.7　自来水厂钼污染应急处置技术

1. 应急工艺

当自来水厂取水口钼质量浓度高于 0.42 mg/L 时，建议停止取水，或与其他清洁水源混合后，确保混合进水钼质量浓度低于 0.42 mg/L。

当自来水厂取水口钼质量浓度低于 0.42 mg/L 时（超标 5 倍以内），可采用铁盐混凝沉淀法处理，并确保达标供水。

2. 工艺流程

自来水厂内铁盐混凝沉淀法处理工艺流程见图 2-35。

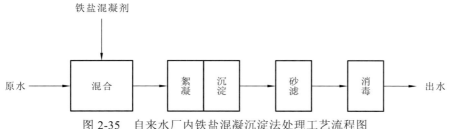

图 2-35　自来水厂内铁盐混凝沉淀法处理工艺流程图

2.10 水体锑污染应急处置技术

2.10.1 锑的毒性与标准限值

锑（Sb）是两性稀有金属，被广泛应用于各项工业生产中，是工业中常用的重金属之一。随着相关产业废水的排放及产品的使用，锑被释放至环境中，造成了一定程度的环境污染。自然界中的无机锑都是锑的含氧酸盐，一般以 Sb(V) 和 Sb(III) 的形态存在，在不同 pH 条件下表现出不同的存在形态。与同主族的砷一样，它的+5 氧化态更为稳定。

近些年的研究表明，生物活动和有机质参与了环境中锑的迁移转化等过程。生物对锑的吸收和吸附过程取决于锑的形态和微环境（如微生物），溶解态三价锑很容易被植物根系吸收，而五价锑则很难被吸收。

1. 生态毒性

锑富集于水中达到 3.5 mg/L 时开始对藻类产生毒害，达到 12 mg/L 时对鱼类产生毒害。锑的毒性与砷相似。三价锑化合物的毒性较五价锑强，水溶性化合物的毒性较难溶性化合物强，锑元素粉尘的毒性较其他含锑化合物强。

2. 毒理和毒性数据

锑和它的许多化合物都有毒，其作用机制为抑制酶的活性，这点与砷类似；与同族的砷和铋一样，三价锑的毒性要比五价锑大。但是，锑的毒性比砷低得多，这可能是由砷与锑之间在摄取、新陈代谢和排泄过程中的巨大差别造成的，如三价锑和五价锑在消化道的吸收率最多为 20%；五价锑在细胞中不能被定量地还原为三价锑（事实上在细胞中三价锑反而会被氧化成五价锑）；由于体内不能发生甲基化反应，五价锑的主要排泄途径是尿液。

3. 相关环境标准

锑的相关环境标准见表 2-13。

表 2-13 锑的相关环境标准

标准来源	标准名称	标准限值
欧共体理事会（98/83/EEC）	《生活饮用水水质条例》	5 μg/L
美国	《饮用水质量标准》	6 μg/L
美国	《国家推荐水质标准：2009》	人体健康： 5.6 μg/L（摄入水和水生物） 640 μg/L（仅摄入水生物）

标准来源	标准名称	标准限值
世界卫生组织	《饮用水水质准则》	5 μg/L（饮用水中对健康有影响的化学物质）
中国（GB 5749—2022）	《生活饮用水卫生标准》	5 μg/L
中国（GB 3838—2002）	《地表水环境质量标准》	5 μg/L
中国（GB 30770—2014）	《锡、锑、汞工业污染物排放标准》	1.0 mg/L
中国（TJ 36—79）	《工业企业设计卫生标准》	1 mg/m³（车间空气中有害物质的最高容许浓度）

2.10.2 环境分布和环境行为

锑在天然水环境中以 Sb(III)和 Sb(V)两种氧化态存在，并且受水环境的氧化还原条件的影响。一般来说，在富氧环境中以 Sb(V)（$Sb(OH)_6^-$）形式存在；在厌氧环境中则以 Sb(III)（$Sb(OH)_3$、$Sb(OH)_2^+$、$Sb(OH)_4^-$）形式存在（Filella et al.，2002）。

在富氧水环境中，Sb(III)可以被水中溶解氧和 H_2O_2 氧化为 Sb(V)，在转化过程中，悬浮颗粒物中的铁、锰水合氧化物可以作为催化剂，加快氧化（Zhang et al.，2022）。氧气的氧化过程十分缓慢，Leuz 等（2005）指出在 pH 为 3.6～9.8 的条件下，Sb(III)与 O_2 的氧化在 200 天内均未发生。在碱性条件下，通过将 Sb(III)预先水解为 $Sb(OH)_4^-$，可加速锑氧化为 $Sb(OH)_6^-$，因此当 pH>10 时，Sb(III)被 O_2 氧化的速率明显加快。锑的转化过程一般为 Sb(III)→Sb(V)→$Sb(OH)_6^-$。首先是氧化过程，其次是 Sb(V)水解生成阴离子。当有海洋微型藻类（绿藻和红藻）存在时，Fe、Cu、Mn 的水合氧化物会与之发生协同作用，促使 Sb(III)发生光催化氧化反应生成 Sb(V)（Li et al.，2006）。

Sb(III)在富氧水环境中的存在需要一个连续的来源，如生物活动、大气沉降及 Sb(V)光致还原。Sb(III)在水环境中是不稳定的，通过加入乳酸、柠檬酸、酒石酸、抗坏血酸等有机物质可以起到稳定作用（Filella et al.，2007）。氧化还原条件是影响锑形态转化的主要因素，不同的氧化还原态的相互转变不是同时发生的，Sb(V)、Sb(III)离子对能够在酸性溶液或中性溶液中快速平衡，但是当水解作用同时发生时，氧化还原速率会变慢。水锰矿在锑的氧化还原反应中起着主要作用，氧化速率很快，在几分钟内可以完成，它主要吸附 Sb(V)，充当着强氧化剂的作用（Yuan et al.，2022）。在还原条件下，当硫存在时，SbS_2^- 在高 pH 条件下存在，而 Sb_2S_3（固）在低 pH 条件下存在（Filella et al.，2002）。锑在水环境中大部分以溶解态存在，表明锑的移动性很高。

锑在水环境中能够与各种物质发生复杂的络合作用，形成不同锑络合物形态，会影响锑在水环境中的迁移、转化和毒性。Sb(III)属于两性金属离子，能够与不同的配合离子相互作用，如—SH、—COOH 等，这种络合作用发生在低 pH 条件下，当 pH>6时，Sb(III)的水解作用仍然发生。

近年来，对有机锑的研究也逐渐增多。甲基化锑在多处水环境中被发现，且越接近水体表面，甲基化锑浓度越高。一甲基锑和三甲基锑的化合物已在含氧水环境中得到证实。锑的甲基化可通过挥发作用和形成溶解性化合物来提高其移动性（刘晓芸 等，2021）。

2.10.3 水环境中锑污染来源

水环境中锑主要来自岩石、矿石、土壤和大气沉降物等。未受污染的天然水中锑浓度很低，平均质量浓度不超过 1 μg/L，但在人为源附近的水体中，锑浓度可达自然水平的 100 倍以上。我国是产锑大国，统计数据表明，2006～2010 年世界上 90%的锑出自我国。湖南锡矿山是我国最大的锑矿。在锡矿山，矿物开采冶炼导致了周围环境的污染（He et al.，2012）。朱静等（2009）对湖南锡矿山矿区内冶炼废水、尾砂坝的渗滤水、某采矿点的矿坑水及邻近河流的水质化学基本特征，以及离子含量和污染特征进行了研究，发现各水样中锑质量浓度为 4 581～29 423 μg/L，平均值为 10 068 μg/L。

2.10.4 除锑的水处理技术基本原理

1. 混凝沉淀法

混凝沉淀法是常见的用于去除水中重金属的方法，常用的混凝剂有铁盐、铝盐和高分子聚合物等。它们对水中的重金属均有良好的去除效果，特别是对锑同族的磷和砷的去除也十分有效。然而，当去除对象为水中的锑时，只有铁盐对锑有明显的去除效果。

铁盐混凝除锑的实质是其水解产物水合氧化铁对锑的络合吸附。该方法常被用于锑污染事故的应急处置，其混凝除锑效果因锑的形态不同而有明显差别。研究表明，较低的 pH 和较高的铁盐投加量有利于提高 Sb(V) 的去除率，而相较于 Sb(V)，Sb(III) 可在较少的铁盐混凝剂投加量下，在 pH 为 4～10 时取得较好的去除效果，且处理费用较低。天然水体中的锑在有氧条件下主要以 Sb(V) 的形态存在，这无形中提升了混凝沉淀法除锑的难度。而且，铁盐混凝除 Sb(V) 对环境 pH 十分敏感，一般要在弱酸性条件下，这就要求在实际应用中，需采用酸碱调节水体 pH 或提高铁盐投加量，这常造成处理成本显著升高。混凝沉淀产生的污泥量大且属危废，不仅处置困难，而且如果处置不当，将会造成严重的环境污染。

2. 离子交换法

离子交换法是利用离子交换剂中的可交换基团与溶液中各种离子间的离子交换能力的不同，从而进行分离的一种方法。该方法适用于去除水中的重金属离子，还可用于锑的浓缩和回收。离子交换法吸附净化效率高，对不同的离子或离子团选择性好。但是，采用离子交换法需要使用化学药剂进行预处理，易产生二次污染，而且水中共存离子多时，容易消耗大量的树脂交换容量。

3. 膜分离法

膜分离法是利用膜对混合物中不同组分的选择渗透作用的差异，在外界压力作用下，在不改变溶液中各种组分化学形态的基础上，将溶剂和溶质进行分离或浓缩的物理分离方法。水中三价锑离子半径为 76 pm，五价锑离子半径为 60 pm。受离子半径限制，常规的微滤膜和超滤膜无法对水中的锑进行有效截留。目前，已知能用于去除水中锑的膜主要是反渗透膜及一些新型功能性膜。

4. 电化学法

电化学法是利用絮凝、沉淀、气浮、氧化还原和微电解等单一或组合作用，使污染物得到去除的方法。其中，较常用的是电絮凝法。电絮凝是可溶性阳极不断失去电子，以离子形式进入溶液中，形成具有较高吸附絮凝活性的物质，进而有效去除废水中的胶体微粒和杂质。

5. 生物氧化还原法

生物法通常被用于处理各类有机废水，也有一些处理重金属废水的研究。其中微生物主要发挥代谢及吸附作用，在此仅对因生物代谢导致的氧化还原除锑进行介绍，吸附作用列入后续的吸附法中。含锑水对人体是有毒的，尤其是三价锑的毒性高于五价锑，但一些微生物、原生动物、藻类及植物却能够将毒性较高的 Sb(III)氧化为毒性较弱的 Sb(V)；某些微生物本身也可以作为吸附剂吸附废水中的锑，然后通过固液两相分离达到去除废水中锑的目的；甚至有些生物可以利用锑元素作为能源物质生存，通过代谢作用对水中的锑化合物进行转化。

生物氧化还原法具有环保、成本低、效率高、剩余污泥少等优点，适宜处理大体积、低浓度的重金属废水，有的生物处理甚至可以将废水中的锑含量降至 ppb[①]级水平。虽然生物处理的污泥量少，但含锑的生物污泥仍属于危废，如何优化处置是需要解决的一个问题。另外，对于如何筛选和培养特定微生物供大规模应用，以及如何选择微生物等问题还需要进一步探索。尽管如此，在水中锑污染的去除方面，生物氧化还原法仍展现出很大的潜力。

6. 吸附法

吸附法是通过吸附质和吸附剂的分子间范德瓦耳斯力、静电力、氢键和化学键等作用，将吸附质吸附到吸附剂上的物理化学过程。该方法是去除水中重金属污染常用且有效的方法，具有操作简单、成本低、效率高、适应性强和可再生等优点。研究报道的吸附除锑材料包括针铁矿、赤铁矿、活性炭、壳聚糖等。现有的除锑吸附材料主要分为过渡金属及其复合物、碳基材料、氧化铝材料、基于一些废弃物利用的材料及微生物材料。其中，铁氧化物的吸附容量相对较大，而常规碳基材料的吸附容量相对较小。因此，很

---

① 1 ppb＝1 μg/L。

多研究采用负载铁氧化物之类的过渡金属到其他载体上以增强对锑的吸附去除性能。

2.10.5　地表水锑污染应急处置技术

1. 削减工艺

铁盐混凝沉淀法利用部分两性金属、类金属物质（如 Sb(V)、钼等）可以被铁盐矾花吸附，或者能够与三价铁离子发生共沉淀的特点，使用铁盐混凝剂来去除这些金属、类金属离子。

2. 工艺流程

锑污染河水铁盐混凝沉淀处理工艺流程见图 2-36。

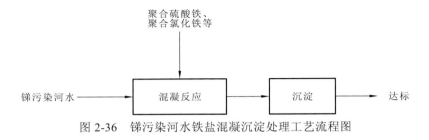

图 2-36　锑污染河水铁盐混凝沉淀处理工艺流程图

3. 工艺要点

（1）推荐的铁盐混凝沉淀处理工艺参数：铁盐投加量一般为 50～300 mg/L，根据原水中锑的浓度，适度调整铁盐的投加量。

（2）在河道实施投药处置时，一般利用桥梁、现有闸坝或临时坝等设施，布设穿孔管或喷头进行投加，尽量保证药剂的均匀投加。

2.10.6　地下水锑污染应急处置技术

1. 混凝沉淀法

混凝沉淀法常用于去除水中重金属，广泛使用的混凝剂有铁盐、铝盐和高分子聚合物等。它们对水中锑同族的磷和砷的去除十分有效。然而，当去除对象为水中的锑时，只有铁盐对锑有明显的去除效果。铁盐混凝除锑的实质是其水解产物水合氧化铁对锑的络合吸附。该方法常被用于锑污染事故的应急处置，其混凝除锑效果因锑形态的不同而有明显差别。

2. 离子交换法

离子交换法适用于去除水中的重金属离子，还可用于锑的浓缩和回收。

3. 膜分离法

目前，已知的能用于去除水中锑的膜主要是反渗透膜及一些新型的功能性膜。常规的反渗透膜虽然可以去除水中的锑，但是其在使用过程中存在能耗过高、使用寿命不够长等缺陷。针对能耗高的问题，很多研究对膜材料或膜表面进行了功能化改性，使超滤膜具有截留去除锑的功能。

4. 生物氧化还原法

一些微生物、原生动物、藻类及植物能够将毒性较高的 Sb(III)氧化为毒性较弱的 Sb(V)；某些微生物本身也可以作为吸附剂吸附废水中的锑，然后通过固液两相分离达到去除废水中锑的目的；甚至有些生物可以利用锑元素作为能源物质赖以生存，通过代谢作用对水中的锑化合物进行转化。

2.10.7　自来水厂锑污染应急处置技术

1. 应急工艺

当自来水厂取水口锑质量浓度高于 0.025 mg/L 时，建议停止取水，或与其他清洁水源混合后，确保混合进水锑质量浓度低于 0.025 mg/L。

当自来水厂取水口锑质量浓度低于 0.025 mg/L 时（超标 4 倍以内），可采用铁盐混凝沉淀法处理，并确保达标供水。

2. 工艺流程

自来水厂内铁盐混凝沉淀法处理工艺流程见图 2-35。

3. 工艺要点

采用铁盐混凝沉淀法处理时，铁盐投加量一般为 10～60 mg/L，根据原水中锑的浓度，适度调整混凝剂的投加量，并将 pH 控制在 6～7。调节 pH 的酸性药剂可以采用硫酸或盐酸。调节 pH 的碱性药剂可以采用氢氧化钠（烧碱）、石灰或碳酸钠（纯碱）。因是饮用水处理，必须采用饮用水处理级或食品级的酸碱药剂。

2.11　水体铜污染应急处置技术

自然界的铜化合物以一价铜或二价铜状态存在。一价铜多存在于矿物中，有氧化亚铜形式和硫化亚铜形式。环境中的铜主要以二价铜离子形式存在，二价铜可与无机配位体 NH_3、CO_3^{2-}、HCO_3^-、SO_4^{2-} 形成络合物。利用含铜废水灌溉农田或施用含铜污泥，铜可积存在土壤中。随水进入土壤或沉积物中的铜可被吸附；腐殖酸和富里酸含有羧基、酚基、羰基等含氧基团，能与铜形成螯合物而固定铜。

2.11.1 铜的毒性与标准限值

在自然环境中铜大多以 Cu_2O 这种氧化物的形式存在，有时也可以氯化铜（$CuCl_2$）形式存在，在环境中湿度和氧气充足的情况下，$CuCl_2$ 还可被氧化成氯化氢氧化铜（二价）[$Cu(OH)Cl$]。在水生环境中比较重要的铜化合物有氯化铜（$CuCl_2$）、硝酸铜（$CuNO_3$）和硫酸铜（$CuSO_4$）。

1. 生态毒性

铜是包括鱼类在内所有动物必需的微量矿物质元素，铜缺乏可能导致动物发育异常、生长受阻，影响动物的生产性能及经济价值。受饲料内源性拮抗物质的影响，养殖条件下必须在饲料中补充铜才可满足动物生长需求，但添加过量会引起动物摄入铜过量，过量铜在动物体内发生芬顿反应产生大量自由基，造成其组织氧化损伤，过量铜还可直接与蛋白质结合引起蛋白质变性，导致动物生长不佳。

2. 毒理和毒性数据

铜可对生态环境和人体产生危害。过度摄入铜会导致人体内严重的黏膜刺激和腐蚀、胃部不适和溃疡、肝和肾损伤、慢性铜中毒和大脑损伤。无论从生态环境安全还是人体健康角度来讲，铜都是具有危害性的重金属。

3. 相关环境标准

铜的相关环境标准见表 2-14。

表 2-14 铜的相关环境标准

标准来源	标准名称	标准限值			
中国（GB 8978—1996）	《污水综合排放标准》	2.0 mg/L			
中国（GB 3097—1997）	《海水水质标准》	I 类	II 类	III 类	IV 类
		0.005 mg/L	0.01 mg/L	0.05 mg/L	0.05 mg/L
中国（GB 11607—89）	《渔业水质标准》	0.01 mg/L			
中国（GB 5084—2005）	《农田灌溉水质标准》	作物种类—水作		作物种类—旱作	作物种类—蔬菜
		0.5 mg/L		1.0 mg/L	1.0 mg/L
中国（GB 3838—2002）	《地表水环境质量标准》	I 类	II 类	III 类	IV 类
		0.01 mg/L	1.0 mg/L	1.0 mg/L	1.0 mg/L
中国（GB 5749—2022）	《生活饮用水卫生标准》	1.0 mg/L			

续表

标准来源	标准名称	标准限值		
美国	《国家饮用水水质标准》（一级标准）	MCLG	MCL	
		1.3 mg/L	1.3 mg/L（作用浓度）	
	《国家饮用水水质标准》（二级标准）	1.0 mg/L		
	《国家推荐水质标准：2009》	海水（急性）	海水（慢性）	人体健康（摄入水和水生物）
		4.8 μg/L	3.1 μg/L	1 300 μg/L
世界卫生组织	《饮用水水质准则》	2 mg/L（饮用水中对健康有影响的化学物质）		
		1 mg/L（饮用水中含有的能引起用户不满的物质及其参数）		
欧共体理事会（98/83/EEC）	《生活饮用水水质条例》	2 mg/L		

注：MCLG 为最大污染物水平目标（maximum contaminant level goal）；MCL 为最大污染物水平（maximum contaminant level）

2.11.2 除铜的水处理技术基本原理

国内外众多学者对水体中铜的去除进行了深入研究，去除水体中铜离子的方法主要有沉淀法、吸附法、离子交换法、膜过滤法、溶剂萃取法等。

1. 沉淀法

沉淀法是通过引入合适的阴离子到水中与 Cu^{2+} 形成沉淀，再利用固液分离手段将沉淀物与水分离的方法。常用的沉淀剂有石灰、硫化物、碳酸钠等。化学沉淀法工艺简单、易于操作，在铜的去除中应用广泛。石灰和硫化物因其价廉易得，在沉淀法中作为沉淀剂的研究报道较多。利用石灰去除 Cu^{2+} 产生的 $Cu(OH)_2$ 为絮状物，难以沉淀，产生的污泥体积较大，导致出水浊度较高；用硫化物沉淀法去除 Cu^{2+} 的沉淀物 CuS 颗粒细小（<100 nm）。上述两种沉淀法中沉淀物和水体分离都比较困难，而利用诱导结晶法引入晶种能够改善这两种工艺中形成沉淀的液固分离特性。诱导结晶沉淀法是指向水体中加入矿物颗粒作为晶种，使 Cu^{2+} 的沉淀物在其表面结晶析出而达到增大沉淀颗粒尺寸和改善沉降性能的目的。

以上传统的化学沉淀法沉淀时间较长，而利用螯合物结合 Cu^{2+} 沉淀并产生絮凝反应改善了沉淀物的沉降性能，大大缩短了沉降时间。螯合沉淀法是利用具有强配位能力的螯合剂与重金属进行配位反应，生成不溶性螯合物，同时借助吸附架桥作用产生絮凝反应，进而快速沉降的分离方法。由于沉淀物体积小、密度大、沉降速度快，可改善沉淀法中沉淀物的絮凝和沉降性能。

2. 吸附法

1）物理化学吸附

同沉淀法相比，吸附法一般更少引入杂质。吸附法是指利用多孔的固体吸附剂对水中 Cu^{2+} 进行吸附去除的方法。物理吸附主要依靠吸附质与吸附剂之间的相互作用力。物理吸附的缺点是反应时间长且容易解吸，而化学吸附通常是利用吸附剂上官能团与金属离子发生化学反应，从而使金属离子从水中分离，化学吸附时间短且吸附牢固，难以解吸。吸附法发展成熟，采用的吸附剂大多吸附表面积大、孔径密集，若利用其他技术手段在吸附剂上嵌入官能团，可以使吸附剂对水中离子的吸附具有选择性。水体中 Cu^{2+} 的去除率除了受到以上提到的吸附剂种类、投加量及吸附作用力的影响，还受到吸附过程中 pH、杂质离子的影响，其中 pH 的影响尤为重要。

2）生物吸附

当水体中 Cu^{2+} 浓度较低时，可利用生物吸附法处理，生物吸附法成本低，但其研究还停留在实验室阶段，工业应用还面临多种困难和挑战，比如选择性高的生物吸附剂筛选、微生物生长条件敏感、处理过程中各因素的相互影响等，不适合用于对 Cu^{2+} 的大规模水处理。利用细菌、真菌和藻类对水中的 Cu^{2+} 进行吸附，过程中可能导致生物中毒，引起生物体死亡进而导致去除过程中的 pH 变化及出水中的有机物浓度升高。将生物菌体去活性并粉末化固定化后，可成为定型的吸附剂，这在很大程度上推动了生物吸附法的发展。

3. 其他方法

沉淀法和吸附法等产生的污泥量较多，涉及污泥的后续处理问题，无形中提高了去除铜的成本、增加了工艺的复杂性。电化学法旨在将 Cu^{2+} 还原并使其附着在电极上，产生的污泥量少，绿色环保，其在铜去除技术中具有广泛的应用前景。

离子交换法是指利用带有可交换离子的材料，使水中 Cu^{2+} 和可交换离子置换，从而把 Cu^{2+} 从水体中分离的方法。溶剂萃取法是指利用有机溶剂对 Cu^{2+} 的选择性，将其富集在有机相从而去除水中 Cu^{2+} 的方法，其中主要原理是静电作用和离子交换。

2.11.3　地表水铜污染应急处置技术

1. 削减工艺

1）碱性化学沉淀法

将 pH 控制在 7～9，产生氢氧化铜，再通过投加铁盐（如聚合硫酸铁、聚合氯化铁等）、铝盐（如聚合硫酸铝、聚氯化铝等）等混凝剂将水体中的铜去除。

2）硫化物沉淀法

通过投加一定剂量的硫化物（如硫化钠、硫化钾等），与目标污染物形成硫化物沉淀，再投加混凝剂，形成矾花进行共沉淀，以使化学沉淀法产生的沉淀物快速沉淀分离。

2．工艺流程

1）碱性化学沉淀处理工艺流程

铜污染河水碱性化学沉淀处理工艺流程见图 2-37。

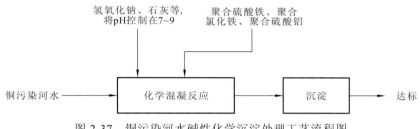

图 2-37　铜污染河水碱性化学沉淀处理工艺流程图

2）硫化物沉淀处理工艺流程

铜污染河水硫化物沉淀处理工艺流程见图 2-38。

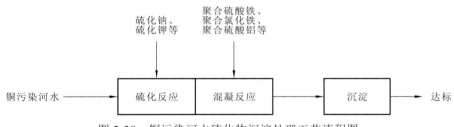

图 2-38　铜污染河水硫化物沉淀处理工艺流程图

3．工艺要点

（1）推荐的碱性化学沉淀处理工艺参数：将 pH 控制在 7～9，如 pH 超出这个范围，不仅影响污染物削减效果，同时易产生新的问题。混凝剂投加量一般为 50～300 mg/L，根据原水中铜的浓度，适度调整混凝剂的投加量。

（2）推荐的硫化物沉淀处理工艺参数：硫化物投加量一般为 5～50 mg/L，混凝剂投加量一般为 50～300 mg/L。特别注意硫化物的投加量，硫化物溶于水后呈黑色，过量投加会影响河水感官，且易产生二次污染。因此，在突发环境事件处置中，优先采用碱性化学沉淀法；在极端低温等不利条件下，化学混凝剂处理效果不能满足要求或无法获取足量化学混凝剂时，采用硫化物沉淀法。

（3）在河道实施投药处置时，一般利用桥梁、现有闸坝或临时坝等设施，布设穿孔管或喷头进行投加，尽量保证药剂的均匀投加。

2.11.4　地下水铜污染应急处置技术

对含有铜的土壤进行长期淋溶后，发现淋出液中铜的含量远远低于《地下水质量标准》（GB/T 14848—2017）中 III 类标准中铜含量的最高容许值（1.0 mg/L），这说明土壤对铜的固持能力较强，从而缓解其对地下水的污染，污泥土地利用对地下水的污染风险较小。因此，发生地下水铜污染时，可参考地表水铜污染应急处置技术。

2.11.5　自来水厂铜污染应急处置技术

1. 应急工艺

当自来水厂取水口铜质量浓度高于 11.0 mg/L 时，建议停止取水，或与其他清洁水源混合后，确保混合进水铜质量浓度低于 11.0 mg/L。

当自来水厂取水口铜质量浓度低于 11.0 mg/L 时（超标 10 倍以内），可采用碱性化学沉淀法或硫化物沉淀法处理，并确保达标供水。

2. 工艺流程

自来水厂内碱性化学沉淀法和硫化物沉淀法处理工艺流程见图 2-14 和图 2-15。

3. 工艺要点

工艺要点详见 2.3.6 小节相关内容。

2.12　水体铁污染应急处置技术

2.12.1　铁的毒性与标准限值

铁作为一种自然界中常见的重金属元素，在水环境中可能以二价铁或三价铁的形式存在。其污染来源主要有金属采选、冶炼过程废水、废渣的不当处置或超标排放等。

1. 生态毒性

尽管铁是一种在自然界中分布广泛且没有毒性的物质，但是当其粒径达到纳米级别时，由于尺寸效应，不可避免地会引起其物理化学性质的变化，并且很可能对生物体产生毒性作用。目前对纳米铁的部分毒性研究表明，纳米零价铁（nanoscale zero-valent iron，nZVI）对水生生物、细菌及哺乳动物是有毒的。

2. 毒理和毒性数据

铁虽然是人体必需的微量元素，其本身也不具有毒性，但摄入过量或误服过量的铁制剂也可能导致铁中毒。

急性铁中毒多发生在儿童体内。当儿童过量口服外层包有彩色艳丽糖衣片的固体铁剂或液体铁剂制成的糖浆后，1 h 左右就可出现急性中毒症状，如上腹部不适、腹痛、恶心呕吐、腹泻黑便，甚至面部发紫、昏睡、烦躁，急性肠坏死或穿孔，严重者可出现休克甚至死亡。由此可见，有必要提醒家长注意，给儿童补铁、服用铁制剂时，一定要按医嘱严格掌握剂量，切不可滥服。

慢性铁中毒多发生在 45 岁以上的人群中，男性居多。由于长期服用铁制剂或从食物中摄铁过多，人体内铁量超过正常值的 10～20 倍，就可能出现慢性中毒症状：肝、脾有大量铁沉着，可表现为肝硬化、骨质疏松、软骨钙化、皮肤灰暗或呈棕黑色、胰岛素分泌减少而导致糖尿病。青少年慢性铁中毒可使其生殖器官的发育受到影响。据报道，铁中毒还可诱发癫痫（俗称羊角风）。

关于铁的急性毒性资料如下：小孩经口最低中毒剂量（TD_{Lo}）为 77 mg/kg；兔子腹腔最低致死剂量（LD_{Lo}）为 20 mg/kg；大鼠经口 LD_{50} 为 30 mg/kg；豚鼠经口 LD_{50} 为 20 mg/kg。

3. 相关环境标准

铁的相关环境标准见表 2-15。

表 2-15　铁的相关环境标准

标准来源	标准名称	标准限值/(mg/L)	
中国（GB 3838—2002）	《地表水环境质量标准》	0.3	
中国（GB 5749—2022）	《生活饮用水卫生标准》	0.3	
美国	《国家饮用水水质标准》（二级标准）	0.3	
	《国家推荐水质标准：2009》	淡水（慢性）	人体健康（摄入水和水生物）
		1.0	0.3
世界卫生组织	《饮用水水质准则》	0.3	
欧共体理事会（98/83/EEC）	《生活饮用水水质条例》	0.2	

2.12.2　除铁的水处理技术基本原理

铁在自然界水体中主要为二价、三价形态，三价铁易沉淀，二价铁不易沉淀。二价铁在自然水体中易氧化为三价铁，因此，铁污染突发环境事件中，若自然条件下河水溶解氧浓度较高，且呈弱碱性，铁易沉淀，无须投加药剂处置。在自然条件不利或下游敏感点距离近需强化处理的情况下，采用碱性化学沉淀法处理。

2.12.3　地表水铁污染应急处置技术

1. 削减方法

在突发性铁污染事故中，通过投加适量的石灰、氢氧化钠等碱性物质，将河水 pH 控制在 7～9，溶解态的铁可与水中的氢氧根离子结合产生氢氧化铁絮体而沉淀，从而将铁从水相中去除。

2. 工艺流程

铁污染河水碱性化学沉淀处理工艺流程见图 2-39。

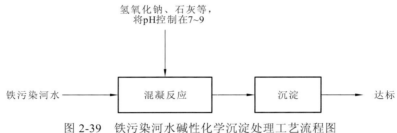

图 2-39　铁污染河水碱性化学沉淀处理工艺流程图

3. 工艺要点

（1）若自然条件下河水溶解氧浓度较高，且呈弱碱性，铁易沉降，无须投加药剂处置。在自然条件不利或下游敏感点距离近需强化处理的情况下，采用碱性化学沉淀法处理。

（2）在河道实施投药处置时，一般利用桥梁、现有闸坝或临时坝等设施，布设穿孔管或喷头进行投加，尽量保证药剂的均匀投加。

2.12.4　地下水铁污染应急处置技术

除铁方法对水源 pH 有较大的选择性，应根据水源的 pH 选择适宜的除铁技术。pH 在 6.0～7.5 的地下水可使用多级滤柱填充法通过接触氧化法除铁。需要注意温度、滤料的选择/改性和滤柱形状对除铁效果的影响，以及锰砂滤料可能出现的强度、耐酸性不够和板结等问题。地下水 pH 大于 7.5 的区域，推荐使用加氯氧化除铁。氯可在水中生成羟基自由基以加速除铁，且生成的铁氧化物具有二次氧化作用，除铁效果优秀。pH 在 7.5 左右且存在明显季节变化的地下水可通过加药调节并提高其 pH，再用加氯氧化方法除铁。

2.12.5　自来水厂铁污染应急处置技术

1. 应急工艺

采用预氧化-化学沉淀法处理，确保达标（0.3 mg/L）供水。

2. 工艺流程

自来水厂内预氧化-化学沉淀法处理工艺流程见图2-40。

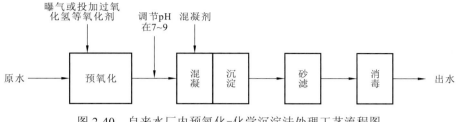

图 2-40　自来水厂内预氧化-化学沉淀法处理工艺流程图

3. 工艺要点

推荐的应急除铁的工艺参数：若采用曝气或投加过氧化氢，以控制溶解氧大于5 mg/L为准；若投加氯，以控制沉淀后水余氯大于0.5 mg/L为准；混凝剂投加量一般为10～60 mg/L，并控制pH在弱碱性条件，可实现出水铁达标。为了强化除铁效果，应注意加强过滤处理，尽可能降低出水浊度，提高对铁的截留效果。

2.13　水体锰污染应急处置技术

锰用于锰的标准液制备，合金、锰盐的制备，以及在引燃剂中作可燃物。金属采选、冶炼和加工过程中产生的大量废水和废渣未按照要求进行处理，废水、废气偷排或不达标排放均可能造成锰污染。

2.13.1　锰的毒性与标准限值

锰在地壳中的平均丰度为 950 ppm[①]，是微量元素中丰度最大的元素。自然界中没有元素态的锰。以锰为主要元素的矿物近百种，而以锰为次要元素的矿物则更多，其中赋存态为二氧化锰的矿物多于赋存态为碳酸锰和硅酸锰的矿物。火成岩中平均含锰1 000 ppm，石油中含锰很少，只有0.6 ppm，煤中平均含锰50 ppm，褐煤中含锰20～90 ppm。

锰的化合价有+2、+3、+4、+5、+6和+7，其中+2（Mn^{2+}的化合物）、+4（二氧化锰，为天然矿物）和+7（高锰酸盐，如 $KMnO_4$）、+6（锰酸盐，如 K_2MnO_4）为稳定的氧化态。Mn^{2+}较稳定，不容易被氧化，也不容易被还原。K_2MnO_4 和 MnO_2 有强氧化性。$Mn(OH)_2$ 不稳定，易被空气中的氧气氧化为水合 $MnO_2[MnO(OH)_2]$，即使是水中微量的溶解氧也能将其氧化；K_2MnO_4 也能发生歧化反应，但反应不如在酸性溶液中进行得完全。

---

① 1 ppm＝10^{-6}。

1. 生态毒性

水中的二价锰对人、畜和水生生物的毒性很小。例如，对水生生物的异脚目，锰的毒性浓度为 15 mg/L，对鲤鱼为 600 mg/L。锰对幼鱼的致死浓度为 40 mg/L，对溞类为 50 mg/L。但低浓度的锰会影响水的色、嗅、味。锰质量浓度为 0.15 mg/L 时，水出现浑浊；锰质量浓度为 0.5 mg/L 时，水有金属味；氯化锰质量浓度为 1.0 mg/L、硫酸锰质量浓度为 4 mg/L 时，水有可感知的异味。二氧化锰可使水染成红色，附着在工业品上，会产生难看的斑点。因此，许多工业用水对锰含量有相当严格的要求。

2. 毒理和毒性数据

人体摄入过量的锰，会造成相关器官病变，从而引起锰中毒。长期接触锰还会引起中枢神经系统疾病。

急性锰中毒常见于口服浓于 1%高锰酸钾溶液，引起口腔黏膜糜烂、恶心、呕吐、胃部疼痛；口服 3%～5%高锰酸钾溶液可能发生胃肠道黏膜坏死，引起腹痛、便血，甚至休克；5～19 g 锰可致命。在通风不良条件下进行电焊，吸入大量新生的氧化锰烟雾，可引发咽痛、咳嗽、气急，并骤发寒战和高热（金属烟热）。

慢性锰中毒一般在接触锰的烟、尘 3～5 年或更长时间后发病。早期症状有头晕、头痛、肢体酸痛、下肢无力和沉重、多汗、心悸和情绪改变。病情发展，出现肌张力升高、手指震颤、腱反射亢进、对周围事物缺乏兴趣和情绪不稳定。后期出现典型的震颤麻痹综合征，有四肢肌张力升高和静止性震颤、言语障碍、步态困难等，以及不自主哭笑、强迫观念和冲动行为等精神症状。

锰烟尘可引起肺炎、尘肺，还可引发结膜炎、鼻炎和皮炎。

3. 相关环境标准

锰的相关环境标准见表 2-16。

表 2-16　锰的相关环境标准

标准来源	标准名称	标准限值
中国（GB 5749—2022）	《生活饮用水卫生标准》	0.1 mg/L
中国（GB 3838—2002）	《地表水环境质量标准》	0.1 mg/L
美国	《国家饮用水水质标准》	0.05 mg/L（二级饮用水规程）
世界卫生组织	《饮用水水质准则》	0.5 mg/L（饮用水中对健康有影响的化学物质）
		0.1 mg/L（饮用水中含有的能引起用户不满的物质及其参数）
欧共体理事会（98/83/EEC）	《生活饮用水水质条例》	0.05 mg/L
中国（GBZ 1—2010）	《工业企业设计卫生标准》	0.1 mg/m³（居住区大气中锰的最高容许浓度）
		0.2 mg/m³（车间空气中二氧化锰最高容许浓度）

2.13.2　除锰的水处理技术基本原理

1. 沉淀法

1）混凝沉淀法

混凝沉淀法的基本原理是利用混凝剂的吸附性，将水中悬浮状态的含锰化合物去除，如普通的混凝剂如聚丙烯酰胺（PAM）。该方法去除悬浮态含锰化合物的效率很高，但难以大量去除 Mn^{2+}，且药剂量大，成本高，还容易造成二次污染。

2）化学沉淀法

化学沉淀法是向含锰水体中投加石灰、氢氧化钠或碳酸氢钠等碱性物质，将 pH 提高至 9.5 以上，这样地表水中的溶解氧就可以将 Mn^{2+} 氧化成 MnO_2 析出，但处理后的水还需酸化才能使用。

2. 氧化法

氧化法最早应用于地下水除锰，是利用空气或氧化剂将 Mn^{2+} 氧化成高价离子，再与水中的氢氧根形成沉淀而被去除。

1）自然氧化法

自然氧化法于 20 世纪 50 年代从国外引进，包括曝气、氧化反应、沉淀、过滤等一系列复杂流程，但由于地表水本身溶解氧浓度已经较高，单纯靠空气充氧效果不佳，已被化学药剂氧化法取代，目前仅在地下水除锰中少量使用。

2）接触氧化法

接触氧化法的流程比较简单，原水经曝气后就直接进入除锰滤池，在滤料表面的锰质活性氧化膜的作用下，Mn^{2+} 被氧化成 MnO_2，并吸附在滤料表面，使滤膜得到更新。该方法有工艺流程短、曝气简单、不投药、处理水质好等优点，但也存在一些问题：一方面，接触氧化除锰效果易受到 Fe^{2+} 干扰，原水中 Fe^{2+} 界限质量浓度为 2 mg/L；另一方面，锰质活性滤膜成熟期长，易受反冲洗等外界因素干扰，除锰效果不稳定。

3）高锰酸盐氧化法

以高锰酸钾为代表的高锰酸盐是比氧和氯更强的氧化剂。在水的 pH 为中性的条件下，二价锰可被迅速氧化为四价锰，反应式为 $3Mn^{2+}+2MnO_4^-+2H_2O = 5MnO_2\downarrow+4H^+$。此外，中间产物新生态水合二氧化锰还有催化性和吸附性，实际的投加量少于理论所需量。

3. 生物法

生物法除锰是近年来兴起的新方法，因其简单有效、不会造成二次污染而日益受到重视。目前生物法可以分为生物滤池法、植物修复法和人工湿地法等。

1）生物滤池法

生物滤池法依据的是微生物除锰理论，该理论认为微生物的胞外酶可以起到催化氧化作用，此外微生物改变了介质的物理化学环境，降低了 Mn^{2+} 氧化对 pH 的要求，分泌出的小分子代谢产物还可能直接参与氧化反应。生物滤池法在经简单曝气后，在 pH 较低的条件下就能发生锰的氧化反应。相对于传统多级除锰工艺，生物滤池除锰具有流程简单、占地面积小、投资低、处理效果好等优点。目前多数生物除锰的水厂曝气采用跌水曝气等弱曝气方式，生物滤池则采用普通快滤池、无阀滤池等。

作为一种新的除锰技术，生物滤池法在地表水除锰领域已成为重点研究方向，但一些问题还有待解决。首先，锰氧化细菌是除锰的核心，对其进行分离、纯化和鉴定，以驯化出高效的工程菌种来提高除锰效率。其次，传统的天然滤料如石英砂、无烟煤等效果不理想，需要对其进行改性，寻找或人工合成新型滤料。最后，生物滤池还缺乏成熟的工艺参数，营养物质、pH、温度及溶解氧等因素的影响情况还有待进一步研究。

2）植物修复法

植物修复是在受污染水体中种植某些具有锰超量富集特性的水生植物，通过根部的积累、沉淀或根表吸附来达到固锰、除锰的效果。由于水生植物生长迅速，适应性广，抗逆性强，覆盖范围广，利用其修复锰污染的水环境具有经济、高效、易于操作等优点，有着巨大的发展前景。

3）人工湿地法

人工湿地是一种利用人为手段建立起来的、具有湿地性质的生态系统，综合了多种有效促进 Mn^{2+} 氧化沉淀的生物过程：细菌群落驱动 Mn^{2+} 的生物氧化；藻类通过光合作用提高水的 pH 和溶解氧浓度，为 Mn^{2+} 的生物氧化创造更有利的物理化学环境；大型植物对锰离子的氧化沉淀也起到了一定作用。人工湿地有维护费用低、管理方便、耐冲击负荷强、出水水质好且稳定等诸多优点，非常适合用于处理被锰矿废水等严重污染的水体，具有显著的经济、社会和生态效益。

4. 离子交换法

离子交换法的原理是水中的 Mn^{2+} 经过离子交换树脂时，在库仑力的作用下与树脂上带有同种电荷的离子替换，附着在离子交换树脂上，从而达到从水体中去除的效果。该方法优点是方法简单、效果明显，缺点是离子交换树脂需要再生，再生时需要更换树脂，操作烦琐，而且进水需要预处理。

5. 膜过滤法

膜过滤法是利用膜的孔径大小选择性地过滤水中的含锰污染物，常与氧化技术结合使用。膜过滤法具有去除效果好、效率高等特点，但因材料昂贵、易堵塞及进水需要预处理而未能推广使用。

6．吸附法

吸附法采用一些比表面积大、吸附性能强的材料，将地表水中的 Mn^{2+} 吸附去除。常用的吸附材料有活性炭、沸石等。研究发现，采用 NaCl 改性可不同程度地破坏沸石的表面结构，使沸石比表面积增加，提高沸石的吸附和离子交换性能，从而提升去除锰离子的效果。

2.13.3　地表水锰污染应急处置技术

1．削减工艺

预氧化-混凝沉淀法采用高锰酸钾预氧化，生成二氧化锰沉淀，实现对锰的去除。

2．工艺流程

锰污染河水预氧化-混凝沉淀处理工艺流程见图 2-41。

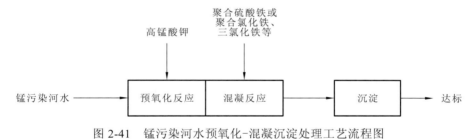

图 2-41　锰污染河水预氧化-混凝沉淀处理工艺流程图

3．工艺要点

（1）推荐的应急除锰的工艺参数为：预氧化时投加高锰酸钾的质量浓度一般不超过 1 mg/L，以控制河水不变红为准；如高锰酸钾投加过量导致河水变红，则应在下游投加还原剂（如硫代硫酸钠）消耗掉过量的高锰酸钾。混凝剂投加量一般为 50～300 mg/L，根据原水中锰的浓度，适度调整混凝剂的投加量，可实现出水锰达标。

（2）在河道实施投药处置时，一般利用桥梁、现有闸坝或临时坝等设施，布设穿孔管或喷头进行投加，尽量保证药剂的均匀投加。

2.13.4　地下水锰污染应急处置技术

地下水污染主要来源有直接污染和间接污染，因此针对不同类型的污染，应该采取不同的处理措施。针对直接污染，应对其产生污染的源头进行直接处理，从而降低地下水中污染物质含量；针对间接污染，需要通过降低人为因素对地下水自然状态的影响和降低地下水中污染物质含量的方法，净化地下水水质。

1. 源头处理

源头处理主要针对将含锰的污水直接注入地下水导致地下水污染的情况，以及污水通过土壤和包气带水层进行地表水与地下水之间的交换，从而导致地下水污染的情况。

源头处理主要取决于政府部门的监管力度，以及对较多严重污染地表水的处理。对工厂难以处理的废水进行监管，防止其通过厂区内部深井将工业废水直接注入地下水中，导致地下水局部地区超标严重，由于地下水流动性强和自净能力差，从而导致大面积污染。对某些具有高浓度、高毒性、难处理的废水和固废进行深埋时，注意底部防渗措施的建设，防止其中的渗滤液通过土壤进入地下水中。

2. 末端处理

末端处理主要依据地下水中铁锰的性质，通过物理、化学、生物及物理化学的方法，对地下水中的铁锰污染物进行处理。末端处理应用抽出-处理技术，将地下水抽出，经过处理后回排入地下水。

1）物理处理法

吸附法和膜处理法是在工程中使用较多的方法，具有容量大、能耗小、污染小、去除快及可重复利用的优点。由于地下水中锰含量较低，使用这两种方法去除地下水中锰具有一定的意义。吸附法主要使用的吸附剂有火山岩、生物质吸附剂、活性炭等，这些吸附剂具有比表面积大、孔隙率高、对锰吸附性强等特点。

2）化学处理法

应用的化学处理法主要有自然氧化法、接触氧化法及药剂氧化法等。

自然氧化法是一种简单有效的除锰方法，它利用水中的溶氧将二价锰氧化为四价锰，进而通过沉淀或过滤的方式去除。这种方法适用于锰含量轻微超标的地下水，需要一定的时间。为了提高氧化效率，可以设置曝气装置来增加水与空气的接触面积，从而促进反应。

接触氧化法通过催化氧化反应，起催化作用的是滤料表面的铁质、锰质的活性氧化膜。该法有不投药、简单曝气、流程短和出水水质良好的优点。接触氧化法通过铁细菌分泌的活性物质酶的生物催化作用及自催化作用，从而达到除锰的目的。

药剂氧化法主要通过化学药剂对地下水中的锰进行氧化，从而达到除锰的目的。采用的氧化剂主要有高锰酸钾、过氧化氢、臭氧及氯等。高锰酸钾具有强氧化性，可以通过单独作用达到除锰的目的，也可与混凝进行组合使用。过氧化氢通过氧化地下水中的锰，并生成碱性环境从而将地下水中的锰去除，但是其反应控制难度较大。臭氧因具有强氧化性，可将地下水中的锰离子氧化成氧化锰沉淀去除。氯作为自来水消毒处理的主要原料，其强氧化性可稳定去除锰，对由地下水转化的自来水进行应急处理。

3）生物处理法

生物除锰有两种方式：一种是细菌直接产生酶或其他专一性因子来催化相关反应；另一种则是生物细胞体分泌有反应活性的小分子代谢物与锰反应，或通过改变环境 pH 来实现固锰。溶解氧作为去除地下水中锰的主要氧化剂之一，若其中氧气含量不足，微生物新陈代谢减缓，从而导致对锰氧化速度降低。pH 可以通过影响微生物的活性来影响地下水中的锰去除率，也可以通过影响锰离子发生反应，从而控制地下水中锰去除的效率。

2.13.5 自来水厂锰污染应急处置技术

1. 应急工艺

当自来水厂取水口锰质量浓度高于 1.1 mg/L 时，建议停止取水，或与其他清洁水源混合后，确保混合进水锰质量浓度低于 1.1 mg/L。

当自来水厂取水口锰质量浓度低于 1.1 mg/L 时（超标 10 倍以内），可采用预氧化-混凝沉淀法处理，并确保达标供水。

2. 工艺流程

自来水厂内预氧化-混凝沉淀法处理工艺流程见图 2-42。

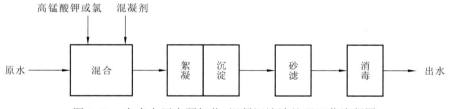

图 2-42　自来水厂内预氧化-混凝沉淀法处理工艺流程图

3. 工艺要点

推荐的应急除砷的工艺参数：高锰酸钾投加量以控制水体不变红为准；预氧化加氯量为 2～10 mg/L，以控制沉淀后水余氯大于 0.5 mg/L 为准；混凝剂投加量一般为 10～60 mg/L（以 Fe 计），根据原水中锰的浓度，适度调整混凝剂投加量，并控制 pH 在弱碱性条件，可实现出水锰达标。为了强化除锰效果，应注意加强过滤处理，尽可能降低出水浊度，提高对锰的截留效果。

第3章 流域突发重金属污染事件应急处置

流域突发重金属污染事件是指在流域范围内发生的重金属突发性泄漏、排放从而造成环境污染的事件。流域指由分水线所包围的河流集水区，广义上讲是指一个水系的干流和支流所流经的整个地区。由于所处水域水文条件及事件发生的时间、地点、污染物强度与类型等方面具有很强的不确定性，事件中污染物的迁移转化规律复杂多变，进而导致该类事件的污染物运动机理难以掌握。此外，大流域的突发性水污染事件往往牵涉跨市、跨省甚至跨国，需要有关部门联合作战、共同处置，给不同部门之间的合作带来极大考验。最后，相较于以固定源为主的土壤污染和大气污染事件，人们缺乏足够的思想准备应对时间和地点都未知的流域突发水污染事件，无法及时采取有效的应急防御措施，以致该类事件对社会、经济和环境造成极强的破坏性。

造成流域突发重金属污染事件的原因很多，大致包括含重金属工业废水排放、有毒物质泄漏、二次供水过程中引起的污染，自然因素如水灾、地震、干旱引起的污染等。根据发生方式，流域突发重金属污染事件可分为交通事故造成的污染、生产事故造成的污染、自然环境变化引起的污染、非正常大量废水排放造成的污染、人为破坏造成的污染、暴雨等自然灾害造成的污染等。按照发生的水域、范围不同，流域突发重金属污染事件可以分为整个水域、局部水域水污染事件，重点水域、敏感水域（城市水源地）水污染事件，海洋、江河、湖泊、水库、河口、地下水等水污染事件。按照重金属（和类金属）类别不同，流域突发重金属污染事件可以分为汞、镉、铅、铬、砷、铊、钼、锑污染等污染事件。

流域突发重金属污染事件通常具有以下特点。

（1）突发性。主要表现在事故发生突然、来势迅猛，短时间内排放大量污染物，往往难以得到有效控制。事故的突发性给后续处理造成困难。水源地突发污染事故的处理必须快速、及时、有效，若错过最佳的处理时机，可能会造成重大社会和经济危害。

（2）不确定性。主要表现在事故发生的时间、地点的不确定性；事故危害程度、危害对象的不确定性；事故发生水域的生态环境对污染物迁移、转化等行为影响的不确定性；无固定污染源、排放方式和排放途径。

（3）扩散性。水体被污染后，污染物随流输移，影响范围由点及线、由线到面，还会影响周边相关联的环境，如河流沿岸的植被、以河流为饮用水水源地的居民及河流下游居民的生产和生活环境等，影响范围逐渐扩大。

（4）危害性。突发性水污染事故排放的大量污染物质对事故发生水域的生态环境和城市供水安全可能造成极大危害。据报道，我国有多个城市及其环境生态系统都不同程度地受到水源地突发污染事件的威胁。

（5）处理的艰巨性和影响的长期性。突发性水污染事故发生后的危害程度很大，必须快速、及时、有效地处理，这就对应急措施提出了很高的要求。有时造成事故的有害物质难以全部清除，需投入大量的人力、物力，长期整治，同时污染物在水环境中会发生理化性质的改变，可能转变成毒性更大的物质，具有危害的累积性和长期性。

（6）应急主体不明确性。由于污染中心会随水体逐渐向下游迁移，突发性水污染事件现场会不断地扩张和改变。在迁移扩散过程中，还可能因为水体中各因素的作用而产生脱离，出现多个污染中心，或者因为污染中心跨地区、跨国界的迁移，造成应急主体不明确现象的产生。

流域突发重金属污染事件具有极强的不可预知性，从根本上讲是不可避免的，因此必须学会与之共存，以降低事故对城市供水系统的冲击为目标，研究突发污染事故的快速有效应急处理技术，才能防患于未然。

3.1 流域环境应急监测

环境应急监测是在环境应急情况下，为发现和查明环境重金属污染情况和污染范围而进行的环境监测。其目的是发现和查明环境污染状况，掌握污染的范围、程度及变化趋势，为有效控制事故和处理事故提供依据。环境应急监测直接涉及保护人民生命、稳定社会和使用巨额财力（如人员疏散、无人区域设置、紧急救援、停止供水）措施的选择。

3.1.1 流域环境应急监测的作用

流域环境应急监测实际上是贯穿应急处置过程的，它不但有助于基础监测资料积累，更重要的是在以下几个方面发挥作用，包括：①筛查与识别污染源，识别污染事故造成环境危害的主要物质，这是隐性污染事件环境监测的关键和技术难点，往往也是应急工作的第一步，当明确污染的特征污染物之后，则需要对污染源追踪排查、识别，判别污染的基本状况，确认入河污染物通量，这是评估事件严重性及确定处置工作方案的重要依据，也是预测预报污染发展趋势；②对水体环境发生的异常状况做到及早发现和预警，要求对受污染河流沿线水文、水质、泥沙要素实行动态监测，及时、准确地掌握水量、泥沙、水质等情况，完成沿程水量计量、水质监测及水文报汛工作，为应急决策提供预测信息服务，这是应对突发事件环境监测的难点和重点，检验应急处置措施的效果，评估污染的环境风险；③利用生物监测可将目标化学物的生物利用度与其在靶器官的浓度和毒性相结合，能直接反映污染物对生物及人类的影响，已成为环境风险评价的重要内容。

3.1.2 流域环境应急监测的特点

流域环境应急监测通常是在出现与水有关的突发事件时,通过对水体等进行临时、紧急的监测,以便及时取得水文、水质等基本资料及基本信息。与日常监测工作相比,应急监测具有以下特点。

(1)监测内容不确定性与动态调整。由于突发性水污染发生的种类多,涉及很多污染要素,需要监测的要素和内容也很多,但是在突发性水污染发生之前却无法预先确定,也无法准备所有的监测要素和内容。即使监测要素确定了,在应急过程中也常常需要动态调整监测方案,包括监测断面的优化、监测频率的增减等。

(2)监测时间紧迫。突发性水污染都是突然发生,情况紧急,必须在第一时间展开监测,以最快的速度得出监测结果,事前难以充分准备。

(3)监测空间不断拓展。突发性水污染不仅会对事发水域的水环境和水生态造成严重的污染和破坏,而且会随着水的流动不断扩大污染范围,影响下游水域,监测的空间范围也必然会随之不断扩大。

(4)监测周期长。由于突发性水污染的危害和影响具有长期性,从事故发生到处置妥当,从水质严重恶化到逐步恢复,其间都有一个较长的过程,所以突发性水污染的监测工作也将持续一段时间。连续的高强度监测工作会导致人员疲劳、设备故障和用品短缺等问题,对监测机构的持久监测能力是一个考验。

(5)工作环境不便利。开展日常监测工作时,通常都具备完整的可靠的基础设施。例如,常规水文监测具有水文缆道、水尺、断面桩、断面标点、水文测船等,同时还具备正常、方便及可靠的平面和高程系统;而水文应急监测的工作环境却不具备上述内容的便利条件,即没有基本设施,且平面、高程系统需要重新建设和确定等。

(6)监测控制条件较差。开展日常水文、水质监测工作通常都选择具有非常好的河段控制条件,这使得水文、水质等要素容易被收集;而开展应急监测工作的河段控制条件常常较差,对监测断面的变化情况不了解,在部分条件恶劣的情况下,即使是采用高级的测量仪器也很难收集到所需的断面资料。

(7)监测时机难以把握。日常水文、水质监测工作的开展,受外在因素影响较小,监测时间、频率都有明确规定;而应急监测工作却存在相当多的变化因素,监测时间、频率需根据人力、物力、财力等条件灵活安排。

(8)作业环境恶劣。日常水文、水质监测工作的安全性是可控的,而应急监测常常受到时间紧、任务重、交通不便、地势危险等因素限制,导致安全隐患多、风险极大,使得作业人员的安全受到严峻挑战。

(9)技术标准及技术规范暂缺。一般来说,开展日常水文、水质监测工作,都应严格执行国家和行业的有关技术规范及标准,而应急监测工作目前尚无统一的技术标准及技术规范。受工作条件及工作环境的限制,考虑应急监测工作的风险及安全性,某些时候只能参照国家和行业的相关技术规范及标准来开展应急监测工作,而对于一些水文要素,也只能利用经验公式,或者把情况简化后再进行估测、估算,比如对堤防（坝体）溃口流量的监测及成果的获得即如此。

（10）测验精度要求宜放宽。水文、水质应急监测工作是在特殊环境、特殊条件及特殊时间内所开展的监测工作，由于时效性、现场性的要求，开展应急监测工作所需的一些水文基本设施欠缺，导致其水文、水质等要素的测验精度较日常水文测验工作所得到的水文要素的测验精度低。尽管如此，应急监测工作通过对水文、水质要素的变化趋势、达到的量级、变量大小等进行监测，仍然能够为政府及领导做出正确的决策发挥重要作用，也能够满足应急处置施工单位的精度要求。

3.1.3 流域环境应急监测的形式和内容

流域环境应急联合协调监测是以流域为单元，以优化断面为基础，采用连续自动监测分析技术为先导，以人工采样、实验室分析技术为主体，以移动式现场快速应急监测技术为辅助手段的自动监测、常规监测与应急监测相结合的监测技术，通过定点监测、巡查监测等方式，对水质、水量、水生生物等进行全面监测。

流域环境应急监测主要包括水文监测、水质监测和生物监测三大部分。当然，广义上的应急监测还包括舆情监测。其中，水文水质同步监测是突发水环境事件的最基本的监测，而生物监测则在弥补水质监测不足的基础上，在污染水体生态风险评估方面发挥不可替代的作用。三大应急监测手段可以说贯穿整个应急事件的发生、发展、处置及善后工作的全过程。但是，不同的监测方法在应急过程的各阶段具有各自的地位。

3.2 以"空间换时间"的"一河一策一图"

3.2.1 "一河一策一图"的由来

2018 年 1 月 17 日河南淇河水污染事件发生以后，南阳市立即启动突发环境事件应急预案，明确"不让受污染的水进入丹江口水库"的目标。时任生态环境部副部长亲赴现场坐镇指挥，提出了"以空间换时间，以时间保安全"的思路，采用迅速筑坝拦水、果断截断污染的处置，及时关闭闸坝，并在上河电站坝下建成 80 万 m^3 的临时应急池，既能有效拦截隔离污水，又不影响上游清水下泄，事件得到了妥善处置，实现了不让一滴受污染水进入丹江口水库的目标。因该处置方法有效、管用，总结形成了"一河一策一图"技术推广全国使用。

"一河一策一图"，即围绕不让受污染的水进入敏感水域（水源地等）的目标，从汇水河流入手，按照"以空间换时间"的思路，做好"查信息、找空间、定方案"等应急准备与响应工作。其中，"查信息"是调查河流水文水利基础信息，确保事发后能快速确定污染物迁移转化的规律；"找空间"是找到能使污染团与清水隔离的"空间"；"定方案"是编制"一河一策"，以河流受到污染为起点，设计确定应急措施。"查信息、找空间、定方案"的关键是找到能使污染团与清水隔离的"空间","以空间换时间",掌握事件处置的主动权,保障人民群众用水安全。

3.2.2 "一河一策一图"处置思路与要点

1. 处置思路

根据生态环境部《2020 年全国环境应急管理工作要点》,提出推进典型河流应急响应方案试点的工作建议,选择典型河流继续开展试点工作,摸清基础信息,确定应急可用闸坝或可临时建坝位置(即"应急空间"),绘制"应急一张图"。通过对跨境河流流域内重点环境风险源、环境敏感受体、水利设施、湿地等基础信息调查,基于流域尺度开展典型突发环境事件情景分析。在此基础上,全面调查梳理流域内可用于截流、导流、储存污染物的坑、塘、库、坝、洼地、湿地、河道等构建筑物及场所,以及便于投药、稀释等应急处置的水电站、水闸、桥梁等设施。

2. 资料收集

收集流域内涉及危险化学品和重金属的重点工业企业、尾矿库、危险化学品运输等环境风险源的相关资料及流域水利设施基础资料;统计流域内企业清单、流域内较大及以上环境风险等级企业的环境风险评估报告及应急预案、流域内环境敏感受体清单、流域内环境应急设施及应急物资库建设基础资料;掌握流域内危险化学品交通运输基础资料,包括危险化学品运输种类、各类的年运输量及单次最大运载量,危险化学品运输路线等;梳理清楚流域内水库、电站、闸坝等水利设施的基础数据。

3.2.3 "一河一策一图"应急处置工程设施类型

突发水污染事件应急处置中主要依靠各类闸坝沟渠构成的"空间"。这些闸坝沟渠以永久性为主,必要时选择合适地点修筑临时性设施。

闸坝沟渠在应急处置中主要发挥挡水、排水及引水三种作用。挡水指的是拦蓄污水并阻断或控制上游清水。排水指的是控制性排放污水或清水。引水指的是通过引流将污染团引导出流动水域或将清水绕过污染团。

总结丹江口试点工作和历史案例,通过挡水、排水、引水的综合运用,可以运用以下 10 种设施构成"空间":引水式电站、湿地、干枯河道、江心洲型河道、引水管道、坑塘、槽车、排水管道、连通水道、多级拦截坝。

下面逐一列出 10 种设施构成的"空间",并以示意图说明主要流程,附有历史案例、演示案例或设计案例供参考。

1. 引水式电站

引水式电站既可以在河道临时筑坝蓄污并通过电站引水渠分流清水,也可以通过电站引水渠分流蓄污并通过河道分流清水，如图 3-1 和图 3-2 所示。

图 3-1　引水式电站与临时筑坝蓄污在应急处置中的使用步骤

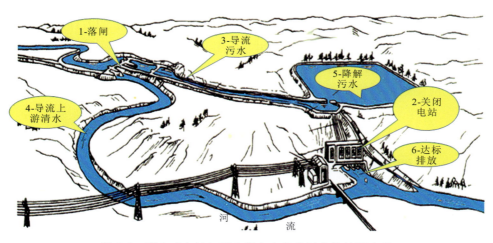

图 3-2　引水式电站与引水渠在应急处置中的使用步骤

引水式电站在 2018 年河南省南阳市淇河污染事件中得到了应用。使用时应注意，电站拦水坝下游要适合筑坝且坝体安全能够得到保证，形成的临时应急池或多级临时应急池能够满足截蓄水量的需求。

2. 湿地

湿地在 2011 年山东省临沂市南涑河水污染应急演练中得到了应用。使用时应注意，湿地一般应独立于主河道，进出口要有控制闸坝或适合建设临时闸坝，以使湿地蓄水量能够满足要求。湿地在应急处置中的使用步骤见图 3-3。

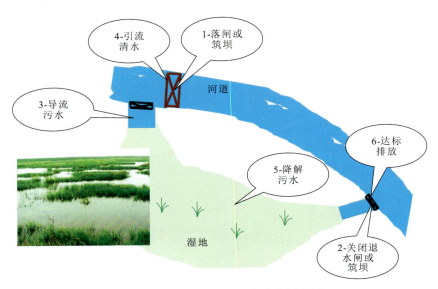

图 3-3　湿地在应急处置中的使用步骤

3. 干枯河道

干枯河道在 2012 年山西潞安集团天脊煤化工集团有限公司"12·31"苯胺泄漏事故引发的浊漳河水污染事件中得到了应用。使用时应注意，干枯河道一般应独立于主河道或易与主河道隔离，进出口适合建设临时闸坝控制水流，蓄水量应能满足要求。干枯河道在应急处置中的使用步骤见图 3-4。

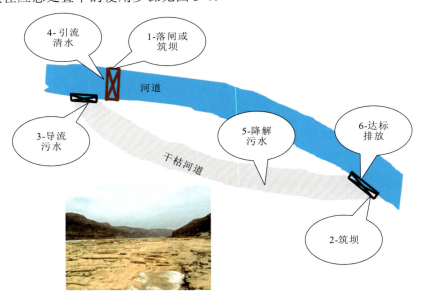

图 3-4　干枯河道在应急处置中的使用步骤

4. 引水管道

引水管道在 2015 年陕西省渭南市"12·2"金堆城钼业集团有限公司含镉废水污染

汶峪河事件中得到了应用。管道连接处上下游水位落差不大、河道比较平坦，适用该设施。引水管道在应急处置中的使用步骤见图3-5。

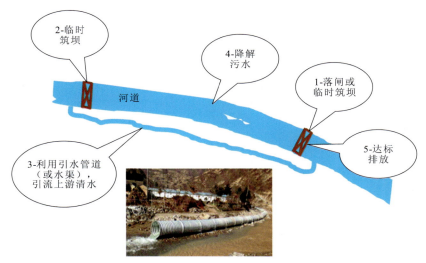

图 3-5　引水管道在应急处置中的使用步骤

5. 江心洲型河道

江心洲型河道在 2016 年新疆维吾尔自治区伊犁哈萨克族自治州"11·7"218 国道柴油罐车泄漏事件中得到了应用。主河道适宜筑坝导流、支汊河道截蓄水量能够满足要求，适用该设施。江心洲型河道在应急处置中的使用步骤见图3-6。

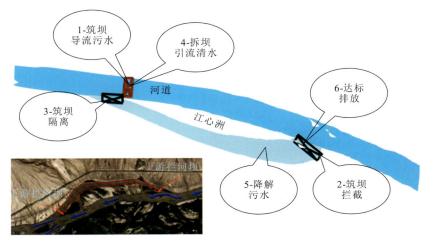

图 3-6　江心洲型河道在应急处置中的使用步骤

6. 坑塘

坑塘在 2007 年广西壮族自治区南宁市华妙建材有限责任公司"9·14"甲醛储罐泄漏污染事件中得到了应用。该设施适用于受污染水体水量不大、坑塘上下游落差不大的情况。坑塘在应急处置中的使用步骤见图 3-7。

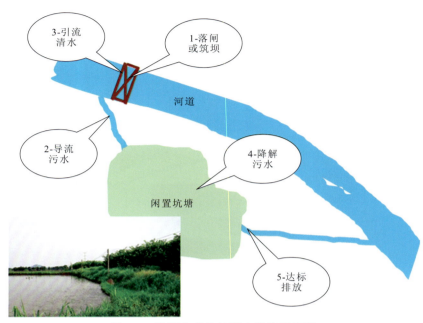

图 3-7　坑塘在应急处置中的使用步骤

7. 槽车

槽车在 2018 年河南省义马市"2·8"联创化工有限责任公司违法倾倒煤焦油导致南涧河水污染事件中得到了应用。受污染水体水量不大时，适用该设施。槽车在应急处置中的使用步骤见图 3-8。

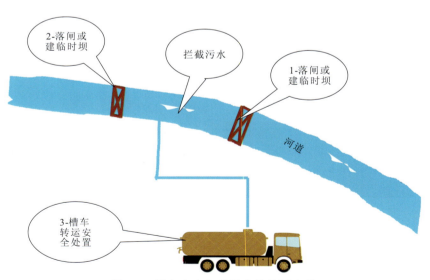

图 3-8　槽车在应急处置中的使用步骤

8. 排水管道

排水管道在 2015 年天津港 "8·12" 瑞海公司危险品仓库特别重大火灾爆炸事故中得到了应用。使用时应注意，在先期拦截后应尽快通过槽车、排水管道等将拦截的污水转移。排水管道在应急处置中的使用方法见图 3-9。

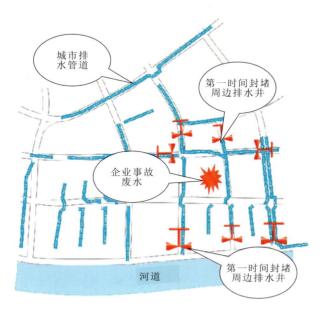

图 3-9　排水管道在应急处置中的使用方法

9. 连通水道

连通水道能够控制水流，该设施适用于水源地上游有其他来水的情况。连通水道在应急处置中的使用方法见图 3-10。

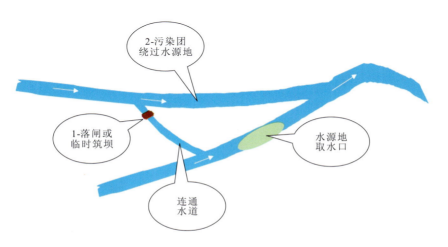

图 3-10　连通水道在应急处置中的使用方法

10. 多级拦截坝

1）多级吸附坝

多级吸附坝在 2016 年新疆维吾尔自治区伊犁哈萨克自治州"11·7"218 国道柴油罐车泄漏事件中得到了应用。使用时应注意，选择合适的筑坝位置，针对不同污染物选择经济高效的吸附材料，及时更换饱和后的吸附材料并安全处置。多级吸附坝在应急处置中的使用方法见图 3-11。

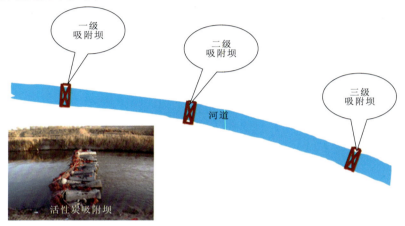

图 3-11　多级吸附坝在应急处置中的使用方法

2）多级反应坝

多级反应坝在 2013 年广西壮族自治区贺江重金属超标事件中得到了应用。使用时应注意，在水流湍急处投加药剂，在平缓处筑坝，提高重金属降解去除率。多级反应坝在应急处置中的使用方法见图 3-12。

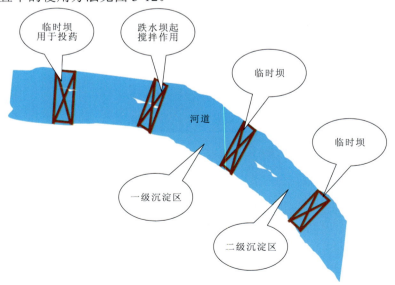

图 3-12　多级反应坝在应急处置中的使用方法

3.3 污染源溯源排查与锁定技术

面对和处理流域突发水污染事件的最有效办法就是科学准确预测污染水域的情况。其中,对引起事件发生的污染物进行追踪溯源是科学准确预测任意水域污染情况的关键技术和前提条件。因此,研究河渠突发水污染事件追踪溯源理论,对应急处置措施能否最大限度减小已发生事件的影响范围和污染程度起决定性作用,即在污染事件发生后,研究如何快速稳定描述污染物在河渠中迁移转化规律的模型参数、准确找出污染源的位置、掌握其污染强度、获知污染事件发生的初始条件及边界条件等问题,对开展河渠等流域突发水污染事件的应急处理有着非常重大的现实意义。

3.3.1 追踪溯源概念及内涵

在《辞海》中,"追踪"被定义为"按踪迹或线索追寻,追随仿效";"溯源"被定义为"往上游寻找发源地,比喻探求本源"。基于此,可从水污染事件角度对追踪溯源进行理解:一是能够确定事件发生过程中污染物的浓度变化曲线;二是通过污染物浓度的观测数据来追踪污染事件产生的过程、事件发生源等相关信息,即污染事件的"追踪溯源"包含正向追踪污染物和逆向追溯污染源双重含义。前向追踪溯源即沿着水体流动的方向,根据内陆河道支干流源汇关系,跟踪每个关键点,预测污染峰值到达的时间及大小。通常用于确定污染物到达敏感水域的时间及浓度峰值,以便采取相应的措施尽可能减少损失。后向追踪溯源即从水体下游往上回溯,跟踪水体流经的每个关键点,找出污染事件发生的源头。因此,流域突发水污染追踪溯源主要用于找到诱使事件产生的原因,利用关键点的观测值找出事件发生的位置,确定污染源的特性,进而追踪事发后污染物的位置。

3.3.2 突发环境事件溯源方法

目前,国内外采用的污染溯源方法主要有水质模型法、地学统计法、遗传算法、贝叶斯法、反向位置概率密度函数法等,其中以贝叶斯法及其衍生法为主。这些方法均需要大量的基础数据支撑,而在突发环境事件发生的短期内基本不能满足要求,由此会因得出的结果存在较大误差而导致溯源不准;而且,这些方法在演算过程中存在的不确定性误差也会导致溯源偏差。在污染源识别方面,现阶段国内外主要依靠构建污染源区域监测网络来对污染源进行监控。然而,我国很大一部分突发水污染事件的肇事企业是非法生产企业(未登记在册)或者企业瞒报,即使突发水污染事件被发现,也不能判定特征污染物的来源和排放特征。这一问题导致我国突发流域性环境事件时,往往错过事故的最佳断源时机,同时也对后续事件追责造成一定困难。

本小节系统总结突发水环境重金属污染溯源方法,并以2017年嘉陵江铊污染事件为例，介绍溯源过程，还原污染事件全过程，以期为类似污染事件溯源提供参考。

本小节所述溯源方法包含污染物特征指纹分析、污染物总量分析、水体中污染物浓度梯度变化分析、污染物迁移时间与路径分析 4 部分的综合运用。同时，结合区域现场踏勘、产业结构与分布、人员访谈等情况进行综合分析也非常重要。

1. 污染物特征指纹分析

分析所有环境应急监测数据，厘清造成突发水污染事件的主要影响因子，即主要超标指标；随后围绕上游区域产业行业结构特征，分析其工艺特征，研究其可能产生的特征污染物，并与主要超标指标进行比对，预判造成此次事件的可能肇事企业类型与区域。

2. 污染物总量分析

计算有记录以来环境应急监测中特征污染物浓度的平均值，结合污染事件发生水体的流量（或水量）、流速等水文条件，估算出此次事件特征污染物泄漏进入河流的总量；随后在疑似企业中根据工艺及物料平衡估算企业排入水体中的污染物总量；将企业排放量与水体中检出的量进行比较，进一步确定肇事企业。

3. 水体中污染物浓度梯度变化分析

将疑似肇事企业污染物排放浓度与应急监测得到的污染物浓度做比较，评估其浓度在水体中的变化趋势是否符合污染物在水体中的混合扩散模型。

4. 污染物迁移时间与路径分析

综合水体流量、流速等水文条件及气象条件，从监测到的污染物前锋反推污染物可能的排放源头和排放时间；随后对上游区域疑似企业进行排查，进一步锁定肇事企业。

3.3.3 案例分析

1. 案例概况

1）污染事件概况

2017 年 5 月 5 日，四川省某市环境保护局监测发现，其市级集中式饮用水水源地铊浓度超过《地表水环境质量标准》（GB 3838—2002）中标准限值 4.6 倍，被定性为饮用水水源地水质污染，具体原因不明。据此，该市人民政府认定嘉陵江流域发生了铊污染事件，并于 5 月 5 日 22 时启动突发环境事件应急 II 级响应。5 月 8 日，受环境保护部应急办及川陕两省委托，笔者团队运用 3.3.2 小节提出的溯源方法在嘉陵江沿线开展污染源排查，当日初步锁定嫌疑企业；5 月 9 日，开展核查并锁定肇事企业；5

月 10 日 20 时，嘉陵江受污染河段各应急监测断面铊浓度均达标；5 月 11 日，该市终止此次事件的应急响应。

2）事件原因分析

经调查，事件背景：2017 年 3 月以来，陕西省某企业以来料加工方式碱洗除氟氯处理后铊含量高的多膛炉次氧化锌烟灰原料，产生的未经有效处理的高浓度含铊废水被排入尾矿库；5 月 2～3 日，该企业所在县出现强降水天气，导致其尾矿库高浓度含铊雨污混合水经溢流井集中后外排，在嘉陵江形成污染水团，造成此次事件。

3）污染源概况

该企业尾矿库下游设拦渣坝，上游设拦洪坝，库区左岸设钢筋混凝土方涵泄洪。尾矿库设计库容为 1.98×10^6 m^3，属于三等尾矿库。库区排洪系统采用溢流井-隧洞泄洪的方式，当尾矿库存水超过溢流水位时，会通过溢流井经回水池流入嘉陵江干流。

2．案例的溯源分析

1）特征污染物定性与控制标准

（1）确定特征污染物种类。2017 年 5 月 4 日上午 10 时 50 分左右，该市环境监测站会同第三方监测机构于川陕交界处（八庙沟断面）进行例行饮用水水质监测，取河道左岸和右岸水样分别进行饮用水全指标分析。5 月 5 日，水样监测指标出现铊浓度超标（其他指标未见超标）。5 月 5 日 11 时和 18 时，对该市水源地水源水进行了取样检测，结果显示铊浓度超标。据此认定该流域发生了突发性铊污染事件。

5 月 9 日，环境保护部工作组会同两地公安、环保等部门对嫌疑企业进行了现场检查。经查实，该企业选矿车间原料中铊质量浓度约为 2 500 mg/kg，现场残存待排入尾矿库的废水中铊质量浓度约为 9.16 mg/L，与此次嘉陵江流域水体污染事件中特征超标因子铊相吻合。另外，2016 年以来，该企业从澳大利亚、土耳其、伊朗等国采购锌精矿，部分锌精矿中铊质量分数为 100～200 mg/kg。锌精矿中的铊经冶炼后富集到多膛炉次氧化锌烟灰中，现场监测表明，多膛炉次氧化锌烟灰中铊质量分数约为 2 500 mg/kg。

（2）特征污染物性质与控制标准。此次事件特征污染物铊是一种剧毒物质，易溶于硝酸和硫酸，不溶于水。铊有两种氧化态，即一价态和三价态。水体中铊常以一价形式存在，更易形成稳定化合物，并随水体迁移进入其他环境介质或生物体内。铊对哺乳动物的毒害作用远超过汞、砷、镉、铅、锑等重金属。铊主要为伴生元素，常通过含铊矿山的采选、冶炼等途径进入水环境。铊可以通过饮水及食物链等进入人体，并在人体中的骨髓、肾脏等处累积，损害人体肌肉、中枢神经系统等。我国《地表水环境质量标准》（GB 3838—2002）中"表 3 集中式生活饮用水地表水源地特定项目"及《生活饮用水卫生标准》（GB 5749—2006）中"表 3 水质非常规指标及限值"规定了铊的允许质量浓度为 0.000 1 mg/L。

鉴于此次事件影响的有集中式生活饮用水取水口，故将应急处置工作目标确定为地表水体中铊浓度达到集中式生活饮用水地表水源地特定项目标准限值的 0.000 1 mg/L。

2）特征污染物总量核算

（1）企业排入尾矿库的铊总量。该企业选矿车间于 2017 年 4 月 18 日～5 月 2 日使用高含铊多膛炉次氧化锌烟灰作为原料，进行碱洗以除氟氯。排入尾矿库的废水量约为 120 m^3/d。铊质量浓度以厂区残存废水浓度 9.16 mg/L 计，日均铊排放量约为 1.10 kg。在 15 d 生产期内，铊排放总量为 16.49 kg。

（2）尾矿库排入嘉陵江的铊总量。当尾矿库存水位超过溢流水位时，会通过溢流井溢流排入嘉陵江。经现场测算，该尾矿库库区可存水量约为 1 300 m^3，4 月 18 日～5 月 2 日选矿车间排入尾矿库废水总量约为 1 800 m^3，超过尾矿库可存水量。同时，尾矿库存水经下渗、自然蒸发等损耗有限。因此，可推断在 5 月 2 日降水前，尾矿库溢流井应处于溢流或接近溢流的状态。

5 月 2～3 日，该企业所在区域降水量为 28.6 mm，此次降水导致尾矿库中污水集中溢流排放。经现场测算，该场降水后尾矿库库区汇入雨水量约为 1 500 m^3。在尾矿库处于溢流或接近溢流的状态下，不考虑中间损耗，排入嘉陵江的雨污混合水水量以 1 500 m^3 计，铊质量浓度以尾矿库现存雨污混合水浓度 5.31 mg/L 计，则 5 月 2～3 日尾矿库通过溢流井集中排入嘉陵江的铊总量约为 7.97 kg。

（3）嘉陵江流域受污染水体中的铊总量。根据 2017 年 5 月 5 日 22 时市监测站提供的水质监测数据和水文站提供的水文数据，对排入嘉陵江流域的铊总量进行了核算，主要计算数据见表 3-1。5 月 5 日 22 时，污染水团前锋已达上石盘断面附近，尾峰在川陕交界断面附近，污染水团集中在 2 个断面之间约 83 km 的河段内。根据区间污染物分布情况，采用积分法计算出污染水团中铊的总量约为 6.61 kg。

表 3-1 5 月 5 日 22 时各监测断面水文水质数据

应急监测断面	铊质量浓度/(mg/L)	断面流量/(m^3/s)	断面流速/(m/s)	断面截面积/m^2	相邻断面距离/km
川陕交界	0.000 10	107	0.72	148.61	12
八庙沟	0.000 18	107	0.72	148.61	22
清风峡	1 417	107	0.72	148.61	13
沙河镇	0.000 33	139	0.52	267.3	14
千佛崖	0.000 42	171	0.31	551.61	22
上石盘	0.000 22	171	0.31	551.61	7
昭化古镇	0.000 03	—	—	—	—

根据以上数据分析，此次污染事件中嘉陵江污染水团中铊总量约为 6.61 kg，比前述尾矿库排入嘉陵江铊总量 7.97 kg 略低。考虑铊进入水体后，污染物会被泥沙等吸

附沉降转移至沉积相，故两者的量基本吻合。

3）特征污染物浓度及其校核

该企业选矿车间残存的待排入尾矿库废水中铊质量浓度为 9.16 mg/L、尾矿库存水铊质量浓度为 5.31 mg/L，分别超标约 $9.16×10^4$ 倍和 $5.31×10^4$ 倍；据 5 月 4 日事发后的监测数据，嘉陵江铊最大超标倍数约为 10 倍。上述情况与高浓度污染物集中外排，进入水体后因掺混稀释作用而产生的浓度梯度变化特征相符。

4）特征污染物浓度变化趋势校核

根据应急监测数据分析，各应急监测断面铊质量浓度呈较完整的正态分布。此次污染事件的排放特征为污染物短时间大量排放，与强降水时尾矿库存水通过溢流井集中溢流特征吻合。

5）特征污染物迁移与水文数据校核

根据实测水文数据反演，尾矿库自 5 月 2 日 12 时开始集中溢流。这与 5 月 2 日 10 时开始降水后，尾矿水存水集中溢流时间基本吻合。

6）污染物排放路径判定

经现场勘查、监测分析及企业人员确认，选矿车间多膛炉烟灰碱洗除氟氯产生的废水、电解车间洗铜废水中含铊废水，在未经有效处置的情况下，由泵经专管排入尾矿库。当尾矿库存水超过溢流井溢流水位时，含铊污水经溢流井－排洪隧洞排入回水池后进入 100 m 外的嘉陵江干流。污染物排放路径如图 3-13 所示。

图 3-13 污染物排放路径示意图

综上所述，通过特征污染物、总量核算、质量浓度梯度、污染过程峰型、时间序列等综合分析，可判定此次嘉陵江流域铊污染事件为 5 月 2～3 日该企业尾矿库含铊污水在降水后集中溢流外排所致。

3.4 态势研判与决策

3.4.1 技术方法

流域突发环境事件，往往涉及多个部门、多个地区、多个社会与政治层面，而这种传统的应急管理体制在实践中，首先导致应急部门实际上仅起分发任务的作用；其次导致政府对一般突发事件的处理往往是被动、滞后的反应模式。这种模式直接导致危机降临时，各部门、地区之间协调能力不足，权力不清，责任不明。

对流域突发环境事件应急主体而言，面临的挑战是一种很有可能涉及内部与外部多重威胁的形势和状态（图 3-14），需要对事件的发展态势快速研判与决策。这要求应急决策主体必须在对当前形势充分认识、充分评估、充分预测的基础上，勾画出突发事件未来最可能的发展方向，并利用相应知识和方法进行决策优化，提高事件研判质量。

3.4.2 决策模型

在现实中，对突发事件应急快速决策情景下的问题结构、决策主体和相应知识供给生成关注不足，导致突发事件决策"黄金时间"段主要工作为分发任务和撞击反射，缺乏预判预警，造成实际中各自为战，导致交流渠道不畅及反应效率低下等一系列问题。

基于此，提出基于突发事件快速研判决策模型，如图 3-15 所示。快速研判决策模型具有以下特点：接收突发事件信息后，首先进行态势预判，即判断类型，收集事件情景，预测事件态势，继而决定职能部门决策主体或协同主体；而非判断类型后即分发任务至各相关部门，随态势的变化与扩大进行综合态势研判。

综合态势快速研判的成功依赖于对突发事件情景和特征的分析，提前预判突发事件的发展模型和决策主体。

3.4.3 重要属性分析

1. 事件情景和特征

在突发事件应急管理领域，情景往往作为评估应急资源需求，对应急资源进行布局、配置和调度的依据，是对突发事件发生时或发生后有关情形的一种简单假设。情

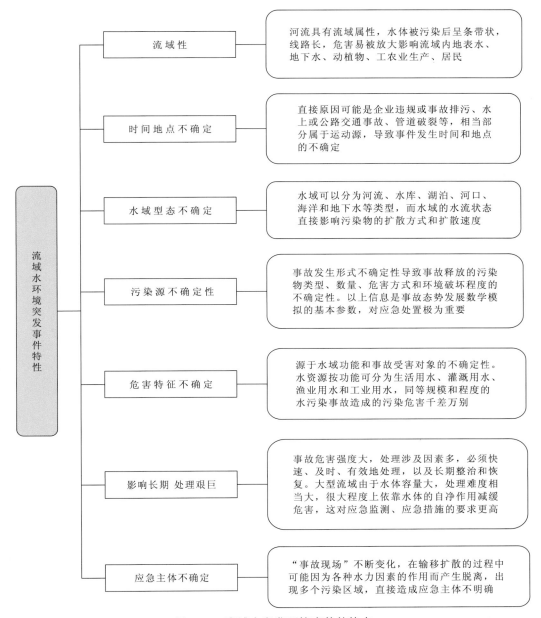

流域性 — 河流具有流域属性，水体被污染后呈条带状，线路长，危害易被放大影响流域内地表水、地下水、动植物、工农业生产、居民

时间地点不确定 — 直接原因可能是企业违规或事故排污、水上或公路交通事故、管道破裂等，相当部分属于运动源，导致事件发生时间和地点的不确定

水域型态不确定 — 水域可以分为河流、水库、湖泊、河口、海洋和地下水等类型，而水域的水流状态直接影响污染物的扩散方式和扩散速度

污染源不确定性 — 事故发生形式不确定性导致事故释放的污染物类型、数量、危害方式和环境破坏程度的不确定性。以上信息是事故态势发展数学模拟的基本参数，对应急处置极为重要

危害特征不确定 — 源于水域功能和事故受害对象的不确定性。水资源按功能可分为生活用水、灌溉用水、渔业用水和工业用水，同等规模和程度的水污染事故造成的污染危害千差万别

影响长期 处理艰巨 — 事故危害强度大，处理涉及因素多，必须快速、及时、有效地处理，以及长期整治和恢复。大型流域由于水体容量大，处理难度相当大，很大程度上依靠水体的自净作用减缓危害，这对应急监测、应急措施的要求更高

应急主体不确定 — "事故现场"不断变化，在输移扩散的过程中可能因为各种水力因素的作用而产生脱离，出现多个污染区域，直接造成应急主体不明确

图 3-14　流域水突发环境事件的特点

景是指研判与决策主体所正在面对的突发事件发生、发展的态势。突发环境事件发生后，第一时间应该了解污染源特征、主要特征污染物类别、大概泄漏总量、主要归趋特点、区域地形地貌、水系分布、水文特点、水利设施、居民点和城市布局、工农业及饮用水水源分布、备用水源状况等，以尽快对整个事件局势有一个初步、宏观的认识。之后，可以快速判断事件的基本特征：性质、类型、级别、涉及的主要部门、基本发展趋势、影响范围、危害程度、处理难度等。流域突发环境事件一般问题界定不明确，没有现成理论进行技术处理，主要根据经验求解，决策形式既有个人决策也有群体决策。

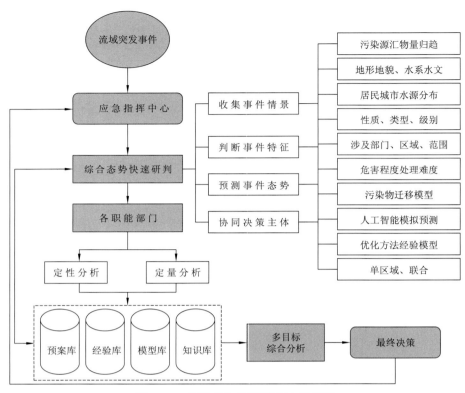

图 3-15　突发事件快速研判决策模型

2. 事件决策主体

决策主体是指参与突发事件决策的人或组织的集合，是决策举措的发起者，也是决策后果的责任承担者。根据突发事件的大小，事件决策主体可划分为单一决策主体、区域决策主体和联合决策主体：①单一决策主体是指在一个行政区划内发生一个影响有限的突发事件时可采用单一指挥结构，单一指挥一般由某职能部门承担；②区域决策主体是指当一个辖区内发生多起同类突发事件或次生突发事件时，需要协调辖区内外各种应急功能时，多由指挥中心直接指挥；③联合决策主体是指当一个突发事件灾难跨越几个辖区或涉及多个部门时，可采用联合指挥结构，联合指挥由各辖区权力部门（或单一辖区的各部门）指定的代表组成。

3.5　流域突发事件的调水控污

3.5.1　调水控污机理及特征污染物在水环境中的混合与扩散

1. 调水控污机理

水环境容量是指一定水体在规定的环境目标下所能容纳的污染物质的量。水环境容量主要由稀释容量和自净容量组成。自净容量一般是水环境容量中最重要的组成部分，它的特征是无害化的转化过程，也是可不断再生的量，因此是水环境容量中应该着重加以开发利用的部分。城镇污水中的需氧有机污染物量大、面广，而需氧有机污染物在水环境中可以转化为无害化状态。在大江大河等水流交换性能良好的巨大水体环境中，在流域性突发污染事件中，稀释容量也是重要的可开发利用的水环境容量资源。水环境容量应该合理利用，从而节省治污费用，以促进社会经济的发展。

调水控污是指在保证防汛安全、生产生活用水、航运及重要区域水环境的前提下，充分利用清水资源和外河潮汐动力（有条件的地区），通过水库、水坝、水闸、泵站等工程设施的调度，使河网内主要河道水体定向、有序流动，加快水体更新速度，改善河、湖、水库水质的一种控制突发污染事件趋势，尤其是保障下游地区水质达标的水资源调度方式。水质较好的水体引入将使部分污水被压出原来的河道，从而增大水体的净污比，使其稀释容量大大提高。调水稀释控污的作用是以水治水，不只是增大水量、稀释污水，更重要的是引水加大了河湖库的径流量，加快了水体的置换速度，使原有水体由静变动，流动由慢变快，且大部分呈单向流动。由于水体自净系数与流速有关，且随流速加快而增大，所以引水能使水体的自净系数增大，自净能力增强。

另外，生物自净作用需要氧气，如果氧气得不到及时补充，耗氧生物就会因为缺氧而死亡，生物自净过程就会终止。生物自净稀释过程实际上包括了氧的消耗和氧的补充两个过程。河流复氧系数也随流速加快而增大，因此引水稀释能激活水流、增加流速，使水体中氧的浓度升高，水生微生物、植物的数量和种类也相应增加，水生生物活性增强，通过多种生物的新陈代谢作用达到净化水质的目的。

2. 特征污染物在水环境中的混合与扩散

在调水稀释控污过程中，河流的稀释能力和效果主要取决于河流的水力推力和扩散能力。污染物进入河流后受河水的推流作用沿河流进行横向迁移，由于扩散作用而与河水混合。扩散作用包括分子扩散、对流扩散和水动力紊流扩散等，其中，紊流扩散作用最大，其主要与河流形状、河床粗糙程度、河水流速、河水深度等因素有关。在调水稀释控污过程中，推流和扩散相互影响，使得排入河流的污染物达到被稀释的目的。当然，在实施过程中，由于受诸多因素影响，如何判断污水流量与河流流量的比例、河流沿岸的生态情况、可调水量及河流水力负荷容许的变化幅度等，需经过反复比较才能确定。调水稀释控污包括污染物浓度的降低和污染物的冲出，要求调度稀释用水的浓度低于原水，浓度越低，效果越好。

无论是树状还是环状河网的混合与扩散研究与单一河流的混合与扩散机理有很大不同，其主要特点有：河道水体有交换、有相互作用；区域相对封闭，主要通过控制性水闸和泵站的调度实施流量控制；区域污染源点多面广，难以进行点源处理。

污染物混合与扩散研究程序：研究区域水体污染水平，污染物排放种类、性质和总量负荷，由区域水功能确定水质控制目标；计算排入河流中的污染物达到安全目标浓度水平所需要的河流流量；计算得到的稀释水量的水源根据工况、水情等确定。

3.5.2　水环境能量传递与物质运动

水流在流动时，具有层流和湍流等不同的状态。层流是水流的稳定流动，其特征是：在流动时，水流分为若干层，质点在各层内运动，做一层滑过一层的位移，层与层之间没有明显的干扰；各层间的分子因扩散而转移；水流的流动速度沿着各层的切线方向。一般情况下河水流动是稳定的，此时河水的运动就是层流。伯努利方程是水流在层流时的规律。

湍流是自然界和工程设备中最常见的一种流动状态。相对于层流来说，湍流是一种复杂、无秩序、随机性极强的流动现象。例如，物体在水流中运动时，它必须"挤开"其前方的水流前进，同时在后方形成一个"真空"区，水流将通过物体的侧面，进入物体后方区域。

水流对运动物体的阻力，主要有黏性阻力、压差阻力和兴波阻力三种。

固体颗粒在水环境中时，在水平方向与水流一起运动，在垂直方向受到外力作用而沉降。颗粒所受到的作用力有重力、浮力、液体阻力。水流对颗粒的阻力包括黏滞阻力和压差阻力，主要是压差阻力。

水力学研究表明，污染物在水环境的迁移过程中，伴随物质和能量的运动与传递，但二者并不同步。一般情况下，能量随着水波向前传递较快，而物质向前推进较慢。在突发事件应急中采用调水控污措施，必须准确计算污染水体与所调清洁水体的物质移动速度，才能保障起到调水稀释控污，乃至使污染水团达标的目标。在技术体系的模拟分析中，采用拉格朗日质点推移模型计算水团的运动轨迹，在此暂略。水团质点运动轨迹研究表明，在顺流河中若污染水体体积较大，则从上游调水是不可能稀释到下游运动中的污染水团的，而只会将污染水团推动得更快向下游运动，要实现调水稀释，不但要计算准使两个水团相遇，而且必须使两个水团有充分的混合条件与过程。

在顺流常态条件下，污染物进入水体后，在水体中的迁移与混合一般呈现以下三个阶段。

第一阶段：污染物从排放口出来开始至污染物在水深方向充分混合，称为垂向混合阶段。这个阶段的混合过程比较复杂，它涉及污水、河水的速度及方向的异同而引起的质量交换问题；污水、河水的温差产生的热量交换问题；由温差引起的污水、河水的密度差（即浮力作用）问题；污水、河水间的动量交换（即射流）问题。垂向混合区域的长度与水深成正比，大致为排放处水深的十几倍到几十倍，其距离相对很短。

第二阶段：垂向充分混合结束至横向充分混合为止，污染河流旁侧常见的污染带便属于这个阶段的一部分。由于天然河流中下游的河床大多宽而浅，所以横向混合区域的长度要比垂向混合区域的长度大得多。

第三阶段：断面充分混合后阶段。在该区域中，污染物浓度在横断面上分布较均匀，差异较小。

对于突变流，水流一般处于湍流状态，在这种情况下，水团发生强烈且不均匀的掺混。

流域性调水控污的作用机理，实质是突变流中的混合过程。突变流中的混合过程与稳态混合不同，由于边界或水流条件突变，不同水团强烈混合且不能均匀，污染水团中的污染物不是遵循对流扩散规律使浓度降低，而是通过乱流、渗流与涡流等作用降低，因而在调水控污时应着重考虑人为调度产生突变流的混合过程。同时，避免产生大范围长时间的不均匀混合情况。流域性突发水环境事件应急处理的实质是人为采用调水控污措施来创造突变流掺混条件，其常见的情形有以下 4 种。

（1）当污染水团流量较小时，以至少大于 3 倍（最好为 10 倍以上）的流量从上游水库泄流，人为制造"洪峰"追上污水团，并产生覆盖掺混作用。

（2）根据稀释倍数，从旁侧河流调节所需的流量并使之与受污染水团同时交汇于两河汇合口，从而达到掺混的目的。但这种情势受污染河水流量小且流速缓慢的影响，易产生"泾渭分明"的污染带现象。因此通常在汇合口处设置临时导流设备，促使其加快掺混。

（3）下游有比污染水团大得多的水体（如水库），污水团进入后可以产生数倍的稀释效果。

（4）利用下游水库的蓄水库容（可以事前腾空部分库容）使污水团进入库中蓄存起来并被后续来水所覆盖稀释。

3.5.3　调水控污技术方法

1. 基本条件

根据突发性水污染事件发生的性质、危害程度、涉及范围及相应水库工程的蓄水情况，启动应急调水方案。河流控制断面所在河段发生突发性水污染事件时，启动应急调水方案应同时具备以下 3 个基本条件。

（1）需要有蓄水工程支撑。应急调水必须通过蓄水工程在一定时间内释放一定量的清水以稀释下游污染物浓度，加快污染物迁移扩散离开重要水源地或重要城市的速度。

（2）蓄水工程可调水量。蓄水工程可调水量总和应大于或等于稀释污染物浓度所需水量。否则，调水方案就难以取得预期效果。

（3）污染物可以通过调水稀释或降解。具备以上条件的，应组织专家组分析调水冲稀并加速污染物行进的可能性，调度组、工程组等参与权衡调水的利弊，对水量高度进行技术评估后，向应急指挥领导小组提出启动应急调水方案的建议。

2. 技术方法

总体步骤：建立水量水质模型，并利用差分法对多种调水方案及计算工况分别进行求解；根据具体的水情、工情和污情确定最优方案，以此确定引水水源（引水水量、水质）、调水线路、调水方式、调水量（流量和规模）、引水（换水）时间、达到的效果（水质目标）。

具体步骤如下。

（1）分析水环境主要存在的问题：工业污染、非点源污染、生态修复状况、污水处理设施及配套管网建设等问题。

（2）水环境现状分析。①水质现状，包括各断面污染综合指数、各种污染物的污染分担率；②污染物排放现状，包括水污染源现状、污染负荷分析。

3. 污染负荷估算

（1）计算单元划分。

（2）各类污染负荷估算。工业、水土流失、农田径流、畜禽养殖、城区、农村生活污染与地表径流。

4. 水质综合衰减系数的确定

在水质模型中，综合衰减系数是影响污染物在水环境中演变的物理、化学和生物降解作用的综合表示，反映污染物衰减的强弱程度，对纳污能力计算影响很大。影响衰减系数的因素主要有水体的地形、微生物种类与数量、复氧能力、水温、流量、流速和污染物浓度等。将实测水位资料、初始水质污染物浓度及设定的综合衰减系数代入水质模型，逐日模拟污染物浓度变化并与实测浓度进行比较。经过多次对综合衰减系数的不同取值确定，视模拟与实测值的拟合程度，选用拟合最佳时的系数。

5. 综合调度

综合以上分析因素，根据纳污能力与总量控制，进行综合调度。

3.6　削除水环境特征污染物工程技术

3.6.1　实施工程削污的必要性研判

突发性水环境污染事件发生后，是否要实施工程削污，需要进行科学判断，这对顺利地、经济合理地解决环境危机具有重要意义。判定工程的必要性主要从以下几个方面入手。

（1）污染的直接环境危害特征。污染的直接危害是指由于污染物进入水体后给水体环境、生物和人群带来的直接危害和威胁。不同污染进入水体的危害表现往往不同，一些呈现急性毒性，一些有长期的慢性毒性，还有一些则会造成长期的生态或健康威胁，当这些污染事故具有以上特征时，特别是威胁到人的生命安全时，更应该加以重视，并在此基础上进行更进一步的必要性研究。

（2）污染物的总量。当污染物在水体中分布广、量大时，往往通过简单的转移、稀释等方式不能解决污染危害，要用工程手段削减水体中的污染物浓度。

（3）处置方法的复杂性。当污染物的处理方法复杂时，简单的处置措施无法达到预想要求，工程措施应考虑采用强化处理手段达到预想环境目标。

（4）污染危害的当前范围和潜在区域。污染危害的范围不仅是进行必要性研判的依据，也是进行污染影响形式和程度分析的基础。一般来说，污染危害的范围可以用危害面积、受影响人群数来表示，也可以用受影响时间来表示。污染随时间可能扩展，影响的区域则不仅限于当前的影响区域，会有很多潜在的受影响区域。无论是当前的影响区域还是潜在的影响区域，当危害数量达到一定规模时，污染物含量大，需要采用工程措施来达到消除污染物质的要求。

（5）时间紧迫性。某些危机尽管当前影响区域不大，但潜在影响的危害和范围巨大，必须短时间内在特定区域完成削减目标，通过削污工程往往是达到目标的重要方法。

（6）损失的大小。危机发生后产生的损失非常多，有急性的，也可能有慢性的，有生态的，也有危及生命的，流域内的水体价值损失也是名目繁多，如水产损失、水利利用损失、沿岸农民灌溉和使用的损失等；更重要的还有已发生的损失和处于危险中的潜在损失。损失危害的持续时间也是判断危害严重性的重要因素，当危害持续时间长而难以恢复时，采取人工措施干预就是必需的手段。

总体来说，环境危害的严重性、当前的或是潜在的、规模的大小、处理方法的复杂程度、时间的紧迫性，是决定削污工程实施与否的主要依据，当危害范围大、损失大时更能坚定采取工程措施解决环境危机、降低损失的决心。

3.6.2 工程削污的可行性研判

工程削污的可行性研判是对可能采用的工程技术方法做技术上科学实施完成预定阻断和解决环境危害事故的能力、效果的判定。判别必须从以下几个方面考察：该技术的科学性、可操作性、时间紧迫性、达标能力、环境影响后果及社会接受程度。

技术的科学性是指采用的处理方法的科学原理是否能达到预想的处理效果，是否在理论上可行。包括物理、化学、生物等科学原理，在工程设计过程中是否遵循了这些基本原理。

可操作性是指方案实施的现实可能性，应针对危机发生地的实际情况，考虑为完成工程措施所需要的条件在当地能否得到满足，包括所需的装置、材料、交通、动力供应的数量、质量要求，避免采用需要特殊制备的工艺设备，在交通不便的地方还需要考虑材料运输等情况。实施场地的水文、水质、河床及地质情况也是影响实施方案的重要因素，应充分加以考虑，保证工程可行。

一个工程措施即使科学有效，现场也有充分的条件保证实施，但如果不能及时解决危机，即不能在指定时间内解决危机，依然不能算是一个可行有效的方法。只有能在预定时间内解除区域环境危机的方案才是有效可行的方案。

工程方案实施后对环境的负面影响也应在可控的范围内，并能够通过积极的措施解决。如果判定该方案对环境有后续的重大不可挽回的影响，那对该方案的实施也需要重新进行审识。例如，在一些区域中的工程措施破坏了珍贵物种、生态平衡，甚至长期无法恢复，则方案的可行性需要重新评估。

工程措施同样需要考虑到社会的普遍感受，因为污染事故是公众焦点，在选用的措施中必须采用公众能够接受的处理方法，以及对受影响人群影响小的工程措施，否则，一起事故没有解决，另一个事件就成为舆论焦点，不利于事故的及时可靠解决。

3.6.3　削污工程的设计原则

在应急过程中，通过削污工程将短时间大范围高浓度的影响转化成小范围长期无损害的自然过程是必要的，是达到应急目标不可缺少的主要措施。需要把握以下 4 个原则。

（1）快速有效，确保达标。及早确定最优削污方法，保证快速有效地去除污染物，达到应急措施预计的处理要求。

（2）因地制宜，可操作性强。由于各环境突发事件中的污染情况不同，水利水文条件、气候地域条件差异较大，在削污工程设计中须因地制宜，将污水处理工艺中"小池"的有效经验运用到流域环境的"大池"中实践。考虑削污工程中有限的实施条件，结合现有条件，整合现有资源，对不同作业环境做到"各个击破"，提高具体工程实施的可操作性和适用性，为削污工程的顺利开展提供技术保障。

（3）以人为本，影响最小。把民众饮用水安全放在第一位，保证生产生活尽快有序恢复。同时，须充分考虑由削污工程可能引起的二次污染风险，尤其在涉及环境敏感区的削污工程中，如自然保护区、水源保护区等，做到多调研、多模拟、多综合、多思考，尽量把环境风险控制到最低。

（4）整体统筹，经济合理。在工程设施设备、药剂、耗材的采购及运力运输方面做好统筹规划，对于经济上不合理或者短期内难以调配的物资，及时调整实施方案或通过其他有效手段解决。建立后备物资供应体系，既要保证数量，也要保证质量，满足削污工作中各阶段的工程需要，保证削污工程效果。

3.6.4　突发性重金属水污染削污方略

通常在河流中，按污染团的扩散程度，可以将其分为如下阶段：污染团出现→竖向混合完成→横向混合完成→纵向混合。在竖向混合完成前，污染团主要沿水流方向推流迁移，伴随着湍流扩散；完成竖向混合后，受邻近河床剪切离散的影响，纵向扩散加强，污染团逐渐被拉伸成污染带；同时在横向继续扩散，直到横向混合完成（断面任意一点处污染物的浓度在断面平均浓度的 95%～105%）。对于稳态排放的污染源，纵向弥散与推流迁移相比，其对污染物纵向混合传质的影响是可以忽略不计的；但对于瞬时排放的污染团，纵向弥散的强度是影响污染带长度的重要因素。

排放到自然水体中的污染物，将其从水中移除的成本会随污染团扩散程度的加大呈指数级增长（这与污水处理效率的经济效应相似）。因此，在竖向混合完成之前，限制污染团的进一步扩散并将其移出主干渠是突发性水污染应急处置的最佳措施，这就需要研发可有效限制污染团竖向弥散和横向弥散的装备与技术，以及在污染团移动的同时能将其迅速移出水体的装置与技术。

对于河流明渠，河深的尺度相对河宽要小得多，因此，水溶性污染物的竖向弥散很快就会完成，污染团在纵向的弥散拉伸速度会开始加快，而横向的弥散速度则随河床形貌等因素而定。在污染物完成横向混合之前最好是在污染物到岸之前（岸边污染物的浓度达到断面平均浓度的 5%），设堰将污染带引出主干渠。这是因为一旦污染物在横向断面混合完全，引流除污的效果将大大降低，很难再具有实用价值。所以，研究导流堰的设置方式和施工方式，将污染带及时导出主干渠并引到合适场所进行静态处理，是突发污染事件应急处置技术研究的又一策略。

当污染物在整个断面完全混合后，如果水量不大且水流缓慢，通过吸附坝去除水中的污染物会取得很好的效果。然而，流量=流速×过水面积，传统吸附坝的阻力必将使过坝流速变小，对于大流量的河流明渠，所需的过滤面积必将巨大，水力壅高因之激增，一般的堤坝高度难以满足其使用条件，这也是许多突发水污染事件应急处置中没有采用吸附坝的直接原因。如果能研发一种具有与传统吸附坝相近的吸附效果且流阻大大降低的新型吸附坝，不但能解决污染物充分扩散带来的棘手问题，还能为放流稀释降低污染物浓度创造有利条件。这是因为简单地放流稀释会使污染团迁移速度变快，而稀释作用有限；吸附坝会起到阻滞缓释污染物的作用，从而使放流来水得以对抗污染物。

综上所述，可以将针对水体突发重金属污染团扩散不同阶段采取的应急处置策略归结为"围""追""堵""截"四部分。当污染团进入水体伊始且尚未充分扩散时，宜采用"围"和"追"两种方式，即采用围栏、无纺布或是多级石灰堰等设施将污染团限定在一个小的区域内，流速小时可将污染区的水抽至安全地区处理（即"围"），类似溢油污染应急处置时使用围油栏，再用移动式处理设备追踪污染团并清除其中的污染物（即"追"）。如 2006 年 10 月山西省昔阳县杨家坡水库水污染应急处置时所采用的环保疏浚船。若污染物尚未完成横向混合，且沿河渠具备引流的条件时，宜将污染带引入并堵在池塘、湿地等处进行静态处置（即"堵"）。如 2009 年 1 月山东省临沂市邳苍分洪道砷污染应急处置，依托现状地形开挖导流沟，在导流沟内修建吸附坝，并布置抽排水设施。若污染物已完成横向混合，只能通过设置大流量、低流阻的吸附坝或混凝沉淀等方式对污染物进行截留削减（即"截"）。如 2012 年 1 月广西壮族自治区龙江镉污染事件，投加生石灰与聚氯化铝沉淀混凝除镉。按这 4 种策略，尽快研发适用于水体突发重金属污染应急处置的相应装置、技术和方法，是高效应对突发性水污染的重要途径，具有重要的环境、经济和社会意义。

3.6.5 削污工程的水利措施

对于水源地突发污染事件，由于水源本身多为河流或湖库型水体，仅依靠其自身流量进行稀释和扩散将难以在短时间内实现水体功能的恢复。采用水利调水稀释，是加快水源水污染物扩散及水体恢复的重要工程手段。

由于水源地的类型及取水方式差别较大，水利调水稀释需根据其水力特性进行确定，较为简单的河流型水利调水方法是依靠上游水库加大泄流完成的。湖库水源的污染需加快水体更新速度，其难度相对较大，过境河流的突发性污染可以采用污染带躲避等方法实现。

根据不同污染物的特点及相关水利措施，将水利调水在应对水污染事件的作用或调蓄方法分为拦（蓄）、冲（泄）、引（排）和综合调控 4 种。

1. 拦（蓄）

受到污染的水体采取拦蓄方法一般适用于以下几种情况。

（1）污染事件发生于水库的上游，并且水库不担负重要供水任务。

（2）水库拦蓄后可以短期通过物理或化学方法处理污染物。

（3）可以通过引水渠道或滞洪区把污水引走。

（4）水库下游河流出境，但是水质严重超标将会引起或可能引起国际争端。

代表物质为有毒有机物（酚、苯、醇、醛、多环芳烃、芳香烃或有机农药等）、有毒无机物（氰化物、氟化物、硫化物或重金属等）及放射性物质。

2. 冲（泄）

当污染水体对与水库相联系的供水、生态环境或社会经济造成重大影响或威胁，并且采取冲或排的策略不至于引起下游更大损失时，可以采取该方法。该方法的适用情况包括以下几种。

（1）水库担负着重要城市的主要供水任务，并且下泄污染水体不至于造成水库下游更大危害。

（2）污染物对水库本身可能造成重大破坏而影响水库安全。

（3）在洪水期，水库蓄水超过最高洪水位。

代表物质为无毒无机物（酸碱盐类）、无毒有机物（碳水化合物、蛋白质、油脂、氨基酸、木质素）等。

3. 引（排）

当水库的上下游都不能接纳污染物，即通过水库的拦或冲都不能起到明显的效果，并且在污染团运移的过程中有大的蓄滞洪区或引排水工程等条件下，可以通过引出或排出的方式将污染物收集到蓄滞洪区等区域，便于集中处理污染物，而不至于造成更大损失。该方法的适用情况包括以下几种。

（1）对下游可能造成重大损失，其他调控措施都起不到很好的效果，同时有接纳污染物的水体或区域。

（2）污染团中存在放射性物质、重金属或有机农药，可能对下游生活、灌溉及养殖等造成持续的（在动植物体内残留有害物质和三致物质）危害。

代表物质为有机农药，放射性物质及可能对下游造成重大的、持续性危害的高浓度污染物等。

4. 综合调控

"调"也就是蓄和泄相结合，对水库进行拦和冲的调度，是水库调度的核心。根据不同的污染源类型及各种保护目标的分布和特点，进行多目标、变时空尺度的水库群联合调度是进行水污染应急处置的核心和关键手段之一。

该方法是最常用的方法，通过调整出库流量，改变污染物的运移扩散规律，配合其他方法对污染物进行吸附、打捞、化学或物理反应等处理，降低污染物的危害。主要适用于油类物质、生物性污染物，以及物理性固体污染物、感官性污染物、热污染等。

3.6.6 河道投药工程

针对重金属、氧化或还原性污染物，一般采用溶药投药方式进行处理。投药有多种方式，可分为穿孔管加药和多管加药等。

在应急投药过程中，通常可利用桥梁、闸坝架设，筑坝缩短河道宽度来投加或直接投药。

1. 穿孔管加药

穿孔管加药是通过溶药配制一定浓度的药剂，然后通过泵经穿孔管加到河道中，从而达到投药目的，如图 3-16 所示。

图 3-16　穿孔管加药

2. 多管加药

多管加药是配制目标浓度药剂,通过泵或重力法直接加到河道中的一种加药方式,如图 3-17 所示。

图 3-17　多管加药

完成药剂投加后,一般需要与混凝、沉淀等工艺过程相结合才能够实现处理目标。在应急处置过程中,一般利用平缓河道进行沉淀,在工程结束后通过清淤或监测底泥污染物释放来控制工程措施的影响。

第4章　突发重金属污染供水保障

供水是城市的生命线工程之一。然而，近年来频频发生因突发水源污染影响城市供水的事件，严重影响了正常的社会生产与生活秩序。2005年12月广东省北江镉污染事件、2010年10月北江铊污染事件、2012年1月龙江河镉污染事件等突发环境事件中，都因重金属污染物迁移路径上存在水源地取水口，威胁城市供水安全。如果不能及时采取有效措施，会对人民群众安全健康和社会稳定造成严重影响。

当前，我国自来水厂绝大多数以常规处理工艺为主，即混凝—沉淀—过滤—消毒工艺，少量大型水厂增加了臭氧活性炭深度处理工艺以提高对有机物的去除效果。但饮用水常规处理工艺的主要去除对象是水源水中的悬浮物、胶体杂质和细菌，针对的也主要是合格水源或者受到轻微污染的水源，传统工艺对重金属的去除能力有限，更无法满足因环境事故造成的较高浓度重金属污染水源的处理要求。因此，在污染事件发生后，一旦水源受到污染，供水企业往往只能采取水源切换、水厂调度等手段规避，甚至不得不停水，可能影响数万人甚至数百万人正常用水。

为了确保城市供水生命线工程的安全，必须未雨绸缪，针对可能影响供水水质的重金属类型，开发应急处理技术和工艺，研究配套的水厂改造和保障体系，全面提升供水环节应对突发重金属污染的能力。

4.1　供水保障的内容与要求

4.1.1　供水保障的目标

供水保障的目标是提高处置水源和供水突发事件的能力，规范和指导区域水源和供水突发事件的应急处置工作，最大限度地减少水源和供水突发事件对当地造成的损害，保障公众的身体健康和生命财产安全，维护社会秩序稳定，促进经济社会全面、协调、可持续发展。

4.1.2　供水保障的要求

供水保障的要求有以下几个方面。

（1）以人为本，减少危害。切实履行政府的社会管理和公共服务职能，最大限度地减少供水行业事故，把保障公众健康和生命财产安全作为首要任务。

（2）居安思危，预防为主。高度重视公共安全工作，增强忧患意识，坚持预防与应急相结合，做好应对突发事件的各项准备工作。

（3）分级负责，先行处置。在政府的统一领导下，建立健全分类管理、分级负责、条块结合为主的应急管理体制。

（4）依法规范，加强管理。依据有关法律法规，加强应急管理，充分发挥应急指挥机构的作用，使城镇供水的突发事件应急工作规范化、程序化、法治化。

（5）快速反应，协同应对，及时供应。加强应急处置队伍建设，建立联动协调制度，充分动员和发挥乡镇、社区、企事业单位的作用，形成统一指挥、反应灵敏、功能齐全、协调有序、运转高效的应急管理机制。

（6）平战结合，科学处置。采用先进的监测、预警、预防和应急处置技术，发挥专业人员作用，完善安全监控体系，增强对突发环境事件的应对能力。

（7）统筹安排，分工合作。由应急指挥部统一指挥安排，以水务局、供水企业为主体，各有关部门根据职责分工和事件特点，分工负责，协作配合。

（8）长效管理，落实责任。城市供水以保障供水安全为首要目标，实行市政府监督、各部门规范运作相结合的长效管理原则。根据突发事件的影响人数、危害程度进行分级，确定不同级别的情况报告、预案启动、应急响应程序，落实供水系统应急责任机制。

4.2 供水保障的管理基础

4.2.1 供水体系设计

供水体系设计包括以下几个方面。

（1）避免水源单一化。城市供水系统在规划设计时，除要满足水源的水量和水质标准外，也要注意避免城镇水源单一化。要真正实现地区的安全供水，必须实现不同水源之间的互备，加快供水管网的互联互供。水厂或者部分水厂要有相对独立的水源地，这样即使某个水源地发生突发性的水量或水质问题，其他水厂仍然能够正常或者超负荷供水，从而满足需要，避免大面积停水。水源地选择的经济性也要考虑，经济性相对较差的水源可以适当选择作为补充。分质供水在城建规划中有其相当的必要性，平时用于改善和提高饮水水质，应急时可用于确保饮水安全。将城市内部应急用的地下水井建设纳入城建规划中，在发生事故时，可以将地下水作为生活饮用水的补充。在应急供水期间，为保证全市的有效供水，所有取用地下水的自备水源用户也须对外供水，在应急供水状态下对全市供水进行统一调度管理。

（2）加强城市应急输配水管网的建设。要以多水库串联、多水系连接、地表水与地下水联调为原则，加快城市应急输配水管网的建设，提高城市供水安全的应急保障水平。要把城市各水厂的供水管网都互相连通，从而便于各水厂出水的互相补充和统一调度。将市政管网与工业企业自备水厂的管网有机地连接起来，在正常供水时，单向阀门关闭，若发生应急供水状态，可打开连接管网的单向阀门，实现联网供水。除配水管网要有相互连通的功能外，从水源到水厂的输水管道也需要为应急进行改造。以典型的水源单一型城市南京为例，现在南京的市政水厂全都以长江水为水源，在长江发生类似于松花江的突发性的水污染事故时，就可以用输水管道把南京周边的一些水库、湖泊的原水送到部分水厂，这时如果专门为应急供水建设一套输水管道系统成本非常高，而且利用效率非常有限。针对这种情况，应结合河道整治、景观生态建设、城市防洪工程等综合需要建设应急输水系统，如利用现有水环境良好的河道为输水载体，建设维护成本会大大降低，在需要输水时，沿线实施封闭管理，确保输水受污染的可能性最大限度地降低。

4.2.2　制度保障

供水保障的制度保障包括以下几个方面。

（1）制订切实可行的城市供水应急预案。研究制订水源水质受污染情况下的应急处置的技术方案，落实应急处置的物资储备；建设一支稳定的、专业化的抢险、抢修队伍，做好演练、演习工作，提高各级领导和从业人员的安全意识和技术水平，增强应急能力和控制事故的能力。组建城市供水应急处置专家小组，指导各地做好城市供水应急处置工作。

（2）切实加强城市供水管理人员和技术人员的培训。加强城市供水管理人员和技术人员的培训，增强做好应对突发事件的技术准备和人员准备。

（3）建立城市供水水质报告和供水安全责任制度。层层建立城市供水安全责任制，并严格实施城市供水水质报告制度，进一步加强对城市供水水质的动态监测。发现不报、瞒报、虚报、漏报行为的，追究有关责任人的行政责任。

（4）大力推进净水厂深度处理。根据各地原水水质情况，制订深度处理实施计划。在水质不稳定的地区，加快深度处理工艺改造进程，努力实现平时提供优质水、水源水质下降时提供达标水。

（5）制订更严格的城市供水企业的管理要求。从水源保护、水质检测和监测、应急水源、制水工艺、运行管理、规章制度、应急预案等方面进行供水质量和安全评估，严格督查达不到要求的企业的整改情况。

4.2.3　水源水质保障

消除水源保护区影响水质的污染隐患，提高外来客水污染水源的预警能力。针对城市集中式饮用水水源地专项检查发现的问题，向各地发放整改通知书，限期搬迁或关停水源保护区内影响水质安全的污染源，并对各地整改进展情况进行跟踪，整改不到位的污染源，除继续加大督查力度外，及时向政府报告。

全面建立政府领导下的部门各负其责、相互合作的联动机制，住房和城乡建设、水利、生态环境、卫生健康等部门应加强信息沟通，及时掌握流域调水情况和水质情况，一旦发生影响城市供水取水水质事件，及时向可能受到影响的城市发布预警，做到提前防范。同时，要求所有城市供水企业年内在取水口安装溶解氧等在线监测仪器仪表，并配备便携式监测仪，加强取水口外围尤其是上游的监测，提高原水水质监测装备水平，做到监测前移，提前预警。

4.2.4　水源污染事件态势研判

根据水源突发污染事件中特征污染物对人体健康的影响，合理确定应急响应的等级与应对措施。对于短期饮用超标自来水即可能对人体健康造成损害的，应紧急停止供水；对于自来水的某些指标仅轻微超标，短期饮用不会对人体健康造成损害，且大多数公众尚可接受的，是否停止作为饮水应谨慎决定。

水源突发污染事件对城镇供水的影响，在判别中需考虑的因素包括以下几个方面。

（1）水源污染发展态势判别，包括污染物的种类、浓度分布、迁移与扩散的预测、对城市供水取水水质的影响等。

（2）特征污染物对饮水安全的影响。

（3）城市供水系统应急调度能力判别，为规避污染水源供水系统采取的应急调度措施，包括启动应急水源或备用水源及启动所需时间、关闭受污染影响水厂改由其他水厂供水的可能性等。

（4）水厂净化能力判别，包括水厂现有工艺对特征污染物的去除能力、是否有特征污染物的应急净化处理技术、水厂进行应急净化所需增加的设施、启动应急净化处理所需时间等。

当发生水源污染事件后，应及时启动应急预案，地方人民政府综合生态环境、卫生健康、水利、供水部门的意见后确定城市供水预警等级，并及时启动地方人民政府相应的应急预案。

4.3　重金属污染原水应急处置技术

4.3.1　概述

应对重金属类突发水环境事件，自来水厂常采用的方法为化学沉淀法。

化学沉淀法是通过投加化学试剂，使污染物形成难溶解的物质，并借助混凝沉淀工艺从水中分离的净水方法。根据污染物的化学性质,许多金属离子污染物都可以形成难溶解的氢氧化物、碳酸盐、硫化物、磷酸盐等沉淀,部分金属、类金属污染物可以与铁盐混凝剂形成共沉淀。技术验证结果表明,化学沉淀法可以有效应对20种污染物,包括17种金属离子及硒、砷和总磷。

按照最终形成的沉淀物的种类,化学沉淀法可以分为氢氧化物沉淀法、碳酸盐沉淀法、铁盐沉淀法、硫化物沉淀法、磷酸盐沉淀法等。其中氢氧化物沉淀法、碳酸盐沉淀法又可以合并称为碱性化学沉淀法。

多种金属和类金属污染物具有多种化学价态,而其不同价态情况下往往具有不同的溶度积常数。因此为了促进这些污染物的沉淀,一般需要先通过氧化或者还原技术改变污染物的价态,再采用碱性化学沉淀法、铁盐沉淀法或硫化物沉淀法等方法,可以称为预氧化(还原)-碱性化学沉淀法等组合化学沉淀法。

碱性化学沉淀法、铁盐沉淀法等使用的是食品级的酸碱和混凝剂,经卫生检验对人体无害,处理后水中也不增加新的有害成分,因此比较实用。硫化物沉淀法在不超过饮用水标准(0.02 mg/L)的条件下即可将多种金属污染物去除到标准以下,但是由于硫化物属于饮用水需要去除的污染物,国内外尚没有在饮用水处理中允许使用的规定和先例,所以对硫化物沉淀法的使用需十分谨慎。一定剂量的磷酸盐也可以将多种金属污染物去除到标准以下,但是由于我国尚没有在饮用水处理中允许使用的规定和先例,所以对磷酸盐沉淀法的使用也需谨慎。

4.3.2　典型重金属的化学沉淀特性

大多数金属(如镉、铅、镍、铜、铍等)污染物具有难溶的氢氧化物或碳酸盐。一般需要在弱碱性或碱性条件下进行混凝沉淀过滤处理;部分金属(如铬、铊等)污染物则可以在中性或弱酸性条件下进行混凝沉淀过滤处理。

对于具体的处理情况,能否发生沉淀反应和发生何种沉淀反应,可采用溶度积原理进行初步的理论计算判断。在实际情况下,还需要考虑碳酸盐缓冲系统、络合平衡等更为复杂的水化学反应。

表4-1列出了部分化合物的溶度积常数数据,需要说明的是,溶度积常数是在理想条件下得出的,并且不同资料的溶度积常数略有不同,在实际应用中仅供参考。

4.3.3　碱性化学沉淀技术

多数金属元素会生成氢氧化物、碳酸盐沉淀,因此当水源水pH达到弱碱性时(一般为pH>8.5),由于水中OH⁻浓度升高,同时碳酸氢盐根转化为碳酸根,就会生成氢氧化物或碳酸盐沉淀从水中分离。

表 4-1 金属和类金属污染物的化学沉淀特性理论计算值

元素	元素符号	原子量	《生活饮用水卫生标准》(GB 5749—2022) 限值/(mg/L)	沉淀物形式	K_{sp}	污染物达标所需药剂浓度	pH条件[a]	应急处理方法
钡	Ba	137.30	0.7	$BaCO_3$	5.1×10^{-9}	$[CO_3^{2-}]=60$ mg/L		碱性混凝沉淀法
				$BaSO_4$	1.1×10^{-10}	$[SO_4^{2-}]=2.1$ mg/L		硫酸盐混凝沉淀法
				$Ba_3(PO_4)_2$	3.4×10^{-23}	$[PO_4^{3-}]=48$ mg/L		—
钒	V	50.94	0.01	$(VO_2)_3PO_4$	8×10^{-25}	$[PO_4^{3-}]=0.08$ mg/L		磷酸盐混凝沉淀法
				$VO(OH)_3$	5.9×10^{-23}	$[OH^-]=7.8\times10^{-8}$ mol/L	pH>6.1	碱性混凝沉淀法
				$xFe_2O_3\cdot yV_2O_5$	—	—		铁盐混凝沉淀法
铬(VI)	Cr(VI)	52.00	0.05	$Cr(OH)_3$	6.3×10^{-31}	$[OH^-]=8.9\times10^{-9}$ mol/L	pH>5.9	$FeSO_4$还原混凝法
镉	Cd	112.40	0.005	$CdCO_3$	5.2×10^{-12}	$[CO_3^{2-}]=11.7$ mg/L		碱性混凝沉淀法
				$Cd(OH)_2$	2.5×10^{-14}	$[OH^-]=0.97\times10^{-3}$ mol/L	pH>11	碱性混凝沉淀法
				CdS	8×10^{-27}	$[S^{2-}]=9.6\times10^{-15}$ mg/L		硫化物混凝沉淀法
				$Cd_3(PO_4)_2$	2.5×10^{-33}	$[PO_4^{3-}]=1.1$ mg/L		磷酸盐混凝沉淀法
汞	Hg	200.60	0.001	HgS	1.6×10^{-52}	$[S^{2-}]=1.3\times10^{-39}$ mg/L		硫化物混凝沉淀法
				HgO	—	—	pH>9.5	碱性混凝沉淀法
锰	Mn	54.94	0.1	$Mn(OH)_2$	1.8×10^{-15}	$[OH^-]=3.14\times10^{-4}$ mg/L	pH>10.5	碱性混凝沉淀法
钼	Mo	95.94	0.07	$MoO_4\cdot Fe(OH)_3$	—	—		铁盐混凝沉淀法
镍	Ni	58.70	0.02	$Ni(OH)_2$	2.0×10^{-15}	$[OH^-]=7.7\times10^{-5}$ mol/L	pH>9.8	碱性混凝沉淀法
				$NiCO_3$	6.6×10^{-9}	$[CO_3^{2-}]=1\,164$ mg/L		碱性混凝沉淀法
				NiS	3.2×10^{-19}	$[S^{2-}]=3.1\times10^{-8}$ mol/L		硫化物混凝沉淀法
				$Ni_3(PO_4)_2$	5×10^{-31}	$[PO_4^{3-}]=0.3$ mg/L		磷酸盐混凝沉淀法
铍	Be	9.012	0.002	$Be(OH)_2$	1.6×10^{-22}	$[OH^-]=2.6\times10^{-8}$ mol/L	pH>6.4	碱性混凝沉淀法

元素	元素符号	原子量	《生活饮用水卫生标准》(GB 5749—2022) 限值/(mg/L)	沉淀物形式	K_{sp}	污染物达标所需药剂浓度	pH条件[a]	应急处理方法
铅	Pb	207.20	0.01	$PbCO_3$	7.4×10^{-14}	$[CO_3^{2-}]=0.09$ mg/L		碱性混凝沉淀法
				$Pb(OH)_2$	1.2×10^{-15}	$[OH^-]=1.58\times10^{-4}$ mol/L	pH>10.2	硫化物混凝沉淀法
				PbS	8.0×10^{-28}	$[S^{2-}]=5.3\times10^{-16}$ mg/L		氧化、混凝沉淀法
铊	Tl	204.40	0.000 1	$Tl(OH)_3$	6.3×10^{-46}	$[OH^-]=1.1\times10^{-12}$ mol/L	pH>2.1	中性混凝沉淀法
钛	Ti	47.88	0.1*	$Ti(OH)_3$	1.0×10^{-40}	$[OH^-]=3.3\times10^{-12}$ mol/L	pH>2.6	铁盐混凝沉淀法
锑	Sb	121.75	0.005	$xSb_2O_3\cdot yFe_2O_3$	—	—	pH<6.0	
				$xSb_2O_3\cdot yFe_2O_3$	—	—	pH<4.5	
铜	Cu	63.55	1	$Cu(OH)_2$	2.2×10^{-20}	$[OH^-]=5.74\times10^{-8}$ mol/L	pH>6.6	碱性混凝沉淀法
				$CuCO_3$	1.4×10^{-10}	$[CO_3^{2-}]=53.5$ mg/L		硫化物混凝沉淀法
				CuS	6.3×10^{-36}	$[S^{2-}]=1.3\times10^{-26}$ mg/L		碱性混凝沉淀法
锌	Zn	65.38	1	$Zn(OH)_2$	1.2×10^{-17}	$[OH^-]=8.8\times10^{-7}$ mol/L	pH>7.9	硫化物混凝沉淀法
				$ZnCO_3$	1.4×10^{-11}	$[CO_3^{2-}]=0.055$ mg/L		硫化物混凝沉淀法
				ZnS	2.5×10^{-22}	$[S^{2-}]=5.2\times10^{-13}$ mg/L		磷酸盐混凝沉淀法
				$Zn_3(PO_4)_2$	9.0×10^{-33}	$[PO_4^{3-}]=1\times10^{-14}$ mol/L		氧化物混凝沉淀法
银	Ag	107.90	0.05	$AgCl$	1.8×10^{-10}	$[Cl^-]=13.8$ mg/L		碱性混凝沉淀法
				$AgOH$	2.0×10^{-8}	$[OH^-]=4.3\times10^{-2}$ mol/L	pH>12.6	
				Ag_2CO_3	8.1×10^{-12}	$[CO_3^{2-}]=2\,267$ g/L		硫化物混凝沉淀法
				Ag_2S	6.3×10^{-50}	$[S^{2-}]=9.5\times10^{-30}$ mol/L		硫化物混凝沉淀法
				Ag_3PO_4	1.4×10^{-16}	$[PO_4^{3-}]=1.3\times10^{5}$ g/L		
				Sb_2S_3	2.0×10^{-93}	$[S^{2-}]=3.4\times10^{-19}$ mol/L		硫化物混凝沉淀法
砷	As	74.92	0.01	$FeAsO_4$	1.0×10^{-20}		中性	氧化、铁盐混凝沉淀法
硒	Se	78.96	0.01	$Fe_2(SeO_3)_3$	2.0×10^{-31}		中性	铁盐混凝沉淀法

注：溶度积常数参考天津大学无机化学教研室编《无机化学》第二版（高等教育出版社，1992.5）；a 根据溶度积常数计算得到的理论值；* 采用《地表水环境质量标准》(GB 3838—2002)（Ⅰ类）中的限值

适合采用碱性化学沉淀法的金属元素包括铬、汞、镍、铍、铅、铜、锌、银等。

根据试验结果，将重金属污染物的处理工艺参数进行汇总，如表4-2所示。

表4-2 碱性沉淀法处理金属污染物的工艺参数

元素	水质标准/(mg/L)	试验浓度/(mg/L)	沉淀形式	理论pH	铁盐混凝沉淀法		铝盐混凝沉淀法	
					pH	剂量/(mg/L)	pH	剂量/(mg/L)
钒	0.05	0.250	$xFe_2O_3 \cdot yV_2O_5 \cdot zH_2O$	<5.1~6.1	<8	5	<8	5
镉	0.005	0.016	$CdCO_3$、$Cd(OH)_2$	>11	>8.5	5	>9	5
铬(VI)	0.05	0.254	$Cr(OH)_3$	>5.9	>7.5	5	不适用	5
汞	0.001	0.005 2	HgO	>9.5	>10	5	不适用	5
钴	1.0	5.40	$CoCO_3$、$Co(OH)_2$	>9	>8	5	>8	5
锰	0.1	0.528	$Mn(OH)_2$		>8.5	3.5	>8.5	5
钼	0.07	0.385 0	$MoO_4 \cdot Fe(OH)_3$		<6.5	5	不适用	5
镍	0.02	0.103	$Ni(OH)_2$、$NiCO_3$	>9.8	>9.5	5	不适用	5
铍	0.002	0.011	$Be(OH)_2$	>6.4	>8.0	5	7.0~9.5	10
铅	0.01	0.252	$PbCO_3$、$Pb(OH)_2$	>10.2	>7.5	10	9.0~9.5	20
砷(III)	0.01	0.05	$xFe_2O_3 \cdot yAs_2O_3^{2-}$	—	>10	5	不适用	5
砷(V)	0.01	0.051 1	$FeAsO_4$	中性	不调	5	>8	5
钛	0.1	0.498	$Ti(OH)_3$	>2.6	不调	5	不调	5
锑(III)	0.005	0.002 3	$Sb(OH)_2$	>0	<6	5	不适用	5
锑(V)	0.005	0.002 3	$Sb(OH)_2$	>0	<6	5	不适用	5
铜	1	5.23	$Cu(OH)_2$、$CuCO_3$	>6.6	>7.5	5	8.0~9.5	10
硒	0.01	0.049	$Fe_2(SeO_3)_3$	中性	<7	5		
锌	1	5.0	$Zn(OH)_2$、$ZnCO_3$	>7.9	>8.5	>5	8.0~9.5	5
银	0.05	0.250 1	$AgOH$、Ag_2CO_3、$AgCl$	>12.6	>7.0	>10	>7.0	10

从表4-2中可以看出，根据K_{sp}计算得到的污染物沉淀的pH和实际工艺中可行的pH并不完全一致。对于镉、铅、银三种金属离子，其实际工艺中可行的pH低于理论值，这是因为理论计算只考虑了氢氧化物沉淀，而实际水中含有的碳酸氢根在一定的pH条件下转化成碳酸根，并与污染物结合生成碳酸盐沉淀。而铍离子的浓度在pH大于6.4时确实有大幅度下降，但若达到国标要求仍需要进一步提高pH。

此外，铝盐混凝剂由于在pH大于9.5时会产生偏铝酸根，造成出水铝超标，所以不适用于需要高 pH 的汞、镍等污染物的处理。

4.3.4　预还原–化学沉淀技术

重金属在不同价态时的化学沉淀特性有差异,因此往往通过投加氧化剂或还原剂,将重金属预处理转化为其他易于沉淀的价态,再进行化学沉淀。例如,通过投加还原剂将六价铬还原为三价铬,由于三价铬的氢氧化物溶解度很低($K_{sp}=5×10$),可形成 $Cr(OH)_3$ 沉淀物从水中分离出来。

还原剂通常选择硫酸亚铁,把六价铬还原成三价铬,多余的硫酸亚铁被溶解氧或加入的氧化剂氧化成三价铁。体系中生成的三价铬和三价铁都能形成难溶的氢氧化物沉淀,再通过沉淀过滤从水中分离出来。其化学反应式如下:

$$CrO_4^{2-} + 3Fe^{2+} + 8H^+ \longrightarrow Cr^{3+} + 3Fe^{3+} + 4H_2O$$
$$Cr^{3+} + 3OH^- \longrightarrow Cr(OH)_3 \downarrow$$
$$Fe^{3+} + 3OH^- \longrightarrow Fe(OH)_3 \downarrow$$

投加硫酸亚铁去除六价铬的效果如表 4-3 所示,在常规投加量（5～10 mg/L）条件下即可有效去除六价铬。此外,为了防止铁超标,必须在氧化反应之后投加,将二价铁氧化为三价铁共沉淀。根据方程式推导和试验验证,加氯量应不小于铁盐投加量的 50%（表 4-4）。

表 4-3　硫酸亚铁去除六价铬的效果

亚铁投加量/（mg/L）	加氯量/（mg/L）	污染物质量浓度/（mg/L）
0	—	0.270
5	0.8	0.004
10	0.8	0.004
15	0.8	0.006

表 4-4　加氯量对去除残余铁的效果

亚铁投加量/（mg/L）	加氯量/（mg/L）	残余铁质量浓度/（mg/L）
5	0.8	1.00
5	2.8	0.18
10	2.8	0.67

4.3.5　预氧化–化学沉淀技术

与预还原–化学沉淀类似,预氧化–化学沉淀技术也用于处理不同价态重金属沉淀特性不同的问题,典型的例子是铊。

在通常状态下，金属铊以一价的溶解态存在。通过投加氧化剂将一价铊氧化成三价铊，由于三价铊的氢氧化物溶解度很低（$K_{sp}=6.3\times10^{-46}$），可形成 $Tl(OH)_3$ 沉淀物从水中分离出来。

一般先投加臭氧、高锰酸钾、二氧化氯等强氧化剂将一价铊氧化成三价铊，而后 Tl^{3+} 可以生成难溶的氢氧化物沉淀，再通过沉淀过滤从水中分离出来。其化学反应式为

$$2Tl^+ + [O] + 2H^+ \longrightarrow 2Tl^{3+} + H_2O$$
$$Tl^{3+} + 3OH^- \longrightarrow Tl(OH)_3 \downarrow$$

4.4　水厂应急的工程设计

4.4.1　基本要素

针对重金属的化学沉淀技术需要与混凝、沉淀、过滤工艺结合运行，最常采用的方法是通过预先加碱提高 pH，降低所要去除污染物的溶解性，形成碳酸盐或氢氧化物沉淀析出物，再投加铁盐或铝盐混凝剂，形成极化进行共沉淀，使化学沉淀法产生的沉淀物有效沉淀分离，在去除水中胶体颗粒、悬浮颗粒的同时，去除这些金属污染物。由于与混凝剂共同使用，混凝形成的絮体对这些离子污染物有一定的电荷吸附、表面吸附等去除作用，对污染物的去除效果要优于单纯的化学沉淀法。

化学沉淀法应急处理技术的主要技术要点是确定适宜的 pH、选择合适的混凝剂。由于调节 pH 的做法在我国的水厂中并不常用，水厂也缺少相关设备和操作经验，所以需要特别引起重视。

预氧化/预还原-碱性化学沉淀法，还需要另外投加氧化剂或还原剂，为保证反应充分，往往需要过量，因此还需要注意氧化剂或还原剂的处理，避免造成二次污染。

4.4.2　pH 控制点

1. 混凝前调整 pH

混凝之前加碱。加碱点可设在混凝剂投加点之前或同时投加。根据试验验证，碱液先投加和与混凝剂同时投加的效果相同，但碱液不得事先与混凝剂混合，以免与混凝剂产生不良反应。为了准确控制加碱量，现场必须加装在线 pH 计，根据 pH 计测定结果调整加碱计量泵。

由于混凝剂的水解作用会产生氢离子，使水的 pH 降低，特别是一些酸度较大的液体混凝剂。投加混凝剂后水的 pH 一般要下降 0.2～0.5，降低的数值与水的化学组成和所用混凝剂种类及其投加量有关。对于要求控制 pH 的化学沉淀混凝处理，pH 的理

论控制点是指混凝反应之后，而不是在投加混凝剂之前，以确保对污染物的化学沉淀去除效果。

加碱计量泵可以设在取水泵房处，而在线 pH 计设置在絮凝池前（混凝剂加药点前），再用便携式 pH 计根据沉淀后水或滤后水要求确定前设在线 pH 计的控制值。控制加碱的在线 pH 计也可以设在絮凝池出水处，以精确控制所要求的 pH，但因加碱点与絮凝池出水间存在水流时间差，若在线 pH 计设于该处会使调整加碱量的难度加大。

此外，部分两性金属、类金属物质（如砷、锑、硒等）没有相应的氢氧化物或碳酸盐沉淀，也可以与三价铁离子发生共沉淀或者被铁盐絮体吸附去除。由于铁盐在常规 pH 下会沉淀析出，为了提供足够多的游离铁离子，往往需要加酸调节 pH。加酸和 pH 的在线控制也类似。

2. 滤后水回调 pH

大多数金属（如镉、铅、镍、铜、铍等）污染物具有难溶的氢氧化物或碳酸盐。一般需要在弱碱性或碱性条件下进行混凝沉淀过滤处理，部分金属（如铬、铊等）污染物则可以在中性或弱酸性条件下进行。如果 pH 调节幅度较大，使处理后出水的 pH 不符合饮用水的要求，应再进行 pH 回调，使其满足饮用水的 pH 要求（pH=6.5～8.5）。pH 回调应设在过滤之后，在滤池出水进入清水池前加酸回调 pH，加酸点应设在加氯点之前，以免影响消毒效果。因此需要在滤池出水管（渠）中增设加酸点，在清水池进水干管处增设在线 pH 计，由在线 pH 计控制加酸计量泵的投加量。

4.4.3 氧化剂投加和控制

预氧化-化学沉淀一般用于铊的去除。在絮凝池进口处投加 $KMnO_4$ 氧化除铊，高锰酸钾的投加必须过量，使得絮凝池和沉淀池中都保持一定的氧化剂浓度，以满足除铊要求。对于沉淀后水中的剩余高锰酸钾，需要投加还原剂焦亚硫酸钠将其还原成不溶性的二氧化锰，再在滤池中过滤去除。为强化滤池对锰、铊的去除效果，在沉淀池出水处增投助滤剂以强化过滤，保障滤后水水质达标。过量的还原剂亚硫酸钠在氯消毒阶段被分解。

4.4.4 药剂选择

调节 pH 的碱性药剂可以采用氢氧化钠（烧碱）、石灰或碳酸钠（纯碱）。调节 pH 的酸性药剂可以采用硫酸或盐酸。因为是饮用水处理，必须采用饮用水处理级或食品级的酸碱药剂。在碱性药剂中，氢氧化钠可采用液体药剂，便于投加和精确控制，投加劳动强度小，价格适中，因此推荐在应急处理中采用。石灰虽然最便宜，但沉渣多，投加劳动强度大，不便自动控制。碳酸钠的价格较高，除特殊情况外，一般不采用。与盐酸相比，硫酸的有效浓度高，价格便宜，腐蚀性低，为首选的酸性药剂。

在采用不同碱性药剂调 pH 时，发生的化学沉淀的原理将略有不同。采用氢氧化钠调 pH 时，将发生氢氧化物沉淀反应或碳酸盐沉淀反应。因为天然地表水中的碱度主要为碳酸氢根。在用氢氧化钠调 pH 为碱性后，水中的部分碳酸氢根转化为碳酸根，也可以与特定污染离子发生碳酸盐沉淀反应。用石灰（CaO）调 pH 时，主要发生氢氧化物沉淀反应，此时因水中的碳酸根主要与石灰带入的钙离子形成碳酸钙沉淀，从而削弱了与水中其他金属离子形成碳酸盐沉淀的作用。采用碳酸钠调 pH 时，可以同时发生碳酸盐沉淀反应和氢氧化物沉淀反应。

4.5　水厂应急设施改造与运行控制

根据中华人民共和国住房和城乡建设部《城镇供水设施建设与改造技术指南》，水厂应急设施改造与运行控制应做到以下几点。

（1）根据突发性污染的风险类型及发生频率，合理确定应急处理的规模和能力，在重要的取水设施和水厂应预先配置应急设施。

（2）对于水源存在重金属等污染风险的水厂，应设置碱性药剂投加设施，并根据污染物性质，设置氧化剂或还原剂投加设施，通过沉淀去除污染物。

（3）应在水源或水厂设置人工采样监测与在线监测相结合的水质监测系统。

4.6　供水保障的质量监控

通过监测及时掌握突发环境事件对饮用水水源水质的影响，最大限度地减少饮用水污染物超标对公众健康的影响，确保公众饮用水卫生安全，维护社会稳定。按照预防为主、统一领导、分工合作、反应及时的工作原则进行监测。

监测点的选择：根据主要供水，对集中式自来水厂的出厂水与末梢水进行监测；对自备水厂及分散式供水，适量设置监测点位及频次。按污染带到达水源保护区的时间，以确保出厂水与末梢水达标为原则，适时启动监测点位。

监测频率：按污染带到达水源保护区的时间及浓度，确定监测频次。一般水源超标时，应加大水厂监测频次，同时启动末梢水监测；水源水中污染物浓度正常后，可降低监测频次。

监测内容：水样的采集、保存和运输。集中式、分散式供水监测点适时采水样 1 份，并采集平行样。具体方法按照《生活饮用水标准检验方法》（GB/T 5750—2023）进行。

监测指标：根据突发环境事件特征污染物，以及处置相关措施确定。污水带抵达取水口后或者出厂水重点监测指标合格、稳定后进行 1 次指标全分析。

检测方法与评价标准：按《生活饮用水标准检验方法》（GB/T 5750—2023）检测，

出厂水、末梢水按《生活饮用水卫生标准》（GB 5749—2022）评价。水源水、地表水按《地表水环境质量标准》（GB 3838—2002）评价，地下水按《地下水质量标准》（GB 14848—2017）评价。

监测信息报告：监测结果出来后将结果报至地方卫生监督所，地方卫生监督所报告地方卫生健康局和应急指挥部。一旦发现目标污染物和其他监测结果超标，应立即上报。

4.7 城市供水系统应急处理案例

4.7.1 广东北江镉污染事故供水保障

1. 污染概况和供水保障需求

2005 年 12 月 5～14 日韶关冶炼厂在设备检修期间超标排放含镉废水，造成广东北江韶关段水体镉超标。15 日北江高桥断面镉超标 10 倍，北江上中游的韶关、英德等城市的饮用水水源受到污染，英德市南华水厂自 12 月 17 日停止自来水供应，北江中下游多座城市（清远市、佛山市、广州市等）的水源也受到了严重威胁。

2005 年，英德市南华水厂规模 1.5 万 m^3/d，采用常规净水处理工艺，水厂设施简陋。应结合处置工艺需求进行改造，才能满足对重金属的处置要求。

2. 应急处置工艺开发

水中镉以二价离子形式存在，饮用水常规处理工艺对镉的去除作用有限，活性炭吸附对高浓度的镉也无效。单纯提高混凝剂投加量并不能提高对镉的去除效果。根据镉离子在碱性条件下可以形成难溶的氢氧化镉和碳酸镉沉淀物，使镉离子溶解性大幅降低的特性，专家组紧急试验得出了在弱碱性条件下混凝可以获得很好的除镉效果的初步结论。试验表明，对于本次事件中镉超标 6～8 倍的水源水（镉质量浓度为 0.035～0.045 mg/L），在氯化铁投加量 20 mg/L 或聚氯化铝投加量 50 mg/L 的条件下，不同 pH 时去除效果分别为：当 pH=7.5 时，去除率约为 50%；当 pH=8 时，去除率 80%以上，但出水不达标，含镉 0.005～0.01 mg/L；当 pH=8.5 时，出水达标，含镉 0.002～0.003 mg/L；当 pH=9 时，出水含镉<0.001 mg/L。

由此，确定了采用弱碱性条件混凝处理的应急除镉技术路线：首先加碱把原水调成弱碱性，要求混凝反应的 pH 控制在 9 左右，在弱碱性条件下进行混凝、沉淀、过滤的净水处理，以矾花絮体吸附去除水中的镉；再在滤池出水处加酸，把 pH 调回到 7.5～7.8，以满足生活饮用水的 pH 要求。

对于水源水镉超标不严重（最大超标倍数在 0.5 倍以下）的水厂，可以采用只少量加碱不再加酸的混凝除镉工艺。例如，污染团流经北江中游的清远市时，水源水中镉最大质量浓度为 0.006 7 mg/L，清远市自来水厂只是在部分时间段少量加碱，使滤后水的 pH 控制在 8 左右，这样处理后不需加酸回调 pH，滤后水镉质量浓度为 0.001～0.004 mg/L。北江下游的佛山市自来水公司在实验室试验和中试中，也研究了只少量加碱不再加酸的混凝工艺，并采用了高铁助凝剂提高混凝效果，试验结果表明经处理后出水镉浓度可以达标。

3. 水厂改造

碱性化学沉淀的要点是控制反应的 pH，因此，水厂改造的要点也在反应前后 pH 的监测和控制。

一是在混凝之前加碱，通过在线 pH 计测定结果调整加碱计量泵。南华水厂加碱的计量泵设置在取水泵房处，在线 pH 计设置在絮凝池前（混凝剂加药点前），再用便携式 pH 计根据沉淀后水要求确定前设在线 pH 计的控制值。

二是在滤池出水进入清水池前加酸回调 pH，加酸点设置在加氯点之前，以免影响消毒效果。因此，在滤池出水管中增加加酸点，在清水池进水干管处增设在线 pH 计，把清水池进水 pH 调整到预设的 7.5～7.8。

在南华水厂应急除镉工程中进行了聚氯化铝和聚硫酸铁两种混凝剂的平行对比运行。铝盐工艺出水水质好，沉淀池出水的镉浓度和浊度低，水质清澈，滤池负荷低。铁盐工艺出水水质略差于铝盐工艺，原因是南华水厂絮凝池（孔室絮凝池）的反应条件不理想，沉淀池出水浊度较高。

对于混凝除镉净水工艺，滤后出水 pH 的控制目标设在 9 左右。在南华水厂的实际运行中，水源水加碱后 pH 控制在 9.5，铝盐系统滤后水实际 pH 在 9.0～9.2，铁盐系统滤后水实际 pH 在 8.8～8.9（该水厂采用同一个加碱系统，对铝盐、铁盐两个系统无法分别调整加碱量）。在此运行条件下，铝盐除镉工艺出水镉离子质量浓度在 0.001 mg/L 以下，实际为 0.000 5～0.000 9 mg/L；出水铝离子质量浓度小于 0.1 mg/L，一般在 0.05 mg/L 左右。铁盐除镉工艺出水镉离子质量浓度在 0.001～0.002 mg/L，略高于铝盐除镉工艺。

4. 保障成效

2005 年在建设部专家组、广东省建设厅、南华水厂和广州市自来水公司等众多技术支持单位的共同奋战下，经过三个阶段的工作，即第一阶段的方案论证与水厂技术改造（实验室试验、安装水厂加碱加酸设备、水处理系统试运行等），第二阶段的水厂设备修复与更新（对水厂已失效的无阀滤池更换滤料、安装铁盐计量泵等），第三阶段的铝盐除镉与铁盐除镉对比运行，南华水厂应急除镉净水工程取得了全面成功。

采用应急除镉净水工艺后，在进水镉浓度超标 3～4 倍的情况下，处理后出水镉的浓度符合《生活饮用水水质卫生规范》（GB 5749—2006）的要求，并留有充足的安全余量。应急除镉净水工艺投入运行后，南华水厂对居民供水管网又进行了多天的冲洗（为减少停水对居民生活的影响，在水源污染出厂水镉超标期间，居民的饮用水由水车拉附近地下水供给，但是水厂仍保持供水，以作为居民冲洗厕所等的生活用水，因此供水管网受到一定程度污染）。广东省卫生监测部门对南华水厂出厂水及其管网水进行多次水质分析检测，各项水质指标均符合《生活饮用水水质卫生规范》。广东省人民政府决定从 2006 年 1 月 1 日 23 时起南华水厂正式恢复向居民供给生活饮用水。

4.7.2　江西新余仙女湖突发环境事件应急供水

1. 污染概况和供水保障需求

2016 年 4 月，企业偷排废水酿成了江西新余仙女湖突发环境事件，新余市部分水厂停水。该事件主要污染物为镉、铊、砷，属重金属复合污染，应急净水的难度大。

仙女湖最高超标倍数：镉为 10.2 倍，铊为 5.2 倍；砷超环境 III 类水体标准 0.02 倍，超饮用水标准 4.1 倍。在江口水电站下泄过程中，下游袁河干流镉、铊浓度不同程度超标，临江镇（袁河汇入赣江前 17 km）监测点镉最高超标 0.03 倍，铊最高超标 1.1 倍。汇入赣江后各监测点镉、铊浓度均达标。

新余市城市供水的主力水厂为第三水厂和第四水厂，此外西部的河下镇地区由河下镇水厂供水。第三水厂水源地为仙女湖，取水口位于仙女湖江口大坝之前，取水后经 13 km 长的源水输水管到达水厂，水厂采用常规净水工艺（折流式隔板絮凝池/平流沉淀池/V 型滤池/液氯消毒），设计规模为 10 万 m^3/d，该季日常供水量约 7.5 万 m^3/d，服务范围包括新余市区的城西、城南及城北部分地区。第四水厂水源地为孔目江（另一水系），采用常规净水工艺，设计规模为 15 万 m^3/d，该季日常供水量约为 8 万 m^3/d，服务范围包括新余市区的城东、城北及城南部分地区。河下镇水厂为河下镇地区供水，规模为 5 000 m^3/d，从第三水厂源水输水管的中途接出源水，净水工艺为混凝/沉淀/无阀滤池。

第三水厂取水口处水质情况：2016 年 4 月 5 日起镉超标，当日下午取水口处的镉超标 2.2 倍，出厂水镉浓度已达到 0.005 mg/L 的标准限值，15 点取水口停止取水，第三水厂和河下镇水厂的供水中断。

2. 供水水源切换

4 月 5 日第三水厂停水后，取水口位于孔目江的第四水厂将出厂水压力由 0.38 MPa 调高至 0.46 MPa，日供水量由 8 万 m^3 增至接近 14 万 m^3，在保证管网运行安全的前提下最大限度地减少停水区域。4 月 8 日夜间建成了一个管道加压站，以增加向新钢片区的供水能力。但新余市城区西部及河下镇仍受到停水影响。为此，新余市组织了二十多辆消防车开展应急送水。

经统计，此次突发环境事件中市政日供水量从 16 万 m^3 降至不到 14 万 m^3，减少了约 13%。

3. 原水应急处置工艺开发

此次突发污染事件是镉、铊、砷三种重金属的复合污染，国内外尚无应对这三种重金属复合污染的净水工艺和应用实例。因此，根据已有的分别应对这三种重金属的应急净水处理技术和工艺，通过开展现场应急净水工艺的试验研究，确定了应对镉、铊、砷复合污染的水厂应急净水工艺及其参数，以指导此次突发环境事件的应急处置。

水厂应急除镉采用弱碱性化学沉淀法，在 pH>8 的条件下，水中的 Cd^{2+} 生成难溶于水的碳酸镉沉淀物，调整 pH，通过混凝沉淀/过滤工艺去除，再回调 pH 至中性。

水厂应急除铊采用弱碱性高锰酸钾氧化法，先用强氧化剂将 Tl^+ 氧化成 Tl^{3+}，形成难溶于水的 $Tl(OH)_3$ 沉淀物，再通过混凝沉淀/过滤去除。其中，在弱碱性条件下高锰酸钾氧化法的除铊效果好。

水厂应急除砷可以采用预氧化-铁盐混凝沉淀法，水中的砷有三价和五价两种价态，对于三价砷需先氧化成五价砷，再通过氢氧化铁矾花对五价砷进行吸附去除。前期试验结果表明铝盐混凝剂的除砷效果弱于铁盐混凝剂，因此使用高锰酸钾预氧化/铁盐混凝沉淀/过滤。

对于镉、铊、砷复合污染的净水工艺，除镉只需调高 pH，除砷只要足量的铁盐混凝剂，最难去除的是铊。为此，专家组开展了现场试验研究，共进行了 11 组试验，以确定应对镉、铊、砷复合污染的应急净水工艺。第一阶段确定应急净水基本工艺。其中，第 1 组考察不同氧化条件（高锰酸钾投加量、预氯化浓度和预氧化时间）下的处理效果，第 2 组考察提高 pH 和预氯化浓度的效果，第 3 组考察提高高锰酸钾浓度和延长预氧化时间的效果，第 4 组用于优化除铊条件。第二阶段考察工艺关键控制参数。其中，第 5 组分析混凝剂种类和 pH 对除铊效果的影响，第 6 组考察取水口调节 pH 和预氧化的效果，第 7 组考察同时投加高锰酸钾与混凝剂的效果。第三阶段考察过量高锰酸钾的消解技术。其中，第 8 组分析焦亚硫酸钠消解过量高锰酸钾对除铊的影响，第 9 组分析大剂量过量焦亚硫酸钠对除铊效果的影响，第 10 组分析过量焦亚硫酸钠的处理效果。附加试验（第 11 组）用于考察仙女湖与界水河混合原水的净水工艺参数。最终确定了以下工艺参数。

（1）原水加碱：在水源取水口处投加 NaOH，调节原水的 pH 至 9.0 或更高，对于镉质量浓度为 0.04 mg/L 的原水，经混凝、沉淀、过滤后，出水可以稳定达标，且有充足余量。原水加碱也为弱碱性高锰酸钾法氧化除铊提供了条件。

（2）氧化剂投加：在絮凝池进口处投加高锰酸钾氧化除铊，高锰酸钾的投加量必须过量，使得絮凝池和沉淀池中都保持一定的氧化剂浓度，才能满足除铊要求。铊质量浓度为 0.000 2～0.000 4 mg/L 的原水，所需高锰酸钾投加量为 2.5 mg/L，沉淀后水高锰酸钾的剩余质量浓度为 1.5～2.0 mg/L。进厂水开启预氯化后，与氯联合投加可适当降低高锰酸钾投加量。

（3）用焦亚硫酸钠还原剩余的高锰酸钾：沉淀后水中的剩余高锰酸钾，需要投加还原剂焦亚硫酸钠将其还原成不溶性的二氧化锰，再在滤池中过滤去除。为强化滤池对锰、铊的去除效果，在沉淀池出水处增投助滤剂，以强化过滤，保障滤后出水水质达标。按化学计量关系，每去除 1 mg/L 的剩余高锰酸钾，消耗焦亚硫酸钠 0.90 mg/L。试验显示，焦亚硫酸钠投加过量对除铊效果无影响，为便于运行控制，焦亚硫酸钠的投加可略微过量，以保证出水锰达标。剩余的焦亚硫酸盐可在后续的加氯消毒中被分解成无害的硫酸盐，每去除 1 mg/L 的剩余焦亚硫酸钠，需消耗氯气约 0.37 mg/L。

（4）铁盐混凝剂除砷：在原水砷质量浓度为 0.03～0.05 mg/L 条件下，铁盐混凝剂投加量约为 5 mg/L（以 Fe 计），可以使出水砷稳定达标，低铁盐混凝剂投加量则不能达到除砷要求。

4. 水厂工艺改造

根据现场试验结果，结合第三水厂净水工艺情况，确定应急净水工艺为：在取水口加碱调节原水 pH 为弱碱性，在水厂内进行高锰酸钾预氧化和预氯化，铁盐混凝沉淀，在沉后投加还原剂焦亚硫酸钠消除剩余高锰酸钾，并投加助滤剂聚氯化铝改善过滤效果。应急净水工艺流程见图 4-1，红色虚线箭头所示为应急改造部分，处理规模为 2 500 m³/h。

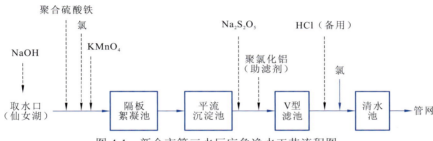

图 4-1　新余市第三水厂应急净水工艺流程图

在取水口投加 NaOH，调节原水 pH 为 9.0～9.3，用手持 pH 计控制，NaOH 投加量为 10～13 mg/L。药剂为固体烧碱，配制成 10%溶液，用计量泵投加。在絮凝反应池前部投加高锰酸钾，初始投加量为 2.5 mg/L，配制成 5%溶液，用计量泵投加。

第三水厂原采用聚氯化铝作为混凝剂，为有效除砷同时避免铝盐混凝剂在弱碱性时出水铝含量可能超标的问题，将混凝剂改为聚合硫酸铁。在水厂应急运行的前期调试阶段，因没有压力水，预加氯系统无法运行。在水厂投入运行后，利用原有预氯化系统，开启前加氯，预氯化投加量控制在 2.5 mg/L 左右，同时减少了高锰酸钾投加量。为保证除铊效果，需保持沉后水高锰酸钾略微过量，沉淀后水为微红色，然后在沉淀后水出口处投加焦亚硫酸钠还原过量高锰酸钾。当高锰酸钾投加量为 2.5 mg/L 时，焦亚硫酸钠的投加量为 2 mg/L。在沉淀池出水处搭建了焦亚硫酸钠投加装置。溶药与投加装置为 500 L 水桶，配制浓度为 5%，用水龙头控制投加量。

助滤剂采用聚氯化铝，投加助滤剂有助于改善过滤效果，有利于将过量高锰酸钾还原后生成的 MnO_2 在滤池中去除。聚氯化铝投加浓度为 2 mg/L（以商品质量计）。投加装置与焦亚硫酸钠投加装置相同，配制浓度为 5%，用水龙头控制投加量。为使助滤过程有良好的混合和反应效果，将助滤剂投药点设在沉淀池出水堰支渠处，满足混凝反应对水力搅拌强度的要求。

后加氯仍按照平时水厂和管网运行的经验进行控制。在滤后水出口处投加液氯，投加量按出厂水余氯质量浓度约为 0.5 mg/L 控制，以确保消毒效果。

5. 供水保障成效

2016 年 4 月 7 日，确定特征污染物为镉、铊、砷，开始应急净水现场试验。9 日第三水厂开始应急净水调试，10 日中午第三水厂恢复供水，11 日第三水厂应急净水稳定达标。12 日，第三水厂开始多水源供水，河下镇水厂开始工艺改造。13 日，指导河下镇水厂、临江镇水厂应急净水工艺改造。14 日，河下镇水厂恢复供水，临江镇水厂工艺改造完成。15～16 日，各水厂稳定运行，出水水质稳定达标。

第5章 突发重金属污染环境风险防控体系

涉重金属尾矿库和涉重金属行业企业是导致突发重金属污染的主要环境风险源，研究尾矿库环境风险评估方法及应急处置技术和涉重金属行业企业环境风险评估方法，是建立突发重金属污染防控体系的基础。

突发重金属污染一般都对流域水环境造成严重威胁，因此研究建立流域水环境风险评估方法也是非常有必要的。

5.1 尾矿库环境风险评估与防控

5.1.1 尾矿库环境风险评估

2006～2020年，生态环境部直接调度处置了68起尾矿库突发环境事件，其中46起（约占68%）造成重金属污染。在处置的尾矿库突发环境事件中，23起修建了拦截坝，14起使用水利设施拦截、调蓄稀释，24起投加药剂絮凝沉降，多数事件采取了两种以上工程措施。

为严格落实企业环境安全主体责任，2015年，生态环境部印发了《尾矿库环境风险评估技术导则（试行）》（以下简称《技术导则》），对尾矿库实行环境风险等级管理。尾矿库企业按照《技术导则》规定，对尾矿库环境风险进行分析与评估，确定重点环境监管尾矿库并将其环境风险等级划分为一般、较大或者重大；根据重点环境监管尾矿库环境风险等级，编制尾矿库环境风险评估报告。环境风险评估报告主要包括：环境风险等级划分情况，环境风险特征、尾矿库突发环境事件危险因素和事件情景分析情况，尾矿库环境安全隐患排查表、治理计划表和排查治理工作方案编制情况，以及环境风险评估的相关结论与对策建议等。

1. 特征污染物控制要求

尾矿库特征污染物控制执行环境影响评价批复相关要求，环境影响评价批复后国家或地方制定更加严格的污染物排放标准的，执行新排放标准，排放标准和环境影响评价均未规定的污染物项目，可参照其他相关标准执行。

2. 调查评估范围

涉及水环境风险受体的调查评估范围是尾矿库下游不小于 10 km。山谷型、傍山型、截河型尾矿库环境风险受体调查评估范围是尾矿库下游不小于 80 倍坝高。其他类型尾矿库环境风险受体调查评估范围是尾矿库下游不小于 40 倍坝高。实际操作时可根据实际情况适当扩大评估范围。

3. 尾矿库环境风险评估准备

根据尾矿库环境风险评估的各项工作需要，收集相关资料与信息，主要包括：环境影响评价文件及相关批复文件、设计文件、竣工验收文件、安全生产评价文件、环境监理报告、环境监测报告、特征污染物分析报告、应急预案、管理制度文件、日常运行台账等。

4. 尾矿库环境风险预判

从尾矿库的类型、规模、周边环境敏感性、安全性、历史事件与环境违法情况 5 个方面，对尾矿库环境风险进行初步分析，满足预判表中任何条件之一的尾矿库即认定为重点环境监管尾矿库，需要进一步开展后续的环境风险评估工作。非重点环境监管尾矿库只需开展风险预判工作，并记录风险预判过程和预判结果。

列入重点环境监管尾矿库涉及的重金属矿种有：铜、镍、铅、锌、锡、锑、钴、汞、镉、铋、砷、铊、钒、铬、锰、钼。

5. 尾矿库环境风险等级划分

利用层次分析法，从尾矿库的环境危害性（H）、周边环境敏感性（S）、控制机制可靠性（R）三方面进行尾矿库环境风险等级划分。

环境危害性（H）是采用评分方法，对类型、性质和规模三方面指标进行评分与累加求和，评估尾矿库环境危害性（H）。只要涉及重金属，类型的评分就是最高分 48 分。

周边环境敏感性（S）是采用评分方法，对尾矿库下游涉及的跨界情况、周边环境风险受体情况、周边环境功能类别情况三方面指标进行评分与累加求和，评估尾矿库周边环境敏感性（S）。

控制机制可靠性（R）是采用评分方法，对尾矿库的基本情况、自然条件情况、生产安全情况、环境保护情况和历史事件情况 5 方面指标进行评分与累加求和，评估尾矿库控制机制可靠性（R）。

综合尾矿库环境危害性（H）、周边环境敏感性（S）、控制机制可靠性（R）三方面的等级，对照尾矿库环境风险等级划分矩阵，将尾矿库环境风险划分为重大、较大、一般三个等级。

尾矿库环境风险等级可表征为"环境风险等级（环境危害性等别代码+周边环境敏感性等别代码+控制机制可靠性等别代码）"。例如：环境危害性为 H1 类，周边环境敏感性为 S2 类，控制机制可靠性为 R3 类的尾矿库环境风险等级可表征为"较大（H1S2R3）"。

6. 尾矿库环境风险分析

分析尾矿库环境风险预判、尾矿库环境风险等级划分结果及其风险特征，并对尾矿库环境危害性和控制机制可靠性的各项指标的得分进行分析，将得分大于或等于 1 的指标，作为尾矿库突发环境事件危险因素，并标记在尾矿库平面示意图中。根据实际需要，也可以将其他指标或内容作为尾矿库突发环境事件危险因素。

根据对尾矿库现状调查与分析，结合现有环境风险防控措施的有效性，对可能发生的突发环境事件进行情景分析，并提出相应的对策建议。

5.1.2　尾矿库环境风险防控

尾矿库企业的环境风险防控，特别是下游 10 km 内存在江、河、库的尾矿库及坝下 1 km 内有危险化学品单位和危险废物收集、贮存、运输处置设施和场所的尾矿库环境风险防控，主要内容包括环境影响评价文件中环境风险防范和应急措施落实情况，环境应急预案编制、报备、演练和培训情况，环境应急物资装备储备情况，尾矿坝、排洪系统、输送系统环境风险防控情况，"三防"设施和事故收集设施建设情况等。

要预防和避免尾矿库泄漏次生突发环境事件，关键在于督促企业严格落实安全、环保的主体责任。企业应该依法做好尾矿库风险评估、隐患排查治理、应急预案编制备案等相关工作，并定期组织应急培训和演练，掌握尾矿库特征污染物及应急处置措施，提高风险防范和事件先期处置的能力。这个过程中，每一个环节的落实程度都关系风险能不能被有效控制、隐患能不能被及时发现并消除、突发事故有没有能力应对好，必须发挥实效。

对政府及相关部门而言，应该严控尾矿库企业的准入，科学评估并从严控制尾矿库与人口密集区、饮用水水源地等敏感目标的距离，从源头避免"头顶库"（下游很近距离内有居民或重要设施，且坝体高、势能大的尾矿库）和"三边库"（邻近江边、河边、湖库边或位于居民饮用水水源地上游的尾矿库），降低尾矿库事故造成环境污染的风险。同时要充分发挥政府各部门间的相互协作，形成尾矿库监管合力，全面提升政府各有关部门的日常监管水平和事故应对能力。地方生态环境部门应该全面掌握流域内尾矿库特征污染物、周边环境敏感点特别是饮用水水源地等环境风险信息，督促企业按照相关要求做好尾矿库环境风险评估、环境安全隐患排查治理、环境应急预案备案等工作。

当发生尾矿库溃坝、泄漏等事故后，企业应该第一时间采取有效措施进行封堵，地方人民政府要统一部署协调各部门做好各项应急处置工作，安全生产监督管理部门应该积极组织实施应急救援工作，生态环境部门应该按照有关规定进行信息报告和通报，并做好环境应急监测工作。

尾矿库企业要根据尾矿库环境风险评估报告中突发环境事件危险因素和后果分析，结合企业现有应急能力，对评估报告指出的事件情景，分别制订应急处置方案。

应急处置方案主要明确"谁负责、做什么、怎么做"，包括该事件情景下的应急响应程序、责任人、具体处置措施、所需应急物资、注意事项、时限要求等内容。

5.1.3 尾矿库环境安全隐患排查

尾矿库环境安全隐患是指在尾矿库运行期间，因不符合相关法律、法规、规章、标准、规程和管理制度等的规定，或者可发展为不符合相关规定，而可能导致突发环境事件的不安全状态或者缺陷。可能产生的环境危害程度较小，或者发现后能够在短期内治理消除的隐患为一般环境安全隐患；可能产生的环境危害程度较大，且情况复杂、短期内难以完成治理的隐患为重大环境安全隐患。

我国尾矿库正常运行的约占 60%，危库、险库和危险性较大的病库约占 40%。相当数量的尾矿库都是在不安全的状态下运行的，这是一个巨大的隐患，严重威胁到下游居民的生命财产安全，对环境也构成相当大的威胁。企业要加强尾矿库环境安全管理，加强对环境安全隐患登记、整改、销号的全过程管理。对建在禁建区内、主要污染物有毒、下游有集中式饮用水水源地或敏感点的尾矿库，要列为重大环境安全隐患。

可以从环境安全管理和环境风险防控措施两大方面排查尾矿库可能直接导致或次生突发环境事件的环境安全隐患。

尾矿库环境安全管理排查有 6 方面内容，包括：开展环境风险评估，确定风险等级情况；制订环境应急预案并备案情况；建立健全环境安全隐患排查治理制度，开展环境安全隐患排查治理工作和建立档案情况；开展突发环境事件应急培训，如实记录培训情况；储备必要的环境应急装备和物资情况；公开环境应急预案及演练情况。

尾矿库环境风险防控措施主要排查：事故应急池建设情况，是否建设事故应急池，如果建设是否符合环境影响评价等相关要求；输送系统环境应急设施建设情况，主要指针对输送管道等输送系统的防范措施建设情况，比如防止输送管线爆裂等；回水系统环境应急设施建设情况，主要指针对回水管等回水系统的防范措施建设情况，比如防止回水管爆裂等。

5.2 涉重金属行业企业环境风险评估与防控

5.2.1 涉重金属行业企业环境风险评估

涉重金属行业企业环境风险评估是指对涉重金属行业企业建设和运行期间发生的可预测突发性事件或事故引起重金属物质泄漏，所造成的对人身安全与环境的影响和损害，进行评估，提出防范、应急与减缓措施，使涉重金属行业企业事故率、事故损失和环境影响达到可接受水平的过程。

涉重金属行业企业环境风险评估的目的是找出存在于环境中的潜在突发环境事件

危险，为环境风险源拥有者制定合理可行的防范与减缓措施提供依据。

涉重金属行业企业环境风险评估的基本思路是：通过对企业环境风险源与环境通道和敏感目标关联性的分析与评估，分别对每个环境风险源进行风险分级评估，确定环境风险源级别；通过污染扩散等相关模型计算企业潜在环境风险对环境的危害范围；在此基础上，通过调研资料分析，统计危害点内的环境敏感点个数；依据敏感点类型，结合已有环境敏感点的危害概化指数体系，确定模型计算参数，计算环境风险源对人口、经济、社会、生态的损失指数；进一步计算企业对大气、水、土壤的环境危害指数；通过加权得到环境风险源综合评价指数；依据识别标准体系，评估涉重金属行业企业的级别。

涉重金属行业企业环境风险评估的核心是确定企业环境风险的潜在危害后果。与已有的环境风险辨识不同，环境风险评估不仅仅考虑风险源对人的损伤，其考量的是环境风险对环境的综合影响，包括人口、生态、社会、经济等多个方面。应把以人为本、预防为主作为基本出发点，把突发环境事件引起场所界外人群的伤害、环境质量的恶化和生态系统的破坏作为关注的重点。

涉重金属行业企业环境风险评估按照资料准备与环境风险识别、可能发生突发环境事件及其后果分析、现有环境风险防控和环境安全管理差距分析、制订完善环境风险防控和应急措施的实施计划、划定突发环境事件风险等级 5 个步骤实施。

1. 资料准备与环境风险识别

在收集相关资料的基础上，开展环境风险识别。环境风险识别对象包括：涉重金属行业企业基本信息、环境风险单元（环境风险源）、重金属物质和数量、生产工艺、安全生产管理、现有环境风险防控与应急措施、周边环境风险受体、现有环境应急资源等。

2. 可能发生突发环境事件及其后果分析

收集国内外同类涉重金属行业企业突发环境事件资料，提出所有可能发生突发环境事件情景。针对上述提出的每种情景进行源强分析，包括释放重金属物质的种类、物理化学性质、最小和最大释放量、扩散范围、浓度分布、持续时间、危害程度。对可能造成地表水、地下水和土壤污染的，分析重金属物质从释放源头（环境风险单元），经厂界内到厂界外，最终影响环境风险受体的可能性、释放条件、排放途径，涉及环境风险与应急措施的关键环节，以及需要环境应急物资、环境应急装备和环境应急救援队伍情况。

根据上述分析，从地表水、地下水、土壤、大气、人口、财产乃至社会等方面考虑并给出突发环境事件对环境风险受体的影响程度和范围，包括需要疏散的人口数量，是否影响饮用水水源地取水，是否造成跨界影响，是否影响生态敏感区生态功能，预估可能发生的突发环境事件级别等。

3. 现有环境风险防控和环境安全管理差距分析

根据上述分析，从以下 5 个方面对现有环境风险防控与应急措施的完备性、可靠性和有效性进行分析论证，找出差距、问题，提出需要整改的短期、中期和长期项目内容。

（1）环境风险管理制度。环境风险防控和应急措施制度是否建立；环境风险防控重点岗位的责任人或责任机构是否明确；定期巡检和维护责任制度是否落实；环评及批复文件的各项环境风险防控和应急措施要求是否落实；是否经常对职工开展环境风险和环境安全管理宣传和培训；是否建立突发环境事件信息报告制度，并有效执行。

（2）环境风险防控与应急措施。是否在废气排放口、废水、雨水和清净下水排放口对可能排出的重金属物质，按照物质特性、危害设置监视、控制措施，分析每项措施的管理规定、岗位职责落实情况和措施的有效性；是否采取防止事故排水、污染物等扩散、排出厂界的措施，包括截流措施、事故排水收集措施、清净下水系统防控措施、雨水系统防控措施、生产废水处理系统防控措施等，分析每项措施的管理规定、岗位职责落实情况和措施的有效性；涉及毒性气体的，是否设置毒性气体泄漏紧急处置装置，是否已布置生产区域或厂界毒性气体泄漏监控预警系统，是否有提醒周边群众紧急疏散的措施和手段等，分析每项措施的管理规定、岗位责任落实情况和措施的有效性。

（3）环境应急资源。是否配备必要的应急物资和应急装备（包括应急监测）；是否已设置专职或兼职人员组成的应急救援队伍；是否与其他组织或单位签订应急救援协议或互救协议（包括应急物资、应急装备和救援队伍等情况）。

（4）历史经验教训总结。分析、总结历史上同类型企业或涉及相同重金属物质的企业发生突发环境事件的经验教训，对照检查本单位是否有防止类似事件发生的措施。

（5）需要整改的短期、中期和长期项目内容。针对上述排查的每一项差距和隐患，根据其危害性、紧迫性和治理时间的长短，提出需要完成整改的期限，分别按短期（3个月以内）、中期（3～6个月）和长期（6个月以上）列表说明需要整改的项目内容，包括：整改涉及的环境风险单元、重金属物质、目前存在的问题（环境风险管理制度、环境风险防控与应急措施、应急资源）、可能影响的环境风险受体。

4. 制订完善环境风险防控和应急措施的实施计划

针对需要整改的短期、中期和长期项目，分别制订完善环境风险防控和应急措施的实施计划。实施计划应明确环境风险管理制度、环境风险防控措施、环境应急能力建设等内容，逐项制定加强环境风险防控措施和应急管理的目标、责任人及完成时限。

每完成一次实施计划，都应将计划完成情况登记建档备查。

对于外部因素致使企业不能排除或完善的情况，如环境风险受体的距离和防护等问题，应及时向所在地县级以上人民政府及其有关部门报告，并配合采取措施消除隐患。

5. 划定突发环境事件风险等级

完成短期、中期或长期的实施计划后，应及时修订环境应急预案，划定或重新划定企业环境风险等级，并记录等级划定过程。

通过定量分析企业生产、加工、使用、存储的所有环境风险物质数量与其临界量的比值（Q），评估生产工艺与环境风险控制水平（M）及环境风险受体敏感性（E），按照矩阵法对企业突发环境事件风险（以下简称环境风险）等级进行划分。环境风险等级划分为一般环境风险、较大环境风险和重大环境风险三级，分别用蓝色、黄色和红色标识。

1）环境风险物质数量与临界量比值（Q）

计算所涉及的每种重金属物质在厂界内的最大存在总量（如存在总量呈动态变化，则按公历年度内某一天最大存在总量计算；在不同厂区的同一种物质，按其在厂界内的最大存在总量计算）与其在《突发环境事件风险物质及临界量清单》中对应的临界量的比值 Q。

当企业只涉及一种环境风险物质时，计算该物质的总数量与其临界量比值，即为 Q；当企业存在多种环境风险物质时，则按下式计算物质数量与其临界量比值（Q）：

$$Q = \frac{q_1}{Q_1} + \frac{q_2}{Q_2} + \cdots + \frac{q_n}{Q_n} \qquad (5\text{-}1)$$

式中：$q_1, q_2, \cdots, q_n$ 为每种环境风险物质的最大存在总量，t；$Q_1, Q_2, \cdots, Q_n$ 为每种环境风险物质的临界量，t。

当 $Q<1$ 时，企业直接评为一般环境风险等级，以 Q 表示。

当 $Q \geq 1$ 时，将 Q 值划分为：①$1 \leq Q < 10$；②$10 \leq Q < 100$；③$Q \geq 100$，分别以 Q1、Q2 和 Q3 表示。

部分常见重金属物质及临界量见表 5-1。

表 5-1 部分常见重金属物质及临界量清单

序号	物质名称	CAS 号	临界量/t
1	铜及其化合物（以铜离子计）	—	0.25
2	锑及其化合物（以锑计）	—	0.25
3	铊及其化合物（以铊计）	—	0.25
4	钼及其化合物（以钼计）	—	0.25
5	钒及其化合物（以钒计）	—	0.25
6	锰及其化合物（以锰计）	—	0.25
7	四乙基铅	78-00-2	2.50
8	三氧化二砷	1327-53-3	0.25
9	汞	7439-97-6	0.50
10	砷	7440-38-2	0.25
11	砷化氢	7784-42-1	0.50

序号	物质名称	CAS 号	临界量/t
12	砷酸	7778-39-4	0.25
13	五氧化二砷	1303-28-2	0.25
14	亚砷酸钠	7784-46-5	0.25
15	氯化汞	7487-94-7	0.25
16	重铬酸铵	7789-9-5	0.25
17	重铬酸钾	7778-50-9	0.25
18	重铬酸钠	10588-01-9	0.25
19	四氧化三铅	1314-41-6	0.25
20	一氧化铅	1317-36-8	0.25
21	硫酸铅（含游离酸 >3%）	7446-14-2	0.25
22	硝酸铅	10099-74-8	0.25

2）生产工艺与环境风险控制水平（M）

采用评分法对企业生产工艺、安全生产控制、环境风险防控措施、环境影响评价及批复落实情况、废水排放去向等指标进行评估汇总，确定企业生产工艺与环境风险控制水平。企业生产工艺与环境风险控制水平及评估指标见表 5-2 和表 5-3。

表 5-2　企业生产工艺与环境风险控制水平评估指标

评估指标		分值
生产工艺		20 分
安全生产控制（8 分）	消防验收	2 分
	危险化学品安全评价	2 分
	安全生产许可	2 分
	危险化学品重大环境风险源备案	2 分
水环境风险防控措施（50 分）	截流措施	10 分
	事故排水收集措施	10 分
	清净下水系统防控措施	10 分
	雨水系统防控措施	10 分
	生产废水系统防控措施	10 分
环境影响评价及批复的其他环境风险防控措施落实情况		10 分
废水排放去向		12 分

表 5-3　企业生产工艺与环境风险控制水平

生产工艺与环境风险控制水平（M）	类别
$M<25$	M1 类水平
$25 \leqslant M<45$	M2 类水平
$45 \leqslant M<60$	M3 类水平
$M \geqslant 60$	M4 类水平

3）环境风险受体敏感性（E）

根据环境风险受体的重要性和敏感程度，由高到低将企业周边的环境风险受体分为类型 1、类型 2 和类型 3，分别以 E1、E2 和 E3 表示。如果企业周边存在多种类型环境风险受体，则按照重要性和敏感度高的类型计算。企业周边环境风险受体情况划分类别见表 5-4。

表 5-4　企业周边环境风险受体情况划分类别

类别	环境风险受体情况
类型 1 （E1）	企业雨水排口、清净下水排口、污水排口下游 10 km 范围内有如下一类或多类环境风险受体的：乡镇及以上城镇饮用水水源（地表水或地下水）保护区；自来水厂取水口；水源涵养区；自然保护区；重要湿地；珍稀濒危野生动植物天然集中分布；重要水生生物的自然产卵场及索饵场、越冬场和洄游通道；风景名胜区；特殊生态系统；世界文化和自然遗产地；红树林、珊瑚礁等滨海湿地生态系统；珍稀、濒危海洋生物的天然集中分布区；海洋特别保护区；海上自然保护区；盐场保护区；海水浴场；海洋自然历史遗迹； 以企业雨水排口（含泄洪渠）、清净下水排口、废水总排口算起，排水进入受纳河流最大流速时，24 h 流经范围内涉跨国界或省界的； 企业周边现状不满足环境影响评价及批复的卫生防护距离或大气环境防护距离等要求的； 企业周边 5 km 范围内居住区、医疗卫生、文化教育、科研、行政办公等机构人口总数大于 5 万人，或企业周边 500 m 范围内人口总数大于 1 000 人，或企业周边 5 km 涉及军事禁区、军事管理区、国家相关保密区域
类型 2 （E2）	企业雨水排口、清净下水排口、污水排口下游 10 km 范围内有如下一类或多类环境风险受体的：水产养殖区；天然渔场；耕地、基本农田保护区；富营养化水域；基本草原；森林公园；地质公园；天然林；海滨风景游览区；具有重要经济价值的海洋生物生存区域； 企业周边 5 km 范围内居住区、医疗卫生、文化教育、科研、行政办公等机构人口总数大于 1 万人，小于 5 万人；或企业周边 500 m 范围内人口总数大于 500 人，小于 1 000 人； 企业位于岩溶地貌、泄洪区、泥石流多发等地区
类型 3 （E3）	企业下游 10 km 范围无上述类型 1 和类型 2 包括的环境风险受体；或企业周边 5 km 范围内居住区、医疗卫生、文化教育、科研、行政办公等机构人口总数小于 1 万人，或企业周边 500 m 范围内人口总数小于 500 人

4）涉重金属行业企业环境风险等级划分

根据涉重金属行业企业周边环境风险受体的 3 种类型，按照环境风险物质数量与临界量比值（Q）、生产工艺与环境风险控制水平（M）矩阵，确定涉重金属行业企业环境风险等级。

涉重金属行业企业周边环境风险受体属于类型 1 时，按表 5-5 确定环境风险等级。

表 5-5　类型 1（E1）企业环境风险分级

环境风险物质数量与临界量比值（Q）	生产工艺与环境风险控制水平（M）			
	M1 类水平	M2 类水平	M3 类水平	M4 类水平
$1 \leqslant Q < 10$	较大环境风险	较大环境风险	重大环境风险	重大环境风险
$10 \leqslant Q < 100$	较大环境风险	重大环境风险	重大环境风险	重大环境风险
$100 \leqslant Q$	重大环境风险	重大环境风险	重大环境风险	重大环境风险

涉重金属行业企业周边环境风险受体属于类型 2 时，按表 5-6 确定环境风险等级。

表 5-6　类型 2（E2）企业环境风险分级

环境风险物质数量与临界量比值（Q）	生产工艺与环境风险控制水平（M）			
	M1 类水平	M2 类水平	M3 类水平	M4 类水平
$1 \leqslant Q < 10$	一般环境风险	较大环境风险	较大环境风险	重大环境风险
$10 \leqslant Q < 100$	较大环境风险	较大环境风险	重大环境风险	重大环境风险
$100 \leqslant Q$	较大环境风险	重大环境风险	重大环境风险	重大环境风险

涉重金属行业企业周边环境风险受体属于类型 3 时，按表 5-7 确定环境风险等级。

表 5-7　类型 3（E3）企业环境风险分级

环境风险物质数量与临界量比值（Q）	生产工艺与环境风险控制水平（M）			
	M1 类水平	M2 类水平	M3 类水平	M4 类水平
$1 \leqslant Q < 10$	一般环境风险	一般环境风险	较大环境风险	较大环境风险
$10 \leqslant Q < 100$	一般环境风险	较大环境风险	较大环境风险	重大环境风险
$100 \leqslant Q$	较大环境风险	较大环境风险	重大环境风险	重大环境风险

5）级别表征

涉重金属行业企业环境风险等级可表示为"级别（Q 值代码＋生产工艺与环境风险控制水平代码＋环境风险受体类型代码）"，例如：Q 值范围为 $1 \leqslant Q < 10$，环境风险受体为类型 1，生产工艺与环境风险控制水平为 M3 类的涉重金属行业企业环境风险等级可表示为"重大（Q1M3E1）"。

5.2.2　涉重金属行业企业环境风险防控

结合现有企业环境风险分级防控体系，将各类企业突发水环境事件风险防范措施按照车间/装置级（一级）防控、厂区级（二级）防控、区域/流域级（三级）防控进行划分，建立企业突发水环境事件风险防范措施体系。

1. 一级防控

（1）围堰。由我国现有的法律法规分析，围堰基础设施规范相对完善，但具体防腐防渗措施及要求不明确，管理措施与应急措施不够具体。

（2）防火堤。防火堤设计规范较为全面，提及的规范较多，但其具体的防腐防渗措施、保护措施和应急措施等不够明确，且其余规范内容应统一标准。

（3）收集沟。有参照的规范，但未有贴切的针对性标准规范，暂无管理保护与应急措施等方面内容。

（4）初期雨水收集池。雨水收集池设计规范较完善，但初期雨水收集的降雨历时参数要求不够明确，管理维护与应急措施内容相对欠缺。

2. 二级防控

（1）事故应急池分析。事故应急池建设规范较完善，但紧急排空措施、具体建设方法、材料选择不够明确和具体，内容略显空洞。

（2）污水处理系统分析。污水处理系统设计、建设及水质标准均有详细的规范，但污水处理系统故障时的紧急措施与技术并无详细说明。

（3）雨水系统分析。雨水闸门没有形成相应详细的建设、管理、应急指导规范。

（4）污水系统分析。污水系统与污水排放口的建设规范要求较详细，但应急措施与排口管理方面内容略显欠缺。

（5）清净下水系统分析。清净下水排放准则可依据污水排放标准，但清净下水的缓冲设施建设、防控建设没有具体的指标，企业管理、监测、应急等规范指导不足，环保单位监管规定不够。

3. 三级防控

（1）公共应急池。暂无公共应急池的规范，目前存在技术缺陷、管理不到位、应急措施不足等问题。

（2）公共排水口。暂无相关规范，应全面考虑设置相关要求，应包括建设、管理、维护、应急、监控等内容。

（3）公共污水处理厂。区域污水处理厂的要求要视其规模而定，可参考城镇污水处理厂相关规范，不过应急要求及应对措施方面内容需要完善。

（4）公共天然屏障。目前没有相关的内容支持，但为避免造成严重环境危害可考虑采取此应急补救措施。

5.2.3 涉重金属行业企业环境安全隐患排查

根据可能造成的危害程度、治理难度及企业突发环境事件风险等级，隐患分为重大突发环境事件隐患（以下简称重大隐患）和一般突发环境事件隐患（以下简称一般隐患）。情况复杂、短期内难以完成治理并可能造成环境危害的隐患，可能产生较大环境危害的隐患，如可能造成有毒有害物质进入大气、水、土壤等环境介质，次生较大以上突发环境事件的隐患，均可认定为重大隐患。除此之外的隐患可认定为一般隐患。

涉重金属行业企业环境安全隐患排查是指对涉重金属行业企业生产过程中的环境风险源进行调查，对可能存在的导致突发环境事件的环境隐患进行排查，对突发环境事件防范措施进行评估、督促整改与完善，预防、消除和防范突发环境事件的环境管理措施。环境安全隐患排查是一个动态的、持续改进的过程。

1. 环境安全隐患排查内容

涉重金属行业企业可以从环境应急管理和突发环境事件风险防控措施两大方面排查可能直接导致或次生突发环境事件的隐患。

（1）环境应急管理。以《企业突发环境事件隐患排查和治理工作指南（试行）》（环境保护部公告 2016 年第 74 号）和《突发环境事件应急管理办法》规定的企业应当履行的 6 项义务为基础，明确了环境应急管理排查的 6 方面内容。企业突发环境事件应急管理包括：开展突发环境事件风险评估，确定风险等级情况；制订突发环境事件应急预案并备案情况；建立健全隐患排查治理制度，开展隐患排查治理工作和建立档案情况；开展突发环境事件应急培训，如实记录培训情况；储备必要的环境应急装备和物资情况；公开突发环境事件应急预案及演练情况。

（2）突发环境事件风险防控措施。涉重金属行业企业突发环境事件风险防控措施不是防范火灾、爆炸、泄漏的措施，而是防止火灾、爆炸、泄漏等生产安全事故发生后，化学品、受污染的水排出厂界进入外环境或防止危害进一步扩大的措施。

2. 环境安全隐患排查治理

（1）建立完善隐患排查治理管理机构。涉重金属行业企业应当建立并完善隐患排查管理机构，配备相应的管理和技术人员。

（2）建立隐患排查治理制度。涉重金属行业企业应当按照下列要求建立健全隐患排查治理制度。建立隐患排查治理责任制：涉重金属行业企业应当建立健全从主要负责人到每位作业人员，覆盖各部门、各单位、各岗位的隐患排查治理责任体系；明确主要负责人对本企业隐患排查治理工作全面负责，统一组织、领导和协调本单位隐患排查治理工作，及时掌握、监督重大隐患治理情况；明确分管隐患排查治理工作的组织机构、责任人和责任分工，按照生产区、储运区或车间、工段等划分排查区域，明确每个区域的责任人，逐级建立并落实隐患排查治理岗位责任制。

制订突发环境事件风险防控设施的操作规程和检查、运行、维修与维护等规定，保证资金投入，确保各设施处于正常完好状态；建立自查、自报、自改、自验的隐患排查治理组织实施制度；如实记录隐患排查治理情况，形成档案文件并做好存档；及时修订企业突发环境事件应急预案、完善相关突发环境事件风险防控措施；定期对员工进行隐患排查治理相关知识的宣传和培训；有条件的企业应当建立与企业相关信息化管理系统联网的突发环境事件隐患排查治理信息系统。

（3）明确隐患排查方式和频次。涉重金属行业企业应当综合考虑企业自身突发环境事件风险等级、生产工况等因素合理制订年度工作计划，明确排查频次、排查规模、排查项目等内容。

根据排查频次、排查规模、排查项目不同，排查可分为综合排查、日常排查、专项排查及抽查等方式。综合排查是指企业以厂区为单位开展全面排查；一年应不少于一次。日常排查是指以班组、工段、车间为单位，组织对单个或几个项目采取日常、巡视性的排查工作，其频次根据具体排查项目确定；一月应不少于一次。企业应建立以日常排查为主的隐患排查工作机制，及时发现并治理隐患。专项排查是在特定时间或对特定区域、设备、措施进行的专门性排查；其频次根据实际需要确定。

企业可根据自身管理流程，采取抽查方式排查隐患。

3. 环境安全隐患"自查自改"

自查是企业组织专业人员对本企业防范可能发生的突发环境事件污染环境的措施进行"会诊"，根据自身实际制订环境安全隐患排查表，包括所有突发环境事件风险防控设施及其具体位置、排查时间、现场排查负责人（签字）、排查项目现状、是否为隐患、可能导致的危害、隐患级别、完成时间等内容。

光查不改等于没有排查。自改要求一般隐患即查即改，重大隐患限期整改。一般隐患必须确定责任人，立即组织治理并确定完成时限，治理完成情况要由企业相关负责人签字确认，予以销号。重大隐患要制订治理方案，治理方案应包括：治理目标、完成时间和达标要求、治理方法和措施、资金和物资、负责治理的机构和人员责任、治理过程中的风险防控和应急措施或应急预案。重大隐患治理方案应报企业相关负责人签发，抄送企业相关部门落实治理。

较大、重大等级的环境风险企业，要开展以提升企业环境应急管理能力和突发环境事件风险防控措施为核心的"自查自改"（或称"八查八改"）行动。

"一查改"企业环境应急管理机构与人员。推动企业建立健全突发环境事件风险管理机构，配备符合要求的专职人员，规范突发环境事件风险管理制度、非正常工况处置程序，落实环境应急专职人员培训、操作人员岗位操作技能培训，规范环境应急管理相关台账资料存档工作。

"二查改"企业突发环境事件风险等级识别情况。企业按照《企业突发环境事件风险评估指南（试行）》（环办〔2014〕34 号）中规定的 5 个步骤，开展突发环境事件风险评估，并在当地生态环境部门指导下，合理确定突发环境事件风险等级。

"三查改"企业突发环境事件隐患排查治理情况。要求企业依据《企业突发环境事件隐患排查和治理工作指南（试行）》要求，根据自查、自报、自改、自验的原则，确定隐患等级，落实整改方案。

"四查改"企业监测预警机制建设情况。推动企业针对有毒有害污染物建立风险预警系统，及时探测有毒有害污染物、可燃气体等泄漏情况。企业应拥有自主监测能力，或与相关监测机构签订应急监测协议。

"五查改"企业环境风险防控措施。企业积极落实水环境和大气环境风险防控措施的建设，如有效防止泄漏物质、消防污水、污染雨水等扩散至外环境的收集、导流、拦截、降污等措施，关键生产装置、危险化学品储罐区和仓库是否配备事故状态下防止突发环境事件的围堰、防火堤等设施及其维护情况，是否有事故状态下防止"清净下水"引发环境污染的设施和措施，确保应急废水不出厂；涉及有毒有害大气污染物的，需定期监测并建立环境风险预警体系。

"六查改"企业环境应急预案备案工作。企业按照生态环境部相关要求，编制切实可行的环境应急预案并备案，制订详细完整的突发环境事件应急处置工作程序，提供清晰规范的图件。

"七查改"企业环境应急演练工作。企业按照《突发环境事件应急管理办法》（环境保护部令第 34 号）要求，每年至少组织开展一次环境应急演练，撰写演练评估报告，分析存在的问题，并根据演练情况及时修改完善应急预案。检查应急预案演练的管理工作等是否已实现制度化、规范化及其实际效果。

"八查改"企业环境应急保障体系建设情况。企业应有自行组建的或与其他单位签订协议的专职救援队伍，保障充足的应急人员，具备充足的环境应急物资和有效的调用方案，明确物资责任人。

4. 环境安全隐患"自报自验"

自报是指企业的非管理人员发现环境安全隐患应当立即向现场管理人员或者本单位有关负责人报告；管理人员在检查中发现环境安全隐患应当向本单位有关负责人报告。接到报告的人员应当及时予以处理。在日常交接班过程中，做好环境安全隐患治理情况交接工作；环境安全隐患治理过程中，明确每一工作节点的责任人。

自验是指重大隐患治理结束后，企业应组织技术人员和专家对治理效果进行评估和验收，编制重大隐患治理验收报告，由企业相关负责人签字确认，予以销号。

对影响环境安全的突发环境事件隐患进行风险等级评估（重大、一般）。有一部分风险会被企业确定为可接受的风险，则企业对该风险的措施为接受风险，企业不需要采取特别的应对措施，维持现有的管理方式。而另外一些风险则可能被确定为需要应对的风险，针对需要应对的风险，企业需要策划相应的措施。环境安全隐患排查后，企业要新增环境风险投资，随着新增环境风险投资的陆续到位及整改措施的全面落实，企业环境应急管理能力必将有较大提高。

5.3 流域水环境风险评估与防控

据统计，2014～2018 年全国共发生突发环境事件约 1 600 起，生态环境部直接调度指导处置突发环境事件 350 起，水污染事件占到了 60%左右。与此同时，我国水系丰富，一旦发生突发性污染事件，极易造成流域性的影响和危害，造成巨大经济损失与公众恐慌。

我国经济社会持续高效发展，但环境风险管理体系仍然处于起步阶段的现状，环境风险管理存在重应急轻防范、重突发污染事故轻长期慢性环境风险等问题，尚未实现向以风险控制为目标导向的环境管理模式的转变。在未来很长一段时间内，我国流域性水环境风险将是我国环境风险管理的重大问题，将制约我国经济社会的和谐发展。因此，鉴于新形势下日益突出的水环境风险问题，严防流域性突发水环境事件发生，提高流域水环境风险管理水平，完善流域水环境风险评估方法已迫在眉睫。

5.3.1 流域水环境风险评估

流域水环境风险评估，按照流域水环境风险受体分析与分级、构建污染物在水环境中的扩散模型、流域水环境风险源识别与评估、流域水环境风险评估结果表征、流域环境风险管控建议 5 个步骤实施，方法同样适用于重金属污染。

1. 流域水环境风险受体分析与分级

1）流域水环境风险受体调查与分析

在开展流域水环境风险评估工作前，需详细调查流域内所有水环境风险受体，制作流域水环境风险受体清单，绘制流域水环境风险受体分布图。典型的水环境风险受体包括集中式饮用水水源地保护区、涉水自然保护区、重要湿地、重要水生生物栖息地等。

流域水环境风险受体及可能造成的影响见表 5-8。

表 5-8 流域水环境风险受体及可能造成的影响

水环境风险受体	可能造成的影响
受纳水体（河流、湖、库）	暂时或长期改变水质保护目标
岸边及附近下游的取水口（自来水厂取水口、地下水补给区、农业灌溉取水点、工业取水口）、集中式饮用水水源地	影响生活、生产取水，造成社会影响、经济损失等
岸边及附近下游保护区（自然保护区、养殖区、洄游产卵保护区、特殊种群保护区、湿地保护区）	可能造成各类保护区严重的生态影响
跨界	可能造成跨国、省、市、县界环境污染

2）流域水环境风险受体敏感性等级划分

参考《国家突发环境事件应急预案》中规定的突发环境事件分级标准，将环境风险受体敏感性划分为以下三级。

一级环境风险受体——跨国界，或跨省界，或跨县级以上城市集中式生活饮用水水源地，或珍稀濒危野生动植物天然集中分布区或重要水生生物的自然产卵场及索饵场、越冬场和洄游通道。

二级环境风险受体——跨设区的市界，或乡镇集中式生活饮用水水源地，或国家级自然保护区，或国家级风景名胜区，或世界文化和自然遗产地，或国家级森林公园，或国家级地质公园，或国家级湿地，或国家级文物保护单位。

三级环境风险受体——跨县界，或其他未达到二级的环境风险受体。

2. 构建污染物在水环境中的扩散模型

本小节提供建议参考的三种扩散模型。

1）零维水质模型

持久性污染物采用零维水质模型，即假设污染物进入河道就完全混合均匀（溶解或分散），且以此均匀体为整体分散（稀释作用），将污染物泄漏点至环境风险受体间的河道作为一个整体，污染物在这一整体河道内均匀混合。适用于持久性污染物，河流为恒定流，即流量稳定、水质均匀，不考虑污染物进入水体的混合距离。

零维水质模型为

$$C_0 = (C_1 Q + q) / Q \tag{5-2}$$

式中：C_0 为污染物与河水混合均匀后的质量浓度，mg/L；C_1 为上游来水中污染物质量浓度，mg/L；Q 为污染物泄漏点至下游某处区段内全部水量，L；q 为污染物泄漏量，mg。

2）忽略弥散的一维稳态水质模型

非持久性污染物稳定态采用忽略弥散的一维稳态水质模型，即一维稳态稀释、降解综合模式，忽略污染物的纵向弥散系数（在稳态条件下，纵向弥散系数对结果影响小）。适用于非持久性污染物，河流为恒定流。当污染物在河流横向上达到完全混合后，分析污染物在纵向即水流方向迁移、转化的变化情况时采用此模型。

忽略弥散的一维稳态水质模型为

$$C = C_0 \exp(-kl / 86\,400u) \tag{5-3}$$

式中：C 为下游某处污染物质量浓度，mg/L；C_0 为污染物初始质量浓度，mg/L；k 为污染物的衰减速度常数，d^{-1}；l 为污染物泄漏点至下游某处河流长度，m；u 为河流流速，m/s。

3）一维动态混合模型

非持久性污染物、非恒定流采用一维动态混合模型，适用于预测任何时刻的水质状况。

一维动态混合模型为

$$\frac{\partial(Ac)}{\partial t}+\frac{\partial(qc)}{\partial x}=\frac{\partial\left(dA\cdot\dfrac{\partial c}{\partial t}\right)}{\partial x}+As \tag{5-4}$$
$$A=Q/u$$

式中：A 为过水断面面积，m^2；u 为断面平均流速，m/s；Q 为流量，m^3/s；d 为纵向弥散系数，m^2/s；c 为某污染物在 x 断面 t 时刻的浓度，mg/m^3；s 为各种源和漏的代数和。

从式（5-4）可以看出，c 是一个空间与时间的函数。当已知边界浓度（即泄漏点位置河道中污染物的浓度）后，可以根据时间步长和空间步长一步一步向下求解，即可得到 c 值。

边界浓度（$c_{边界}$）与污染物泄漏入河量、泄漏时间、河流流量等有关，其计算公式为

$$c_{边界}=M_{入河量}/(t_{泄漏}\cdot Q_{泄漏点}) \tag{5-5}$$

式中：$M_{入河量}$ 为污染物泄漏入河的量，g；$t_{泄漏}$ 为污染物泄漏时间，s；$Q_{泄漏点}$ 为泄漏点断面河道流量，m^3/s；$c_{边界}$ 为 c 在泄漏点的表征，g/m^3。随着污染物在河道中向下游推移，c 是不断变化的。

3. 流域水环境风险源识别与评估

流域水环境风险源分为固定型水环境风险源和移动型水环境风险源两类。固定型水环境风险源（简称固定源）主要为重点环境风险企业，移动型水环境风险源（简称移动源）主要为危险化学品运输路段。

1）流域固定型水环境风险源识别与评估

（1）固定型水环境风险源识别。

在收集相关资料的基础上，开展固定型水环境风险源识别。环境风险识别对象包括：①企业基本信息；②周边环境风险受体；③涉及环境风险物质和数量；④生产工艺；⑤安全生产管理；⑥环境风险单元及现有环境风险防控与应急措施；⑦现有应急资源等。对上述②～⑥按照《企业突发环境事件风险评估指南（试行）》附录 A 中 A.1～A.3 的要求，综合考虑环境风险企业、环境风险传播途径及环境风险受体进行环境风险识别，制作企业地理位置图、厂区平面布置图、周边环境风险受体分布图等。

（2）流域固定源水环境风险评估。

以突发环境事件事发地点下游受影响水环境风险受体最高等级来划分固定型环境风险源环境风险等级。当一级环境风险受体受到影响时，该固定型环境风险源为重大环境风险；当二级环境风险受体受到影响时，该固定型环境风险源为较大环境风险；当三级环境风险受体受到影响时，该固定型环境风险源为一般环境风险。

本小节以环境风险受体水质目标为核心，通过计算环境污染物泄漏进入河流后的

影响范围，再通过核算受影响范围内所有环境风险受体的最高级别，以最高级别确定此环境风险源的风险等级。

在突发环境事件的应急处置中，关注的主要问题是污染物在河道中的浓度与污染扩散的水平距离。因此，在对流域固定源进行水环境风险评估时建议选取相应模型演算，得出污染物可能影响的污染范围，随后根据该结果结合影响范围内环境风险受体等级对环境风险源进行等级划分。

2）流域移动型水环境风险源识别与评估

（1）移动型水环境风险源识别。

调研收集流域内沿河道路路段及危险化学品运输等情况。一是制作流域内道路与水系分布图，重点关注邻近河流及水系连通沟渠的路段；二是掌握危险化学品在流域内的运输情况，包括运输路线（高速路、国道、省道及部分县道）、危险化学品种类、危险化学品主要理化性质、危险化学品单次运输量、危险化学品道路运输介质类型（如槽罐、集装箱、大型气瓶、专用运输车、桶箱等）、危险化学品泄漏可能造成的环境风险类型等情况。完成流域内危险化学品运输路线图。

（2）流域移动源水环境风险评估。

（a）环境风险路段划分

对流域内所有危险化学品运输线路进行统计分析，划分出水环境风险受体风险路段，即流域内各干支流的沿河公路、桥梁等，危险化学品一旦泄漏将可能对下游水环境风险受体产生影响。

（b）环境风险评估参数选择

一是危险化学品主要化学成分及表征指标分析。

二是危险化学品泄漏量。本小节建议采用危险化学品道路运输最大泄漏量为危险化学品最小运输单元的运输量。

三是危险化学品泄漏时间。当发生液体类危险化学品泄漏事件，其泄漏时间长短将影响危险化学品进入河流的初始浓度。首先利用伯努利方程计算出危险化学品（液体）泄漏速率，随后根据危险化学品运输量与泄漏速率的比值得出泄漏时间。

液体类危险化学品泄漏速率为

$$Q_{\mathrm{L}} = C_{\mathrm{d}} \times A \times \rho \times \sqrt{\frac{2(P - P_0) + 2\rho g h}{\rho}} \tag{5-6}$$

式中：Q_{L} 为危险化学品泄漏速度，kg/s；C_{d} 为危险化学品泄漏系数，此值常用 0.60～0.64；A 为裂开面积，m^2；P 为容器内介质压力，Pa；P_0 为环境压力，Pa；g 为重力加速度；h 为裂口之上液位高度，m；ρ 为危险化学品密度，$\mathrm{kg/m}^3$。

固体类危险化学品释放时间与污染物在水中的饱和溶解度、污染物总量及河流流量等因素有关：

$$T = S / (K \times Q) \tag{5-7}$$

式中：T 为污染物释放时间，s；S 为固体类危险化学品所含污染物总量，g；K 为污染物在水中的饱和溶解度，g/m³；Q 为河流流量，m³/s。

四是环境风险路段的环境风险分析与分级。针对所有危险化学品划分的所有环境风险路段（即评估路段）逐一进行环境风险分析与评估。结合受影响的环境风险受体的级别确定该路段环境风险等级。当一级环境风险受体受到影响时，该路段为重大环境风险路段；当二级环境风险受体受到影响时，该路段为较大环境风险路段；当三级环境风险受体受到影响时，该路段为一般环境风险路段。

4. 流域水环境风险评估结果表征

流域水环境风险评估结果以一张图予以表征，即在流域水系图上，结合流域水环境风险受体（红色△表示一级水环境风险受体、黄色△表示二级水环境风险受体、蓝色△表示三级水环境风险受体），将评估出的固定源和移动源按照水环境风险等级用红色、黄色、蓝色标识出来，其中，红色表示重大环境风险源（重大环境风险路段）、黄色表示较大环境风险源（较大环境风险路段）、蓝色表示一般环境风险源（一般环境风险路段）。同时，用绿色表示无环境风险路段。

5. 流域环境风险管控建议

根据流域水环境风险评估结果，进一步提出优化流域风险源布局、加强高风险源及区域的管控等，基本策略是以"风险预防"为重点的"全过程管理"和"优先管理"。

5.3.2 流域水环境风险防控

流域水环境风险防控需要在研究区域环境风险因子筛选的基础上，重点分析环境风险源分布特征及各类突发环境事件的主要诱发因素；系统地进行环境风险分析与评估，制作环境风险分级图，归纳与总结各类事故的孕育、发生及发展的环境条件与特征，分析环境敏感区特征，明确事件防控要点，建立环境风险防控体系。

现阶段，环境风险防控形势严峻，考虑建立环境风险防控体系具有很强的必要性和重要的现实意义。建立环境风险防控体系旨在从各个层面通过系统化的制度体系设计统筹考虑解决环境风险问题，保障人体健康与生态环境安全，需要系统地考虑环境风险防控的主体、对象、过程、区域等要素及相关基础研究等保障和支撑措施，处理好风险防范与应急、研究与实践等多方面的关系。

根据环境风险分析，按环境要素及事故类型，界定研究区域主要的环境风险，从技术及管理角度提出应急工作技术方案，主要内容包括以下 6 个方面。①污染事件预防措施：工厂、地方、区域和国家层次制订和评估应急计划，重点是风险评估、预防和规划，培养应急人员的能力，清晰地指挥和部门协作链，建立化学品信息管理系统和公共信息系统。②预警技术方法：根据研究区域环境事故防范和预警的要求，系统研究构建区域水环境预警技术体系，包括研究区域预警现状与需求分析、国内外预警技术分析、研究区域环境监测系统建设方案、研究区域环境预警支持系统建设方案。

③应急技术措施：根据环境条件，针对水污染事故提出对策措施，制订相应的应急技术步骤。④应急监测要求：按不同环境要素，系统提出不同污染物快速监测技术，规范其监测的内容、技术方法、监测组织等内容。⑤强化风险源监督管理：从源头降低风险爆发概率，制订优先管理风险因子名录，推进环境风险源监管执法标准化建设，发挥生态环境、应急管理、公安、海事等多部门联合监管效能。⑥注重风险受体防护：开展环境风险受体筛查；建立区域风险防控体系，尤其是集中式饮用水水源地和居民集中区等敏感区域；建立敏感区域远程监控网络和巡查日报制度，做好预警防范工作；建立健全环境污染事故应急机构与应急体系。

5.3.3 流域水风险评估典型案例

本小节以我国某流域为例，以水环境风险受体为评估核心，对流域累积性环境风险和突发性环境风险进行评估、分级等。根据环境风险评估结果提出流域环境风险重点和优先管理对象，并有针对性地提出防范对策。

1. 评估流域概况

评估流域为位于我国西部的国际河流，国内流域面积近 6 万 km^2，国内河流长度约为 450 km。流域水量季节分配明显，丰水期为 6～8 月，约占年径流量的 51%；平水期为 3～5 月和 9～11 月，约占年径流量的 38%；枯水期为 12 月～次年 2 月，约占年径流量的 11%。水资源补给来源多样，多以冰川积雪融水为主，以降雨和地下水补给为辅。流域水资源丰富，是该地区农业、渔业、工业和居民生活用水的主要来源，也是该区域重要的粮食生产基地和畜牧业生产基地。流域内分布了大量煤化工、金属选冶、制药等高能耗、重污染企业，且主要集中分布在下游区域；同时，流域内危险化学品运量大且沿河道路多，运输风险高，极易因交通事故导致危险化学品泄漏进入流域水体内，因此，该流域水环境风险问题不容忽视。

2. 流域水环境风险受体分析与分级

流域突发性水环境风险评估分为流域固定型风险源环境风险评估和流域移动源环境风险评估等两大类。固定型风险源主要为重点环境风险企业，移动源主要为危险化学品运输路段。

1）流域水环境风险受体调查与分析

典型的水环境风险受体包括集中式饮用水水源地保护区、涉水重要自然保护区、重要湿地、重要水生生物栖息地等。

2）流域水环境风险受体敏感性等级划分

参考《国家突发环境事件应急预案》中规定的突发环境事件分级标准，本案例将环境风险受体敏感性划分为三级。

3. 污染物在水环境中的扩散模型

本案例采用零维水质模型，不考虑污染物进入水体的混合距离。

4. 流域水环境风险源识别与评估

1）流域固定型水环境风险源识别与评估

（1）固定型水环境风险源识别。

流域固定型水环境风险源为所有水环境风险评估区域内向水系中排放环境风险物质的各类环境风险源。对流域内各县市所属 800 余家企业进行初步分析，综合考虑企业规模、特征污染物类型与总量、突发水污染事件发生概率等因素，筛选出流域的重点环境风险企业 27 家，主要包括采选冶炼企业、煤化工企业、生物制药企业、污水处理厂等类型。

（2）风险源评估方法与结果。

本案例以环境风险受体水质目标为核心，以情景分析为手段，通过计算环境污染物泄漏进入河流后的影响范围，再通过核算受影响范围内所有环境风险受体的最高级别，以最高级别确定此环境风险源的风险等级。在突发性环境污染事件的应急处置中，关注的主要问题是污染物在河道中的浓度与污染扩散的水平距离。因此，在本案例中研究人员对污染物泄漏事故中环境风险源的危害范围运用零维水质模型进行计算。

通过模型计算与分析得出流域内 27 个固定型环境风险源中，重大环境风险源 6 个，较大环境风险源 13 个，一般环境风险源 8 个。

其中，重大环境风险企业主要分布于流域中下游的干支流上，主要为金属冶炼企业、化工企业，主要风险为尾矿库溃坝及废水外排。这些企业的废水、尾矿等一旦泄漏，可能会排入附近水体进而汇入河流，造成跨国界水污染事件。较大环境风险企业主要分布于流域的上中游，主要为金属冶炼企业、化工企业，但是这些企业环保管理措施相对比较完善，且距离下游环境风险受体较远，一旦发生污染物泄漏事件，到达河流的时间较长，可以有准备时间采取相关措施控制污染态势。靠近河流干流的某生物工程有限公司，其环保管理措施相对完善，污染防控措施相对可靠，列入较大环境风险企业。一般环境风险企业在流域上中下游均有分布，主要为采选冶炼企业及各县污水处理厂。这些企业环境风险物质较少，或下游敏感目标较少，如某矿业有限责任公司为铁矿企业，危害性较小，且企业风险管理较好，环保措施比较到位，一旦发生污染物泄漏事件，对流域的影响小。

2）流域移动型水环境风险源识别与评估

（1）移动型水环境风险源识别。

结合流域特点，本案例中的移动型环境风险源主要包括流域内各干支流的沿河公路、跨河桥梁等，其上运输的危险化学品一旦发生泄漏将对河流水质乃至国界断面产生影响。

流域行政许可登记危险货物运输企业共 16 家，运输车辆 764 辆。承运涉水危险化学品主要有柴油、汽油、硫酸、盐酸、硝酸、液碱、煤焦油、氰化钠等。危险品运输车辆已全部安装 GPS 卫星定位装置设备，通过道路运输车辆动态监控平台对车辆进行监控。

（2）流域移动源水环境风险评估。

（a）环境风险评估路段划分

对流域内所有危险化学品运输线路进行统计分析，划分出水环境风险路段，即流域内各干支流的沿河公路、桥梁等。根据调查，该河流流域内的危险化学品运输路线基本为国道、省道和部分县道，根据历年交通事故统计数据，离河 100 m 外发生交通事故导致污染物泄漏入河的概率较小，因此，将该河流流域内沿河 100 m 内的道路（国道、省道、县道）及跨河桥梁作为移动源风险的评价路段。根据上述方法，将河流流域内的沿河公路划为若干小路段，每一段为一个评估路段。

（b）环境风险路段长度计算

本案例中环境风险路段长度计算以环境风险受体为基准点，通过水质模型计算污染物影响距离。在此影响距离内寻找环境风险受体，如无环境风险受体，则该路段为无风险路段。如有环境风险受体，以此环境风险受体为基础并向上游反推（若有多个环境风险受体，则按环境风险受体等级从高到低依次进行），得到一个临界点，污染物若在此处泄漏，则下游环境风险受体处污染物浓度刚好达到《地表水环境质量标准》（GB 3838—2002）相关指标限值要求，设为 Z 点。Z 点以上为无风险路段，Z 点以下为有风险路段，即环境风险受体和 Z 点内的危险化学品运输路线为有风险的路段。环境风险受体与临界点 Z 点间的距离即为环境风险路段长度。

对于单一危险化学品，其道路运输水环境风险水平的表征有以下 3 种情景。

情景一：对于某一环境风险受体及某一评估路段，当临界点 Z 落在评估路段中（图 5-1），该评估路段 Z 点以上环境风险等级为无风险，即污染物在 Z 点以上泄漏后的环境风险小。Z 点以下为有风险路段。

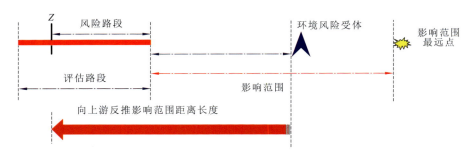

图 5-1　临界点在评估路段中情景

情景二：对于某一环境风险受体及某一评估路段，当临界点 Z 落在评估路段上游某处（图 5-2），则该评估路段环境风险等级为有风险。

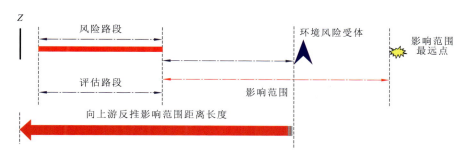

图 5-2　临界点在评估路段上游情景

情景三：对于某一环境风险受体及某一评估路段，污染物泄漏扩散影响范围内无环境风险受体，即当临界点 Z 落在评估路段下游某处（图 5-3），则该评估路段环境风险等级为无风险。

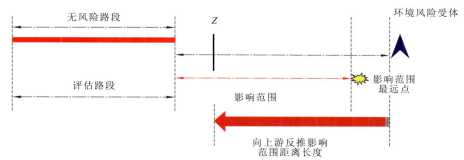

图 5-3　临界点在评估路段下游情景

（c）环境风险评估参数选择

一是危险化学品泄漏量。本案例采用危险化学品道路运输最大泄漏量为危险化学品最小运输单元的运输量。

二是危险化学品泄漏时间。当发生液体类危险化学品泄漏事件，首先利用伯努利方程计算出危险化学品（液体）泄漏速率，随后根据危险化学品运输量与泄漏速率的比值得出泄漏时间。

固体类危险化学品释放时间与污染物在水中的饱和溶解度、污染物总量及河流流量等因素有关。

三是模型选择。危险化学品泄漏入河后的污染物扩散模型选择零维水质模型。

四是河流流量、流速取枯水期数据（不断流），河流概化为矩形、平直流。

五是环境风险路段的环境风险分级。针对所有危险化学品划分的所有环境风险路段逐一进行环境风险分析与评估，结合受影响的环境风险受体的级别确定该路段环境风险等级。当一级环境风险受体受到影响时，该路段为重大环境风险路段；当二级环境风险受体受到影响时，该路段为较大环境风险路段；当三级环境风险受体受到影响时，该路段为一般环境风险路段。

3）流域移动源水环境风险评估结果

本案例中流域共划分出 89 个可能的危险化学品运输水环境风险路段。

流域共计有 14 个环境风险受体，包括 1 个国界（一级环境风险受体）、4 个县级集中式饮用水水源地或水厂（一级环境风险受体）、9 个县界或县市界（三级环境风险受体），主要环境风险物质包括汽油、柴油、硫酸、盐酸、硝酸、硝酸、烧碱、煤焦油、氰化钠等。

石油类、氰化钠在水体中的标准质量浓度为 0.05 mg/L，经过计算，流域内 89 个沿河路段中，有 44 个路段为汽油、柴油、氰化钠运输的重大环境风险路段（影响国界水质或县级集中式饮用水水源地）；剩下的 45 个环境风险路段为一般环境风险路段（最多只影响县界）。

按照《地表水环境质量标准》（GB 3838—2002）中相应标准，煤焦油各主要组分中苯、甲苯、二甲苯、多氯联苯、吡啶的质量浓度分别不得超过 0.01 mg/L、0.7 mg/L、0.5 mg/L、2×10^{-5} mg/L、0.2 mg/L。但由于煤焦油中各有机物组分微溶于水，且其密度比水重，当煤焦油泄漏进入河流后，其在水中传输距离较短。煤焦油在水中溶解度不大于 1%，其中各组分溶出比例不大于 10%；按照前述计算公式与情景设置，并结合流域内各环境风险受体，煤焦油中多氯联苯的环境风险影响距离最大，其 30 t 煤焦油全部泄漏进入河流，能溶出约 100 g 多氯联苯。经过计算，对煤焦油而言，流域内所有潜在环境风险路段中有 1 个路段对环境风险受体"某县级集中式饮用水水源地"水质产生影响，为重大环境风险路段。其余 88 个路段均为一般环境风险路段。

水体中 pH 的标准范围为 6~9，结合前期课题组的实际河水酸碱实验结果，浓硫酸、浓盐酸、浓硝酸、烧碱泄漏进入河流的影响程度一致，流域内所有潜在环境风险路段中有 1 个路段对环境风险受体"某县级集中式饮用水水源地"水质产生影响，为重大环境风险路段。其余 88 个路段均为一般环境风险路段。

5. 流域水环境风险评估表征与小结

1）流域水环境风险评估表征

流域水环境风险评估结果以一张图进行表征，即在流域水系图上分别标识流域内所有水环境风险受体及其等级、固定源和移动源风险等级等。

2）流域水环境风险特征小结

流域重点环境风险源 27 个，主要为采选冶炼企业、煤化工企业、生物制药企业、污水处理厂。主要环境风险物质为汞、镉、铅、砷、镍、铬、铜、铁等重金属及生产生活废水中的 BOD_5、COD 和 NH_3-N。流域内 27 个固定型环境风险源中，重大环境风险源 6 个，较大环境风险源 13 个，一般环境风险源 8 个。

流域内有 89 个潜在环境风险路段，在此 89 个潜在环境风险路段中，有 44 个路段为汽油、柴油、氰化钠运输的移动源重大环境风险路段（影响国界水质）；有 45 个路段为一般环境风险路段（最多只影响县界）。因此，在该流域要着重防范沿河公路上汽油、柴油、氰化钠类危险化学品运输的交通事故。

6. 流域环境风险管控建议

根据流域水环境风险评估结果，结合流域环境风险特征，流域环境风险管控的基本策略是以"风险预防"为重点的"全过程管理"和"优先管理"。具体建议：一是建设或完善环境风险等级为较大及以上企业和移动源重大环境风险路段的环境风险防控工程；二是在干流及重要支流建设多级拦河截污净化屏障；三是在下游建设拦河坝及配套纳污湿地工程；四是根据流域环境风险物质种类建设环境应急物资储备库等。

第6章 黑龙江伊春鹿鸣矿业"3·28"尾矿库泄漏次生重大突发环境事件

6.1 事 件 背 景

6.1.1 概况

1. 事件概况

2020年3月28日13时30分左右，黑龙江省伊春市伊春鹿鸣矿业有限公司（以下简称鹿鸣矿业）尾矿库发生泄漏，泄漏尾矿（砂水混合物）总量为232万~245万m^3，含特征污染物钼89.39~117.53 t，其中砂相中有87~115 t、水相中有2.39~2.53 t。事件造成依吉密河至呼兰河约340 km河道钼浓度超标，其中依吉密河河道约115 km、呼兰河河道约225 km。3月29日21时30分，铁力市第一水厂（依吉密河水源地）受事件影响停止取水，5月3日由铁力市第三水厂替代供水，其间约6.8万人的用水受到一定影响。依吉密河沿岸部分农田和林地共约873.5 hm^2受到一定程度污染。此次事件是我国近20年来尾矿泄漏量最大、应急处置难度最大、后期生态环境治理修复任务异常艰巨的重大突发环境事件，应急响应期间，直接经济损失共计4 420.45万元。

事件发生后，习近平总书记作出重要指示批示。生态环境部、应急管理部和黑龙江省委、省政府认真贯彻落实习近平总书记重要指示批示精神，全力组织开展应急处置工作。由于此次事件尾矿泄漏量巨大，事发地所在河流沿线地理条件、气象水文条件等极其复杂，又正值新冠疫情防控的关键阶段和当地即将进入春耕时节的特殊时期，应急处置工作面临巨大困难、风险和挑战。当地按照科学处置、精准处置、安全处置的原则，通过采取封堵泄漏点、筑坝拦截、絮凝沉降等措施，全力实施依吉密河控制、呼兰河清洁两大工程，克服重重困难，实现了"不让超标污水进入松花江"的应急目标，事件得到妥善处置。

2. 区域概况

伊春市位于黑龙江省东北部，下辖伊美、乌翠、友好、金林4个区，嘉荫、汤旺、丰林、南岔、大箐山5个县，以及铁力市。伊春市有大小河流700余条，分属黑龙江和松花江两个水系，其中松花江水系有汤旺河、呼兰河和巴兰河3个流域。全市已发现矿产有煤、铁、铜、铅、锌、钼、钨、锡、锑、金、银、水泥用大理岩、饰面用花岗岩等 45 种。已探明矿产资源储量的有 36 种，开发利用的有 17 种，其中金、钼、铁、铅、锌、水泥用大理岩等为优势矿种。

绥化市位于黑龙江省中部，松嫩平原的呼兰河流域，地处世界公认的黄金玉米带、奶牛带、优质非转基因大豆生产带和世界现存三大黑土带之一的松辽流域黑土带的核心区，拥有寒地黑土及其生态化的丰富物产，被授予"中国寒地黑土特色农业物产之乡"称号。绥化市下辖北林区，兰西、庆安、绥棱、望奎、明水、青冈 6 个县，肇东、安达、海伦 3 个县级市。绥化市境内河流密布，水系发达，共有河流 330 余条，河流总长约 8 092 km，均属松花江水系。

铁力市是伊春市唯一的县级市，位于黑龙江省中心部位，东枕小兴安岭群山，西接松嫩平原。铁力市境内有呼兰河、巴兰河两大水系，有大小河流 30 余条，统属松花江水系，河流年径流量为 22.46 亿 m³，是省内丰水区。其中，呼兰河是境内最长的河流，境内河长 80 km，主要支流有依吉密河、安邦河和小呼兰河。铁力市境内矿藏丰富，主要矿种包括铁、铜、铅、锌、钼、镉、镓、铟、锗、石墨、大理岩、白云岩、砂金等 15 种。

3. 流域概况

松花江是我国七大河流之一，是中俄界河黑龙江在中国境内的最大支流。松花江（图 6-1）流经吉林、黑龙江两省。流域面积约为 55.72 万 km²，涵盖黑龙江、吉林、辽宁、内蒙古，年径流量为 762 亿 m³。松花江有南北两源，北源为嫩江，发源于大兴安岭伊勒呼里山；南源为第二松花江，发源于长白山天池。

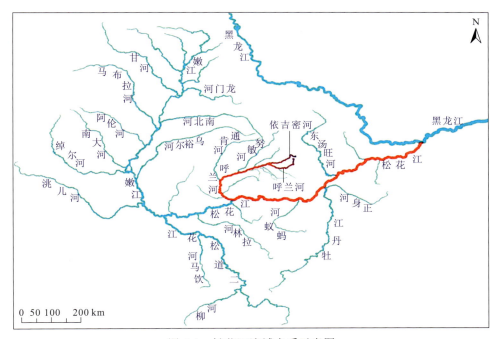

图 6-1　松花江流域水系示意图

呼兰河为松花江左岸一级支流，发源于小兴安岭，上游克音河、努敏河等支流汇合后称呼兰河。呼兰河流经铁力、庆安、绥化、望奎、兰西、呼兰6个市（县），在呼兰区南部的张家店附近汇入松花江，全长523 km，流域面积为3.1万km²。呼兰河流域内大部分地区无霜期较长，积温较高，土层深厚，黑土广泛分布，是黑龙江省内开发较早、最富饶的农业地带，重点商品粮基地之一。

依吉密河为松花江二级支流，发源于小兴安岭，是伊春市铁力市与绥化市庆安县的界河，在庆安县庆丰村注入呼兰河，全长103 km，流域面积为1 777 km²。依吉密河上中游多为林区，产红松、白桦等木材，下游为农业区，产小麦、玉米、水稻等。依吉密河有铁力市第一水厂水源地。

4. 企业概况

伊春鹿鸣矿业有限公司成立于2006年8月2日，2016年4月6日正式投产，是集钼矿采矿、选矿于一体的大型有色金属矿山企业，为中铁资源集团有限公司（中国中铁股份有限公司全资子公司）的控股子公司。鹿鸣矿业位于铁力市林业局鹿鸣林场事业区内，矿区面积为4.6 km²，属黑龙江省伊春市铁力市管辖。采矿作业采用露天开采方式，设计生产规模为1 500万t/a，年产钼精矿2.25万t，年排放尾矿约1 497.75万t。配套建设山谷型尾矿库1座。

1）尾矿库基本情况

鹿鸣矿业尾矿库位于其选矿厂东侧1 km处，周边为小兴安岭林区，下游距依吉密河5 km，依吉密河流经115 km汇入呼兰河，呼兰河流经295 km汇入松花江（图6-2）。

图6-2　鹿鸣矿业尾矿库地理位置及下游河流示意图

该尾矿库（图6-3）为二等库，采用上游式筑坝法，由相邻的两条支沟组成，支沟沟口处分别建有1座初期坝，均为透水堆石坝。初期坝坝顶标高440 m，坝高分别为 38 m、37 m。尾矿库堆积坝最终设计标高 600 m，总坝高 198 m，总库容 4.29 亿 m³。事发时总坝高 71 m，堆存尾矿 6 400 万 m³。

图 6-3　事发时尾矿库无人机拍摄照片

2）尾矿库排水（洪）系统

尾矿库排水（洪）系统（图 6-4）为排水井（钢筋混凝土框架式井架+拱板+竖井）-隧洞（支隧洞+主隧洞）型式，由 13 座钢筋混凝土框架式排水井，1 条长 1 985 m 的主隧洞（直墙圆拱结构，净断面 $b \times h = 3.0 \text{ m} \times 3.5 \text{ m}$，其中，$b$ 为隧洞宽度，h 为隧洞高度），10 条支隧洞（直墙圆拱结构，净断面 $b \times h = 1.5 \text{ m} \times 2.0 \text{ m}$），1 条长 350 m 钢筋混凝土排水涵管（内径 $D = 2.0 \text{ m}$）构成。

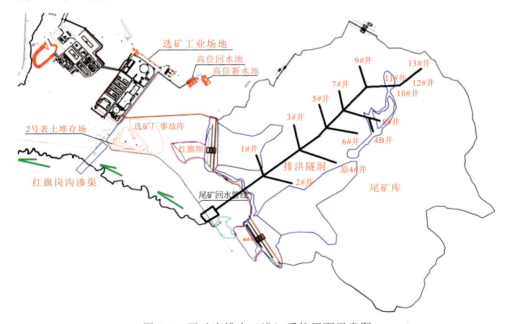

图 6-4　尾矿库排水（洪）系统平面示意图

3）尾矿库回水系统

尾矿库 II 库区初期坝西北侧建有回水池和回水泵站。回水池底标高约 450 m，高位回水池顶标高 454 m，回水管路总长约 3 km。回水泵共 3 台，2 用 1 备，回水管埋地铺设。回水池容积约为 1 000 m³，池体为钢筋混凝土，采用防渗水泥和防渗涂料进行防渗。

4）尾矿库 4 号排水井

事故点尾矿库 4 号排水井位于 II 库区西侧中部岸坡，为 II 库区第 2 座运行的排水井，在 II 库区 2 号排水井运行结束后与 I 库区 3 号排水井同时启用，启用时间为 2018年 6 月 6 日。4 号排水井为圆形框架式钢筋混凝土结构（图 6-5），由现浇钢筋混凝土基础和井架及预制的钢筋混凝土拱板组成。基础为圆形钢筋混凝土竖井的井口，井口顶部至井底深度为 22 m，竖井下部与排水支隧洞连接。排水井井架底标高 455 m，顶标高 476 m，井高 21 m。井架由 6 个尺寸相同且对称布置的立柱和 7 层圈梁构成，两层圈梁之间间隔 3 m。

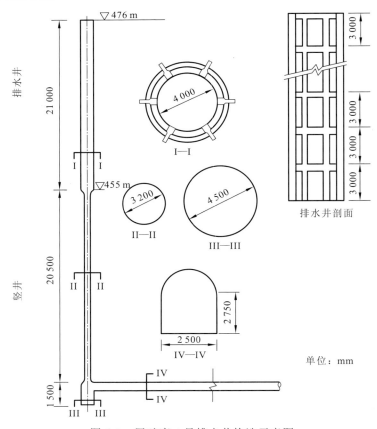

图 6-5　尾矿库 4 号排水井构造示意图

2020 年 3 月 27 日，II 库区尾矿坝坝顶标高 473 m，坝高 71 m，堆积坝堆高 33 m；库区干滩长 350～400 m，实测水位 468.63 m，4 号排水井框架淹没高度为 13.63 m。II

库区采用浮船回水，排水井处于挡水状态。

6.1.2　特征污染物

此次事件的特征污染物为钼，英文 Molybdenum，元素符号 Mo。钼是一种金属元素，原子序数为 42，是 VIB 族金属。金属钼为银白色，密度为 10.2 g/cm³，熔点为 2 620 ℃，沸点为 5 560 ℃，硬而坚韧，熔点高、热传导率高，化学性质相对稳定，常温下可稳定存在于空气或水中。钼具有高强度、耐腐蚀、耐磨损等优点，被广泛应用于钢铁、石油、化工、电气和电子技术、医药和农业等领域。辉钼矿是提炼钼的最主要矿物原料。由于钼矿中的钼含量较低，在钼的采选过程中会产生大量尾矿。

钼是人体及动植物必需的微量元素，人和动物机体对钼均有较强的内稳定机制，经口摄入钼化物不易引起中毒。摄入过量时，会产生一些不良影响，如因产生过多尿酸而导致痛风症、生长发育迟缓、体重下降、毛发脱落、动脉硬化、结缔组织变性及皮肤病等。

《地表水环境质量标准》（GB 3838—2002）中"集中式生活饮用水地表水源地特定项目标准限值"中规定，钼浓度限值为 0.07 mg/L。

6.2　应急处置技术

6.2.1　研发降浊除钼组合工艺

1. 常规混凝沉淀工艺遭遇瓶颈

混凝沉淀是常见的水处理工艺，也是近年来在重金属水污染事件应急处置中成熟有效的处理技术。通过投加混凝剂，使水中的颗粒物或溶解物发生电中和，失去稳定性，凝聚成絮体沉淀，实现固液分离，达到净水目的。常用的混凝剂包括无机高分子聚氯化铝、聚合硫酸铁等，为使混凝沉淀效果更好，可以加入聚丙烯酰胺等助凝剂，加快絮体的形成与沉降。不同混凝剂适用的重金属种类有所不同，最佳的除钼混凝剂为聚合硫酸铁，絮体生长快、体积大，吸附效果明显。2017 年河南栾川钼污染事件，应急处置中使用的药剂即为聚合硫酸铁，对钼具有较好的去除效果。

2020 年 3 月 30 日晚，专家组利用便携式环境应急实验箱连夜开展除钼试验。试验初期，受污水团浊度高的影响，采用聚合硫酸铁混凝在前、聚丙烯酰胺助凝在后的常规混凝工艺，不仅沉砂效果不佳，而且药剂投加量需达到 500 mg/L 甚至更高时才有一定的除钼效果（图 6-6），采用其他混凝剂如聚氯化铝等效果更差。经分析，由于此次尾矿库泄漏是由排水井倒塌造成的，泄漏点位于尾矿库底部，污水团的尾矿砂含量高且颗粒细。依吉密河受污染河水浊度超过 1 万 NTU（散射浊度单位，与水中悬浮物含量、大小、形状及折射系数有关），颗粒极细，约为 200 目，难以自然沉降。在其他突发环境事件中多次运用、效果良好的常规混凝沉淀工艺遇到了处置瓶颈。

图 6-6　尾矿砂常规絮凝工艺处置效果照片

2. 新组合混凝工艺研发

由于此次事件砂水混合物具有"胶体"较为稳定的性质，要获得砂水共治的效果，应当先使胶体脱稳。2020 年 3 月 31 日 4 时，在处置工艺研发陷入僵局之际，专家组尝试打破常规，将助凝剂聚丙烯酰胺前置，先降低河水浊度，再用聚合硫酸铁除钼。经过试验，该方法不仅能大幅降低投药量，还实现砂水共治，使悬浮物、钼污染物同步去除，钼去除率达到 90% 以上（处置效果照片如图 6-7 和图 6-8 所示）。在此基础上，为实现精准、科学用药，专家组对聚丙烯酰胺和聚合硫酸铁的投加工艺参数进行了大量试验研究，最终确定了聚丙烯酰胺降浊和聚合硫酸铁除钼的组合工艺路线及其最佳工艺参数。该处理工艺有效解决了此次事件中受污染河水尾矿砂含量高、沉降慢的难题，实现了尾矿砂和溶解态钼的协同去除。

（a）　　　　　　　　　　　　　　　　　　（b）

图 6-7　单独投加聚合硫酸铁（a）与先投加聚丙烯酰胺降浊后
投加聚合硫酸铁除钼（b）的处置效果照片

原水　　　　加聚合硫酸铁后　　　　稀释加药后

图 6-8　混凝处理工艺对比照片

3. 新工艺路线的验证

在专家组加紧进行尾矿砂水混凝处置技术工艺攻关的同时，围绕如何经济有效地进行河流大规模尾矿砂水的应急处置，如何尽快实施工程截污控污，工作组、指挥部、地方人民政府和专家组等各方进行了深入研讨。

经现场调研，鹿鸣矿业在生产中对尾矿砂的浓缩处置同样采用聚丙烯酰胺降浊工艺，与专家组研发的处置技术工艺有相同之处，且应急处置工艺所用药剂均为自来水处理常用药剂，说明技术工艺安全可行。最终，经指挥部研究决定，选定"聚丙烯酰胺降浊+聚合硫酸铁除钼"的组合混凝处置技术路线，混凝组合工艺处理尾矿砂效果照片如图 6-9 所示。

图 6-9　混凝组合工艺处理尾矿砂效果照片

6.2.2　制订河道削污工程技术方案

2020 年 3 月 30 日，污水团钼浓度峰值位于依吉密河创业断面（事发地下游约54 km）附近，指挥部根据专家组建议，决定在依吉密河原本用于拦截污水团的 1 号、2 号坝实施投药除钼，其中 1 号坝投加聚丙烯酰胺溶液降浊，2 号坝投加聚合硫酸铁除钼。1 号坝和 2 号坝作为降浊除钼技术方案率先建设运行的工程设施，为此次事件应急技术路线的探索、工程方案的制订奠定了基础，对依吉密河浊度和钼污染负荷的削减发挥了重要作用。

监测发现，尽管依吉密河 1 号坝、2 号坝发挥了一定的控污作用，但依吉密河水质改善不明显。经分析主要原因有：第一，依吉密河污水团浊度和钼浓度都很高，对药量精准投加要求很高，而且初期投药时工艺尚在摸索完善中，存在投加药量不足的问题；第二，原计划利用 1 号坝旁的林地存储 300 万 m³ 污水，因该林地低洼处与依吉密河河道连通，导致大量污水未经聚丙烯酰胺降浊处理再次进入依吉密河，使 2 号坝来水浊度一直未能降低，影响了聚合硫酸铁除钼效果；第三，污水团流速快，1 号坝、2 号坝距离依吉密河入呼兰河约 20 km，河道内布满了尚未处置的尾矿砂水。由于 1 号坝、2 号坝投药的效果难以显现，尾矿砂水还在继续向呼兰河扩散。虽然呼兰河水量大，具有稀释作用，但超标的污水团水量巨大，处置难度高，因此必须尽快将污水团控制在依吉密河内。基于上述情况，专家组制订了此次事件环境应急技术方案，于 4 月 2 日 6 时提交指挥部。建议将依吉密河投药点下移，利用距依吉密河入呼兰河河口 6 km 处的东兴渠首水闸投加聚丙烯酰胺溶液降浊，同时在距依吉密河河口 2 km 处修建 3 号坝投加聚合硫酸铁除钼，从而将污水团控制在依吉密河。

1. "两个战场、两大工程"整体方案

由于依吉密河和呼兰河污水团水质不同，依吉密河浊度高、呼兰河浊度相对较低，2020 年 4 月 2 日 22 时，指挥部提出"开辟依吉密河、呼兰河两个战场，启动依吉密河控制工程、呼兰河清洁工程"的决策。根据指挥部决策，4 月 3 日 5 时，专家组依托现有应急处置措施制订了依吉密河控制工程和呼兰河清洁工程实施方案（图 6-10）。

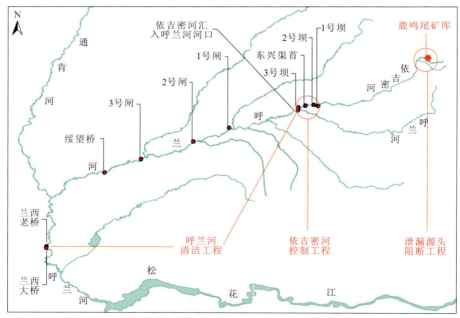

图 6-10　依吉密河控制工程、呼兰河清洁工程示意图

1）依吉密河控制工程方案

为控制依吉密河的污染水体，组织建设了 1 号坝、2 号坝和 3 号坝，并利用东兴渠首闸坝，采用两级"聚丙烯酰胺降浊 + 聚合硫酸铁除钼"组合工艺（图 6-11 和图 6-12），最大限度拦截污水团向呼兰河迁移，降低钼污染峰值。第一级，在 1 号坝投加聚丙烯酰胺降浊，2 号坝投加聚合硫酸铁除钼；第二级，在东兴渠首投加聚丙烯酰胺降浊，3 号坝投加聚合硫酸铁除钼。2020 年 3 月 31 日 22 时，1 号坝、2 号坝开始投药，4 月 4 日 12 时 1 号坝停止投药，4 月 4 日 10 时 2 号坝停止投药。4 月 4 日 8 时，在东兴渠首开始投加聚丙烯酰胺降浊，6 月 11 日 6 时停止投药。3 号坝投药点于 4 月 3 日 4 时建成，4 月 4 日 10 时开始投药，4 月 18 日 18 时停止投药。

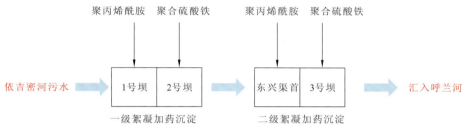

图 6-11　依吉密河控制工程工艺路线

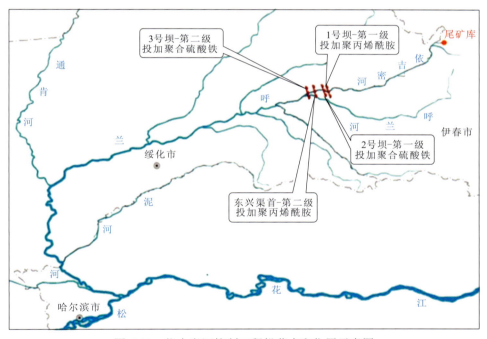

图 6-12　依吉密河控制工程投药点和位置示意图

由于药剂供应较为紧张，且依吉密河第二级处置效果明显，根据专家组建议，停止 1 号坝、2 号坝的投药工作，集中在东兴渠首和 3 号坝进行投药，即由原来的两级投药改为一级投药。依吉密河控制工程的实施，切断了依吉密河入呼兰河的污染传输通道，为呼兰河净化水质创造了条件。

2）呼兰河清洁工程方案

通过依吉密河控制工程的实施，污水团中的尾矿砂等污染物大部分被控制、截留在依吉密河，依吉密河—呼兰河污染带传输通道被斩断。此时，呼兰河水中尾矿砂浓度远远低于依吉密河，考虑到聚丙烯酰胺溶液供应量仅能满足依吉密河投加使用，征求专家组意见后，针对已经进入呼兰河的长约 160 km、钼浓度最高超标 9 倍的污水团，指挥部决定利用呼兰河现有水闸和临时修筑的拦截坝实施清洁工程（图 6-13 和图 6-14），通过投加聚合硫酸铁，多级混凝除钼削峰，同时利用下游通肯河、泥河水库调水稀释能力，实现呼兰河水质达标。

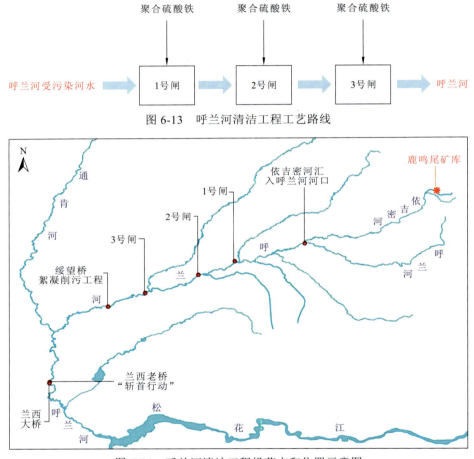

图 6-13　呼兰河清洁工程工艺路线

图 6-14　呼兰河清洁工程投药点和位置示意图

2. 再次优化两大工程方案

2020 年 4 月 6 日，指挥部召开应急会商工作会议，根据事故应急工作进展需要，在 4 月 3 日制订的依吉密河控制工程方案和呼兰河清洁工程方案基础上，对依吉密河 3 号坝、呼兰河 1～3 号闸絮凝工程进行优化调整，并确定在下游增加绥望桥和兰西老桥絮凝削污工程。

（1）绥望桥絮凝削污工程方案。根据原定计划，经呼兰河 3 座闸絮凝工程之后，污水团钼浓度将降至超标 1 倍左右。通肯河汇入后，呼兰河下游流量将增大 1 倍多，可实现水质达标。然而，4 月 5 日夜间气温骤降，絮凝效果迅速降低，下游流量急剧下降，未能实现原定计划。加上泥河水库因水量不足，无法调水稀释，应急形势陡然严峻。4 月 6 日，指挥部决定在绥望桥增设投药点，除绥望桥本身设为投药点之外，在绥望桥下游 500 m 处构筑土石拦截坝，在汇流口集中投药。4 月 6 日 18 时，绥望桥絮凝削污工程正式启动。

（2）兰西老桥絮凝削污工程方案。经过呼兰河 1 号闸、2 号闸、3 号闸和绥望桥絮凝削污工程，依吉密河入呼兰河河口至绥望桥 140 km 河段水质达标。但绥望桥絮凝削污工程因夜间电力故障停药 4 h，导致部分超标近 2 倍、长约 10 km 的污水团未经处置向呼兰河下游奔去。受通肯河补水流量急剧下降的影响，超标污水团无法通过稀释达标。4 月 7 日，指挥部决定启动兰西老桥絮凝削污工程（又称"斩首行动"），作为呼兰河清洁工程的最后一道关口，达到水质全面净化达标的目的，确保将污染控制在呼兰河范围内，不让超标水体进入松花江。

庆安桥断面（1 号闸上游）至兰西老桥下游 10 km 的监测结果显示，4 月 1 日 20 时庆安桥断面开始超标，经过 1 号闸、2 号闸、3 号闸、绥望桥絮凝削污工程后，污水团峰值总体呈下降趋势。污水团经过兰西老桥投药点后，下游水体钼浓度稳定达标。通过依吉密河控制工程、呼兰河清洁工程，受污染河段中特征污染物钼浓度由最高超标 9 倍降至标准值以内，呼兰河河道全线基本复清（图 6-15）。

图 6-15　呼兰河水全线基本复清照片

6.3　环境应急监测

环境应急监测是环境污染事件应急处置中不可或缺的基础工作，有效的应急监测可为应急处置赢得宝贵时间、控制污染范围、减少善后损失。本次应急监测紧紧围绕"不让超标污水进入松花江"的目标，按照"切两头、控中间、抓峰值、勘态势"的工作思路，及时制订调整应急监测方案，调集监测力量，统一监测规范，全力做好应急监测工作，为实施依吉密河控制工程和呼兰河清洁工程提供重要决策依据。

6.3.1 应急监测方案

应急监测方案是应急监测实施的依据，制订科学、有效的监测方案，可以在达到既定工作目标的前提下，节省大量的人力物力。根据处置进展，应急监测方案的制订可分为应急初期、两大工程实施期、"斩首行动"实施期和跟踪监测 4 个阶段，主要内容包括监测指标、监测方法、评价标准、监测断面和频次、质量控制等。此次应急监测主要特征污染物为钼，先后 9 次优化调整监测方案，共布设 30 余个监测断面，为科学实施应急监测奠定了基础。

1. 监测指标

事件发生后，经综合分析鹿鸣矿业生产工艺、矿渣和伴生矿特点及浮选剂使用情况，对尾矿库内存留及泄漏尾矿进行比对检测，并考虑到呼兰河、依吉密河的本底情况，确定主要特征污染物为钼。在此基础上，为保证水环境质量，确保不漏下一项污染物，选取创业断面（尾矿库下游约 54 km）、依吉密河水源地、绥化水源地等 3 个代表性监测断面，开展《地表水环境质量标准》（GB 3838—2002）109 项指标全分析，排除了其他指标污染的可能。

2. 监测方法

此次事件泄漏的尾矿中含有大量细小的尾矿砂颗粒（直径 200 目以下，在水中不易沉降），浊度很高。监测方法的选择主要考虑两个方面：一方面通过比较筛选了简便快速的前处理方法，在消除悬浮物干扰的同时保证监测结果的准确性；另一方面充分利用现场可以调配的仪器资源，选择合适的监测方法，保证快速形成大批量检测能力。

1）前处理方法

高精度监测仪器对样品的浊度有较高的要求，样品浊度高可能会堵塞仪器，影响工作开展。受污染河水为泥浆状，必须进行前处理才能用原子吸收光谱仪、电感耦合等离子体质谱仪（inductively coupled plasma-mass spectrometry，ICP-MS）等设备进行分析。标准分析方法的前处理方法为过滤，但由于悬浮物浓度过高，过滤阻力很大，样品前处理效率低。经反复研究，尝试了离心、抽滤和先离心后抽滤三种前处理方法，最终确定采用离心前处理方法，离心后取上清液进行分析，在满足标准方法前处理要求的前提下，尽可能提高工作效率。

2）监测方法

应急监测要求快速及时、准确可靠，此次事件针对钼的测定共采用 3 种样品分析方法，包括原子吸收分光光度法和电感耦合等离子体质谱法 2 种标准分析方法和 1 种现场快速监测方法，监测结果的准确度和精密度均满足应急现场需要。此外，搭配使用无人机航测等技术手段，监控污水团位置。

（1）原子吸收分析方法。采用《水质 钼和钛的测定 石墨炉原子吸收分光光度法》（HJ 807—2016），该方法钼元素检出限为 0.000 6 mg/L，测定下限为 0.002 4 mg/L，使用的仪器是石墨炉原子吸收分光光度计，从进样到出具检测数据需 20 min 左右。方法原理为，样品经过滤后注入石墨炉原子化器中，经干燥、灰化和原子化，成为基态原子蒸汽，对元素空心阴极灯或无极放电灯发射的特征谱线产生选择性吸收，在一定浓度范围内，其吸光度与元素的质量浓度成正比。该方法灵敏度高，试样用量少，但测定速度较 ICP-MS 慢，测定精密度较低。

（2）电感耦合等离子体质谱分析方法。采用《水质 65 种元素的测定 电感耦合等离子体质谱法》（HJ 700—2014），该方法钼元素检出限为 0.000 06 mg/L，测定下限为 0.000 24 mg/L，使用的仪器是实验室和车载 ICP-MS，从进样到出具检测数据需 2 min 左右。方法原理为，水样经预处理后，样品由载气带入雾化系统进行雾化后，以气溶胶形式进入等离子体轴向通道，在高温和稀有气体中被充分蒸发、解离、原子化和电离，转化成带正电荷的正离子，经离子采集系统进入质谱仪，质谱仪根据离子的质荷比进行分离并定性、定量分析。在一定浓度范围内，信号响应值与浓度成正比。ICP-MS 检出限低，具有痕量检测能力，准确度高、定性准确，但操作相对复杂，使用条件要求较高。现场对近百个水样比对的结果表明，相对偏差均在 ±10% 之内，符合规范。

（3）现场快速监测方法。采用《水质 钼的测定 现场快速监测分光光度法（试行）》（总站应急字〔2021〕230 号），为中国环境监测总站推荐使用的应急监测方法。该方法钼元素的检出限为 0.05 mg/L，测定下限为 0.20 mg/L，使用的仪器是便携式钼检测仪，从进样到出具检测数据需 8 min 左右。方法原理为，钼在弱酸性条件下与二羟基苯二磺酸盐反应生成黄色络合物，显色反应与钼在溶液中的浓度成正比，在特定波长下进行检测。便携式钼检测仪操作简单，可现场直接读取数据，但检出限较高，适用于高浓度污水现场应急监测。为确保监测数据准确、可靠，开展了比对测试，比对结果表明，该方法相对偏差符合规范，可用于现场受污染河水的准确分析。

（4）无人机航测。采用无人机航测技术，协助追踪污水团的位置。尾矿进入河道，导致水体悬浮物浓度升高，透明度下降，河水颜色发生明显改变。借助无人机的高空视野，既能清晰对比不同河水的颜色，从而判断污水团位置，又能加大追踪范围，提高效率。

3. 评价标准

钼为地表水非常规监测项目，我国地表水环境质量标准基本项目中未对钼指标作出规定，仅集中式生活饮用水水源地特定项目设定了钼标准限值。鉴于事件对依吉密河集中式地表水饮用水水源地造成影响，因此参照《地表水环境质量标准》（GB 3838—2002）中"集中式生活饮用水地表水源地特定项目标准限值"，将地表水钼浓度评价参考限值设定为 0.07 mg/L。

4. 监测断面及频次

为掌握污水团移动变化规律和污染峰值位置，实时监控污染物浓度变化，先后 9 次制订调整监测方案，根据污染变化和处置情况动态调整监测断面和频次，每 10～20 km 布设一个监测断面，共布设常规重点监测断面、加密监测断面（含处置效果评估监测断面）、预警监测断面 30 余个，对处置效果评估监测断面及关键断面优先开展分析，监测频次最高达 1 小时 1 次。根据事件处置进展，监测方案的调整可分为应急初期、两大工程实施期、"斩首行动"实施期和跟踪监测 4 个阶段。

应急初期（2020 年 3 月 29～30 日）。监测断面的布设主要是为了掌握事件污染范围及污染程度，同时作为对外发布信息的依据。制订了第 1～2 版监测方案，在依吉密河、呼兰河和松花江的重要饮用水源地、县界、市界，以及依吉密河入河口、呼兰河入江口共设置 13 个常规重点监控断面，每 2 小时监测 1 次。

两大工程实施期（2020 年 3 月 31 日～4 月 5 日）。污水团已进入呼兰河流域后，决定实施依吉密河控制工程和呼兰河清洁工程两大工程。监测断面的布设主要是为了紧盯污水团、分析污染物浓度变化趋势、工程控污削峰效果等。在第 2 版监测方案的基础上，制订了第 3～4 版监测方案，在呼兰河流域增设 12 个加密监测断面，其中呼兰河绥望桥上游 7 个，下游 5 个。根据污水团位置调整监测频次，最高达 1 小时 1 次。

"斩首行动"实施期（2020 年 4 月 6～18 日）。污水团抵达绥望桥断面（入呼兰河约 140 km 处）后，决定在兰西老桥实施"斩首行动"。监测断面的布设主要是为了紧盯污水团前锋位置、掌握污染峰值、评估工程处置效果、预警污水团前锋到达松花江的时间。制订了第 5～8 版监测方案，在原有监测断面的基础上，在呼兰河绥望桥下游 135 km 内共布设 14 个加密断面，紧盯污水团移动情况。在绥望桥下游 146 km、153 km 处布设 2 个预警断面（即呼兰河入松花江河口上游），预警污水团到达松花江的时间。降低达标或稳定断面的监测频次，集中主要力量，投入绥望桥下游监测工作中，监测频次最高达 1 小时 1 次。4 月 11 日呼兰河干流全线水质达标后，撤销加密监测断面，降低 13 个常规重点监测断面的监测频次至 4 小时 1 次，预警断面降至 12 小时 1 次。

跟踪监测（2020 年 4 月 11 日～2021 年 6 月），二级应急响应状态结束后，应急监测转入跟踪监测阶段。监测断面的布设主要是为了长期有效监控依吉密河、呼兰河流域污染治理成效和水环境质量状况。制订了第 9 版监测方案，在依吉密河、呼兰河、松花江干流和黑龙江干流设置 8 个监测断面，监测频次由每日 1 次逐步降低到每月 1 次。同时，根据降雨、融雪等影响，组织开展不定期监测。至 2021 年 6 月，终止监测。

6.3.2 应急监测实施

1. 监测方式

此次事件中，采用了 3 种钼分析方法，其中电感耦合等离子体质谱法检出限低，出具数据快，具有痕量检测能力，准确度、精密度最高；原子吸收分光光度法检出限较电感耦合等离子体质谱法高，出具数据相对较慢；现场快速监测方法检出限高，但出具数据速度快，操作简单。根据监测结果，特征污染物钼浓度最高超标80倍，但随着处置工程实施，污染物浓度下降较快。因此，在监测方式选择上，充分发挥石墨炉原子吸收分光光度计、实验室/车载 ICP-MS、便携式钼检测仪的优势，结合不同应急阶段对监测数据的要求，合理搭配监测方式，实现了快速及时和准确高效的统一，满足了综合分析对数据的要求。此外，利用无人机航测等技术手段监控污水团位置，与监测数据相互印证。

在应急初期，污染物浓度较高，为迅速确定特征污染物和污染范围，快速出具监测数据，主要使用便携式监测仪器和实验室/车载 ICP-MS 开展高密度监测，同时搭配无人机追踪航拍，快速定位污水团位置和浓度水平。便携式监测仪器操作方便简单、监测速度快、监测人员上手快，为后续监测方案的制订争取了时间。

在应急中后期，随着污染范围扩大和监测断面增多，充分发挥车载 ICP-MS 高机动性能优势，跟随污水团转移位置，搭建临时实验室，确保了数据时效。处置工程的实施使得部分断面污染物浓度较低，便携式监测仪器已不能满足分析要求，为确保数据准确、全面，主要使用实验室监测设备，由 ICP-MS 承担大部分的分析工作。

2. 样品采集

此次事件受影响河道长度约为 340 km，监测断面多，监测频次高，且沿途多为乡间道路，交通不便，采样工作任务艰巨。做好采样工作的组织管理尤为重要，必须保证充足的采样人员，确保采样位置准确、时间准确、操作规范、送检及时、人员安全。为此，每个监测断面配备了 3～4 组采样人员，每组配备 1 辆运输车，制订排班制度，开展 24 h 不间断采样送样。

2020 年 3 月 28 日 19 时，伊春市生态环境监测中心到达事发地现场，连夜对事发地下游依吉密河的 5 个监测断面采样。通过现场观察河水状况，初步判断污水团前锋位置。

随着污染范围扩大和监测方案调整，监测断面和监测频次骤然增加，采样和分析人员出现了严重短缺。3 月 30～31 日，组织召开监测工作会议，安排监测力量增援事宜，先后调集 383 名监测人员参与应急监测工作。特别是在污水团抵达绥望桥断面（入呼兰河约 140 km 处）后，在下游增设加密断面，临时增加了 80 余名采样人员，现场采样总人数骤增至 200 余人。为便于管理，将采样人员"两人一组"分成若干小组，每小组配备 1 台专用车辆，实行三班倒工作模式。每 4 个小组设立 1 名负责人，负责采样任务分配及采样现场沟通协调，使样品流转效率大幅提高。

污染河道沿线地理条件、气象条件等极其复杂，采样工作面临巨大挑战。4 月 1 日，在依吉密河控制工程所在地建成了曙光林场临时实验室，布设 5 个监测断面，评估工程处置效果。监测断面地处偏僻、荒无人烟、道路不通，采样人员克服严寒、路滑、通行不便等困难，采用步行接力送样的方式，保证了所有样品按时送到实验室，为客观评估工程措施实施效果提供了第一手资料。4月5日，气温骤降，雨雪交加，路滑泥泞，不但提升了采样难度，同时由于雪天路滑、高速封闭等原因，采集的水样无法按时送到实验室。为此，黑龙江省交通运输厅开辟绿色通道确保水样运输，交警昼夜指挥保障通行，并将所有采样车辆紧急调换成四驱越野车，确保了采样安全和时效。

3. 实验室监测

此次事件受污染河道长约340 km，为确保应急监测的时效性，沿呼兰河每50 km左右布设了一个实验室，共布设7个，包括3个固定实验室和4个临时实验室（图6-16）。实验室布设充分利用了受污染河道沿岸伊春市、绥化市、哈尔滨市的环境监测中心实验室，并根据污染变化和处置情况，在曙光林场、庆安县污水处理厂、绥化北林区、兰西县建立了4个临时实验室，尽可能缩短采样送样时间。每个实验室配备了3组前处理人员和分析人员，实行"三班倒"24 h值班制度，保障实验室连续运转，做到来样即测。各实验室根据监测方案统一要求，优化资源配置，统一监测规范，密切协作，在污染河道沿线形成了分析能力。

图6-16　实验室布设位置示意图

1）伊春市生态环境监测中心实验室

伊春市生态环境监测中心实验室是距离鹿鸣矿业最近的一个实验室，主要负责依吉密河监测断面样品的检测。该实验室有1台石墨炉原子吸收分光光度仪，但仪器设备老旧，药品、标液、石墨管等耗材储备量不足，缺少钼分析人员，不具备特征污染物钼监测能力。经连夜调试仪器，紧急调拨实验耗材，并从全省抽调具有钼上岗证的分析人员，实验室得以正常运转。3月29日出具了特征污染物钼的第一个监测数据。

2）绥化市生态环境监测中心实验室

绥化市生态环境监测中心实验室虽然配备了 1 台 ICP-MS，但是由于例行监测和日常业务中不涉及钼的分析，需开展仪器调试、标准物质测定等前期工作。在监测组现场指导、仪器设备厂家工程师远程视频指导下，紧急调试 ICP-MS，并选择有大型仪器分析经验的技术人员专职开展 ICP-MS 分析工作，形成了大批量样品检测能力。随着样品数量激增，所需耗材、药品出现严重不足，多次紧急联系国内外供应商供货补充到实验室，满足了分析需求。实验室实行 24 h 连续运转，保证样品到实验室可以及时分析。

3）哈尔滨市生态环境监测中心实验室

哈尔滨市生态环境监测中心实验室是受污染河道沿线的最后一个实验室，主要负责哈尔滨市市内监测断面的分析工作，使用 ICP-MS 仪器，经调试后于 4 月 3 日 8 时起正常运转。

4）临时实验室

此次应急监测除了开展固定实验室监测，还充分发挥了移动实验室和便携式监测设备灵活、机动的优势。事件发生后，紧急调集了 2 台车载 ICP-MS，根据污水团变化情况，转移监测地点，搭配便携式监测设备，就地采样、分析，快速监测污染物浓度。综合考虑监测需求、采样时效、实验条件、电力供应等，先后在曙光林场、庆安县污水处理厂、北林区连岗乡和兰西县临江镇搭建了 4 个临时实验室，其中 1 台车载 ICP-MS 的转移路线为曙光林场－绥化市兰西县临江镇，另一台车载 ICP-MS 的转移路线为庆安县污水处理厂－绥化市北林区连岗乡，采取就近送样分析的原则，提高监测数据的时效性（图 6-17）。

图 6-17　临时实验室迁移示意图

（1）曙光林场临时实验室。2020 年 4 月 1 日起，依吉密河开始实施污染控制工程，并在依吉密河下游的曙光林场开展第一次作业，建设 3 道拦截坝。为保障污染控制工程效果得到及时监测，在拦截坝上下游设置了 5 个加密监测断面，紧盯污水团的同时，及时评估处置效果。

该地距离最近的伊春市生态环境监测中心实验室和绥化市生态环境监测中心实验室均超过 100 km，为及时开展监测，紧急抽调监测人员成立机动工作组，携带 1 台车载 ICP-MS 和便携式钼检测仪前往曙光林场。抵达后迅速搭建临时实验室，同时组织伊春市、铁力市及其他地市监测人员，制订详细的分组计划和样品采集工作方案，保证了每 2 小时 1 次的监测频率，为客观评价工程措施效果提供了第一手资料。

（2）庆安县污水处理厂实验室。4 月 3 日，庆安县污水处理厂实验室在车载 ICP-MS 到达并完成调试后，即形成了钼监测能力，主要负责附近常规监测断面和处置措施效果评价断面的监测。

（3）北林区连岗乡和兰西县临时实验室。4 月 6 日，污水团到达绥望桥断面，当日 18 时启动工程措施，兰西老桥"斩首行动"即将实施。为及时定位污水团峰值位置，分析污水团前锋到达兰西老桥的时间，在绥望桥下游布设 14 个加密断面。随着污水团下移，曙光林场临时实验室监测人员携车载 ICP-MS 和便携式监测设备连夜转战，赶赴绥化市兰西县临江镇（兰西老桥上游 20 km），负责绥望桥下游 70 km、83 km 处等 5 个监测断面的监测。4 月 7 日 3 时，在兰西县临江镇完成第一个车载 ICP-MS 移动实验室搭建、监测队伍集结和监测断面现场踏查，5 时即开始报送数据。

4 月 6 日，污染河道上游治理取得一定成果，经统筹考虑，将庆安县污水处理厂的车载 ICP-MS 转移至北林区连岗乡（兰西老桥上游 50 km）支援，保证充足的分析能力投入。

随着处置工程实施，污染物浓度下降较快，便携式监测设备的灵敏度已经无法满足监测工作需要，分析测试工作完全依托车载 ICP-MS 开展。为保证 1 小时 1 次的监测频次，既要确保样品采集和流转顺畅有序，也要保证仪器设备稳定高效运转。样品采集方面，调集了社会化检测机构的 21 名采样人员支援，在地方生态环境部门的配合下，在采样现场搭建临时帐篷，排定值班顺序，确保准时准点采集样品，调集了 10 余台大型农用机械确保样品顺利流转上公路。实验室分析方面，制订了样品检测顺序和流程，建立了时效性和质量控制的双重标准要求。同时，制订了严格的采样、交接、前处理和仪器分析流程，做到步步有监督、处处有留痕、时时有对接，为"斩首行动"提供了精准的技术支撑。

4. 无人机航测

借助无人机航测高空视野的技术优势，组建了无人机技术团队，协助追踪污水团的位置。无人机航测工作围绕应急工作目标，分时段、分组次在依吉密河、呼兰河现场执行飞行任务，连续野外工作 21 天，飞行 100 余架次，飞行距离约 360 km，获取约 1 000 km^2 无人机正射测绘影像资料。

2020年3月29日傍晚，无人机团队到达现场后，连夜制订了无人机应急航测方案。结合多年飞行经验，充分挖掘无人机技术在航测与航摄方面的功能用途，将无人机技术在环境应急领域进行了大胆实践。无人机航测力量兵分三路，第一组驻扎在现场应急指挥部，负责现场信息调度、汇总。第二组是固定翼无人机航测队伍，固定翼无人机速度快，但不能精准悬停，重点锚定事发地开展生态环境损害证据锁定航测工作。第三组是旋翼无人机航测队伍，旋翼无人机机动性强，可以精准悬停，实时跟踪污水团前锋走向。

无人机航测队伍根据应急监测数据和卫星遥感数据，结合受污染河道地势、水文、冰雪消融等因素综合研判，预测第二天污水团前锋位置，提前制定飞行路线。利用无人机航拍受污染河道，获取污染物扩散范围影像，发挥了"哨兵"和"记录员"的作用。无人机航测不断提升与环境监测协同配合，共同研究制作污水团跟踪走向图，为现场处置和生态环境损害评估提供手段保障和资料积累。

5. 质量控制

应急监测数据是否真实准确，事关应急处置成败。此次事件河道长、监测断面多、监测频次高，为保证监测数据的质量，严格执行《突发环境事件应急监测技术规范》质量控制，提出了"三统一"工作要求，即统一采样规范，统一分析方法，统一数据分析方法。此外，开展了监测方法间的适用性比对，建立了实验室监督员制度，实现了监测全过程质量控制和监督。

在环境监测工作中，采样是极其重要的一环，采集具有真实性和代表性的样品，决定水质监测和分析结果的质量。为此，统一了采样规范，要求采样人员使用经纬相机记录采样位置、时间、现场信息等，严格执行采样质量控制要求，防止样品在采集和运输过程中被污染。运输中采取必要的防震、防雨、防尘、防爆等措施，保证人员和样品的安全，确保样品从采集、保存、运输、分析到处置的全过程都有记录，样品管理处在受控状态。

现场快速监测严格执行质量保证及质量控制要求，各实验室分析人员严格按照分析仪器的操作规程进行操作，质控措施齐全，从监测数据质量保证方面做到了严谨和规范。

由于此次应急监测采用了多种分析方法，为保证各实验室监测数据可比，开展了电感耦合等离子体质谱法、原子吸收分光光度法、现场快速监测方法比对测试，并采取空白实验、质控样品、平行样品等方式对三种方法进行质量控制。比对结果显示三种分析方法均能够满足应急监测要求。

实行驻实验室监督员制度，建立从进样、分析到数据审核全过程的质量监督（图 6-18）。安排专人担任实验室监督员，对呼兰河沿线的实验室实施现场监督，对样品前处理、样品分析、异常数据审核、数据报送等进行全过程把关，保证了数据质量。针对应急监测初期"监测断面、频次增加后数据上报不及时"等问题，监督员及时查找原因，提出解决方案，全面梳理采样、交接、前处理、分析、数据上报等关键环节，采取3项具体措施：一是提升样品流转效率，统一样品标签，规范样品交接、内部流转等环节的交接记录及流转单；二是提升数据上报效率，按照"急用急报"原则，优化分析次序，"重点断面、重点项目"保证优先前处理、优先分析，缩短核心数据产出时长；三是全面捋顺工作流程，进一步梳理完善监测全链条工作流程，保证样品交接、流转、分析、数据上报等工作高效运转。

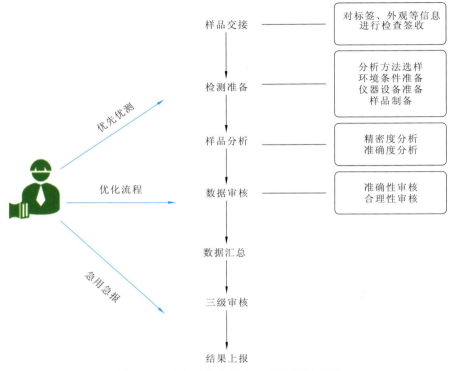

图 6-18　驻实验室监督员管理流程示意图

6. 监 测 报 告

应急监测报告用于向指挥部报送监测工作最新情况，主要内容包括事件基本情况、监测工作开展情况、监测结论及建议等部分，时效性要求较高。此次应急监测过程中，统一了数据分析方法和监测报告格式，在出具最新监测数据的同时，分析污水团的位置、长度等，预测污染扩散趋势。至 2020 年 4 月 11 日，出具 1.5 万余个监测数据，绘制 1 500 余张图表，形成 39 期监测分析报告，为应急处置和事件调查提供了数据支撑。

1）污染分析

此次应急监测过程中，在快出数、出准数的基础上，进一步强化了数据分析，让数据说话，变成决策参考和依据。为提供更加及时、清晰的监测数据，建立了监测数据的综合分析模式，不仅给出最新的断面监测数据，而且绘制各监测断面时间变化趋势图、沿程空间变化趋势图，分析污水团前锋位置、污水团长度、污染峰值、预测关键断面污水团前锋到达时间等，为应急处置赢得主动。此外，绘制处置工程上下游监测结果对比图，从而更直观地显示各断面污染态势变化和投药降污效果。

采用时空变化趋势法、峰值时间归一法和时间滚动-数据耦合等多种监测数据分析方法，预测下游断面污染物浓度和持续时间，相互印证预测结果的准确性，实现数据分析与态势研判相结合。通过对数据综合分析研判，精准把握了污水团移动轨迹和污染物衰减规律，准确预测污水团到达和持续时间，在呼兰河清洁工程和兰西老桥"斩首行动"中提出关键建议，为实施精准投药、确保处置工程实施效果等提供了重要支撑。

在呼兰河清洁工程实施过程中，通过数据分析发现，呼兰河3号闸下游污水团虽然峰值降低、长度减小，但污水团及峰值位置已向下游绥望桥断面移动，污水团尚未被完全清除，因此提出了调整呼兰河清洁工程位置的建议，将2号闸投药点移至绥望桥，及时有效地控制污水团对呼兰下游的影响。

在兰西老桥"斩首行动"中，通过分析研判，预计4月9日18时污水团到达兰西老桥，为测算投药量、投药时间，保证将污染拦截在最后一项处置工程上游提供重要支撑，使"斩首行动"顺利完成。

2）污染过程

应急监测报告记录了事件污染过程，是后期事件调查的依据。事件发生后，及时组织对事故发生地开展应急监测，特征污染物钼浓度最高超标80倍。2020年3月29日18时，依吉密河入呼兰河交汇口下游10 km处（距离事发点125 km）出现钼浓度超标，至4月6日5时达标，其间最高超标约9倍。4月10日10时，距离事发点340 km处兰西老桥出现钼浓度超标，其间最高超标0.14倍。兰西老桥下游未出现钼浓度超标。4月11日3时，依吉密河、呼兰河全线稳定达标。

3）时效性保障

应急监测报告时效性要求较高，为提供更加及时、清晰的监测数据，报告编制小组细化分工，将工作具体到人，分别负责数据审核整理、图表绘制、报告编制工作，形成了流水式工作流程，在保证数据无误的前提下，快速出具监测报告。

在收到各实验室监测数据后，按要求审核数据，发现异常数据及时与实验室反馈核实。为提高效率，将监测报告的所有图表进行优化后制成绘图模板，在保证监测报告质量的情况下，尽可能缩短从实验室检测报告到应急监测报告的转化时间。根据污染趋势图表提取信息，得出污染变化情况、污水团峰值、污水团前锋、污染趋势预测情况等有效结论，报告经三级审核及时报送，保证指挥部和污染处置专家组第一时间看到最新数据，及时分析研判污染态势，调整现场污染处置措施和参数。

7. 保障措施

监测力量是否到位，成为应急监测工作能否快速开展的关键。面对监测人员和物资紧缺的问题，以"宁可备而不用，不能用时不备"为原则，调集监测力量，充分保障人员、车辆、设备和试剂。共调集监测系统、社会化检测机构、仪器厂家等 20 家单位的 110 台车辆、50 余台（套）设备、383 名监测人员，持续支援应急监测工作。

（1）人员和车辆保障。事件发生后，中国环境监测总站、松辽流域生态环境监督管理局等单位的环境监测领域专家赶赴现场指导地方开展应急监测工作，结合现场勘查、污染态势研判情况，动态调整监测方案。黑龙江省生态环境监测中心接到通知后，向伊春市、绥化市、哈尔滨市生态环境监测中心部署监测任务，携带应急监测车（图 6-19）及设备赶赴事发现场，全面调度监测力量。除监测系统内骨干力量外，积极动员社会化检测机构参与（图 6-20），有效弥补了监测力量的不足。

图 6-19　环境监测机构水质监测车

图 6-20　社会化检测机构监测力量驰援

（2）设备保障。便携式监测仪器和移动监测车在快速确定污染源方面发挥了较大的作用，除在黑龙江省内监测系统调集设备外，还调集了辽宁省大连市生态环境事务服务中心的 1 辆移动式水质应急监测车，以及社会化检测机构的若干设备。

（3）试剂保障。随着监测断面、监测频次不断增加，样品数量激增，所需耗材、试剂严重不足，现场快速监测设备使用的试剂包也严重告急。中国环境监测总站在全国范围内紧急调配试剂包，在江苏省等国内试剂包调配一空后，又从国外调集，及时投入使用。黑龙江省生态环境监测中心多次联系国内外供应商紧急供货，补充到各分析实验室,分析工作得以正常运转。

应急监测贯穿整个事件处置过程,围绕"不让超标污水进入松花江"的目标,科学制订应急监测方案,多方调集监测力量,精准定位和预测了污水团的移动轨迹和污染物浓度变化趋势,科学评估处置措施实施效果,为应急处置和决策提供了大量的数据支撑。

此次事件污染河道长,监测断面多,监测频次高,采样路途远、天气条件恶劣,采样、实验室分析和数据整理分析工作量很大。结合实际需要,对监测人员、采样规范、实验室分析、监测方法和数据分析 5 个方面进行了深入探索,创新建立了"五制式"管理模式,即"一项原则,四个结合",提高了监测时效,解决了快出数、出准数的问题。

"一项原则",即"宁可备而不用,不能用时不备"。为补充监测人员、车辆、设备缺口,除黑龙江省内监测力量外,还协调省外及社会化检测机构,持续支援伊春、绥化、哈尔滨的应急监测工作。

为科学规范提高应急监测时效和质量,提出了"四个结合"的工作模式。技术与管理相结合,统一采样规范、统一分析方法、统一数据分析,并分组管理监测人员提高工作效率。人工与智能相结合,此次应急监测采用了多种技术手段,根据不同应急阶段的需求,开展固定实验室、临时实验室、便携式监测设备等的复合监测,解决数据时效的问题,此外,利用无人机航测技术高空视野优势,协助追踪污水团位置。数据与研判相结合,采用多种数据模型综合分析,预测下游断面污染物浓度和持续时间,为指挥部决策研判提供了坚实的技术支撑。

6.4 河道削污工程

6.4.1 切断污染源头

切断污染源头是指污染物进入外环境之前进行的控制,以防止污染范围扩大。发生突发环境事件时,污染物进入外环境之后难以收集处置,处置成本高,因此在应急处置初期,在确保人民群众生命安全的基础上,应尽量采取一切有效措施切断污染源头,最大限度减少污染物进入外环境,防止污染范围进一步扩大。此次事件处置中,投入了大量人力、物力封堵泄漏点,尽可能减少尾矿外泄。

1. 准备工作

鹿鸣矿业尾矿库位于小兴安岭林区,周边无通行道路。此次事件泄漏点 4 号排水井井口处于尾矿库中间位置,距尾矿库岸坡约 60 m,周围均是砂水混合物,工作人员和机械均无法接近排水井。而且作业面有限,无法支撑大型机械实施封堵作业。

为解决上述问题,伊春市人民政府第一时间调集挖掘设备 7 台、铲车 24 辆,组织伊春市森林消防支队、伊春市消防救援支队、伊春森工集团有限责任公司、中铁九局集团有限公司、鹿鸣矿业等单位，形成约 1 200 人的抢险队伍，抢装风化岩沙约 5 000 袋，筹备调运水泥约 650 t、沙土约 2.5 万 m³，实施临时道路和作业面修筑等工作。

2020 年 3 月 29 日 12 时完成了 2 km 山路修筑工作（图 6-21），打通了运输封堵材料的线路。为解决尾矿库作业面狭窄问题，不断增加挖掘机数量，加快作业面铺填速度，3 月 30 日 4 时铺设完成 720 m² 封堵作业面，后期又增建约 2 300 m² 展开作业面，以满足大型机械施工作业条件。

图 6-21　2020 年 3 月 29 日抢险队伍修筑 2 km 山路现场照片

2. 确定方案

2020 年 3 月 30 日 7 时，通过无人机准确定位到 4 号排水井泄漏点后，向排水井内投放尾砂排放管、水泥、棉被等填充物。尾矿库主隧洞净截面宽 3.0 m、高 3.5 m，支隧洞宽 1.5 m、高 2.0 m，排水井下部竖井内径达 3.2 m，尾矿的泄漏速度非常快，投放的填充物随尾矿从排水涵管流出，未能封堵成功。

面对严峻的形势，指挥部多次调整封堵方案，最终确定采用以下方案：将土工布、棉被等打包处理后作为初期填充材料，以直径 0.6 m、长度 6.0 m 的尾矿排放涵管作为支撑材料，填充水泥、风化岩、木材、土工布等材料增加重量，再以铁笼为备用支撑体。通过无人机引导定位，向 4 号排水井投放尾矿排放涵管。最后填入水泥、砂石等填充材料。

3. 组织实施

此次封堵作业时间紧、任务重、危险性高，需结合现场情况，统筹安排施工进度、物资调配、作业安全等，消除各类作业风险。

一是尾矿库区压陷风险。4 号排水井口与岸坡有一定距离，且时值化冰期，若挖掘机和铲车等重型施工机械直接进入尾矿库区作业，可能会陷入库区。通过研判，指挥部决定在4号排水井口至岸坡的冰面上横竖铺设两层原木作为支撑，再在原木上铺垫沙土并压实，增大承载面积、减小压强，从而降低压陷风险。封堵作业面铺设完成后，大型施工机械开始进场作业（图6-22）。

图6-22　2020年3月30日伊春鹿鸣矿业尾矿库4号排水井封堵作业现场照片

二是尾矿库塌陷风险。因4号排水井口不断泄漏尾矿，井口陷坑不断扩大，难以判断井口周边塌陷的方位和面积。为防范塌陷风险，以现有井口塌陷边缘为起点，划出5 m作业红线，施工机械不得进入红线范围内。

三是人身安全风险。为防范压陷或塌陷事故带来的人身安全风险，挖掘机驾驶室舱门始终保持打开，确保事故发生时驾驶员可快速逃离。同时，利用粗绳系住驾驶员，绳子另一端固定在岸坡，一旦出现机械陷入库区等危险情况，岸坡工作人员立即开展救援。

四是夜间作业安全风险。为尽快完成源头封堵，当地在夜间用探照灯照明，昼夜连续作业，争分夺秒抢险。针对夜间运送钢管、石料等作业风险，也制订了相应的风险防控预案。

落实各项风险管控措施后，3月30日20时40分，指挥部组织约550名抢险队员、20余台大型机械，正式开展泄漏点封堵工作。经过连夜紧张作业，3月31日6时45分，尾矿库4号排水井的泄漏点应急封堵工作完成。累计投入尾矿砂排放涵管18根、水泥650 t、风化岩沙2.5万 m³、棉被、土工布2 000余包。

从具备封堵条件到封堵完毕，共耗时16 h 45 min。为确保4号排水井应急封堵后的稳定性，指挥部组织专家勘察设计，制订了4号排水井筑岛填土注浆堵水方案。通过铺设土工布、堆叠沙袋，对86个布桩孔实施高压旋喷注浆的方式，构筑直径约35 m、高约9 m、整体土方量约1万 m³的水泥改良土岛体。4月8日，经筑岛及帷幕灌浆加固，4号排水井应急封堵加固工程完成，尾矿不再渗流。至此，尾矿库泄漏的源头被彻底切断。

3月30日~4月8日，尾矿库断面的应急监测数据进一步佐证了封堵效果。3月31日实施断源工程后，尾矿库入河断面钼浓度迅速下降，钼质量浓度由3月31日的1.84 mg/L降至4月1日的1.21 mg/L，随着后续清洁来水的不断稀释，4月3日尾矿库断面钼质量浓度基本降至0.20 mg/L左右，4月8日后降至0.15 mg/L以下。

6.4.2　筑坝拦截

突发环境事件中污染物进入地表水后，随河水向下游迁移，污染范围不断扩大。筑坝拦截是突发水污染事件的常见处理方式，即利用现有闸坝、桥梁等设施，或人工筑坝等方式，拦截污染水体，在此基础上采取回收、覆盖、稀释、吸附、投药等措施，防止污染水体蔓延。此次事件涉及重金属污染，一般采用筑坝拦污、导污、截污措施，控制污染范围，为投药处置争取时间。

1. 初期修筑15道拦截坝

鹿鸣矿业尾矿库坝顶高程为479 m，依吉密河高程为402 m，落差为77 m。由于泄漏尾矿总量大、流速快，沿鹿鸣沟汇入依吉密河后，直奔呼兰河。沿途多为峡谷地貌，蜿蜒复杂，如何有效控制污水团是应急处置初期面临的一大难题。

鹿鸣矿业组织挖掘机、铲车进行水渠改道，并在泄漏点下游采取了筑坝措施。但在鹿鸣沟上构筑的3道拦截坝很快被冲毁，污水团继续沿依吉密河奔腾而下。随后伊春市、铁力市人民政府在依吉密河先后构筑了12道拦截坝，减缓污水团下移。但由于来水落差高、水量大、水流急，加之坝体结构不够牢固，初期构筑的15道拦截坝在2天内先后被冲毁。

这15道拦截坝在一定程度上起到了延缓污水团下移的作用，同时为后期在依吉密河下游庆安县境内修筑1号坝、2号坝和3号坝争取了时间。

2. 导流储污

根据南阳实践"以空间换时间"的处置思路，指挥部现场勘查后决定，将污水团引流至依吉密河1号坝附近的林地低洼处蓄存，可储存量约300万 m³。但在实施过程中，由于污水团水量大，林地拦截蓄存的污水水位逐步升高，污水团从林地低洼处又重新汇入依吉密河。

"以空间换时间"的处置思路减缓了水流速度，但由于污水团水量巨大，林地低洼处地形不佳，未能真正发挥出"应急空间"的作用。

3. 依吉密河下游3道拦截坝

在总结前期筑坝拦截经验的基础上，对位置选取、坝体结构和筑坝材料等方面进行改进，分别于3月30日、3月31日、4月3日凌晨在依吉密河下游庆安县境内建成

3 道拦截坝，分别为 1 号坝、2 号坝、3 号坝（图 6-23）。

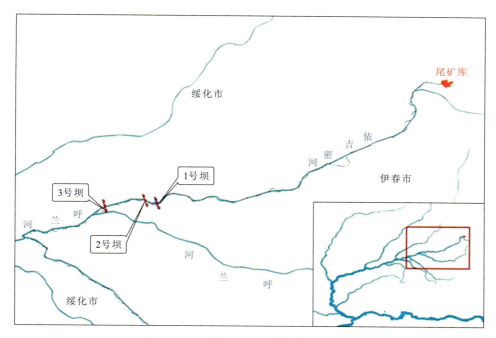

图 6-23　后期修筑地 3 道拦截坝示意图

这 3 道拦截坝在事件处置期间发挥了重要作用。一方面，提高了药剂混合效率和混凝效果。拦截坝作为投药的依托，在坝顶安装穿孔投药装置，可实现药剂与污染河水均匀混合，并利用坝前坝后落差，加大水流速度，实现药水的高效混合。另一方面，起到污染拦截作用。通过筑坝拦截，减缓了污水团下移速度，将部分尾矿在坝前截留沉淀下来，为环境应急处置争取更多的时间。特别是 3 号坝建设，使用石料最多、投入人力最大、运行时间最长，是本次应急过程中的关键工程。4 月 2 日 17 时～4 月 3 日 4 时，经过昼夜奋战，一座高 7 m、坝顶宽 7 m、坝底宽 35 m、坝长约 50 m 的梯形坝顺利建成，使坝前依吉密河水位抬升约 5 m，实现了河水滚坝而过，为投药除钼创造了条件。

筑坝需综合考虑现场情况。首先，位置选择要充分考虑河道地形等因素，尽量选择地势相对平坦、河道宽度合适、河流流速相对平缓的位置，同时还应当满足交通便利、具备施工条件等。1 号坝位于曙光桥下，此处有筑坝基础，附近有一条土石道路可满足物料运输需求，且河水流速相对缓慢，满足筑坝条件。

其次，要优化坝体结构。在构筑 3 号坝时，充分吸取了前期的筑坝经验，制订了科学的施工方案。按照等腰梯形结构进行筑坝，首先在河床上抛投约 2 000 m³ 的石块，将河床泥底变成石底，形成坝基；然后铺设毛石块，填充石块间的缝隙。坝高每增加 1 m，加铺一层毛石块，反复层叠施工（图 6-24）。

施工人员在构筑 3 号坝期间克服了诸多困难。一是石料供应。建设整个坝体，需要上万方石料。为尽快满足石料需求，指挥部紧急调运了附近所有可用石料，包括鹿鸣矿业、采石场和一些水利工程用石等，最远运输距离约 110 km。

图 6-24　3 号拦截坝修筑现场照片

二是石料运输。公路干道距 3 号坝约 11 km，多是宽约 3 m 的乡村小路，满载 50 t 石料的重型大卡车无法并行。当地政府安排专人负责车辆调度管理，采取单进单出的方式，每四辆车为一批次，同步放行、同步卸车、同步返回，同时划出车辆等候区域（图 6-25），最高峰时保证了 192 辆车顺利通行。此外，邻近 3 号坝施工现场有一段长约 800 m、宽约 1.5 m 的窄路，重型大卡车难以通行，需要临时拓宽道路。经勘察发现，当时地冻土层较为结实，只需拓宽原有小路并铺设石块硬化路面，即可打通石料运输"最后一公里"。同时，铁力市调集了市内所有大型运输车辆，基本解决了运输车辆问题。

图 6-25　2020 年 4 月 2 日修筑 3 号坝运输石料的车队照片

三是施工现场供电保障。突发环境事件应急处置要分秒必争，供电保障是需要解决的首要问题。庆安县人民政府负责施工现场照明用电保障，利用附近村屯的变压器临时架设一条专用线路，从而解决供电保障问题。

四是筑坝施工用地协商。拓宽道路从农田穿过，3 号坝溶药池需临时开挖土地，共占地约 4 000 m^2。通过与乡镇干部和土地承包人直接沟通，进行政策解释和需求说明，鹿鸣矿业负责经济补偿磋商，解决了用地问题。

6.4.3 投药降污

投药降污是近年来处置重金属类突发水污染事件最常用的方法。通过投加药剂将溶解态的重金属离子转化为可沉淀的金属化合物，再通过创造沉淀条件实现污染物与水分离，从而实现重金属污染物的应急去除。该方法在处置重金属污染的河道时，具有可实施性强、见效快、处置规模大等优点。应急处置方案的工程实施是实现拦截和削减污染物的根本落脚点，应急处置工程应快速建成并稳定运行。根据确定的河道削污工程技术方案，实施了依吉密河控制工程和呼兰河清洁工程两大工程。通过依吉密河1号、2号、3号投药坝和东兴渠首投药点，基本切断了依吉密河向呼兰河的污染传输通道。通过呼兰河1号闸、2号闸、3号闸、绥望桥和兰西老桥投药工程，实现污水团的逐级削峰，最终实现了呼兰河和依吉密河全线达标。

1. 依吉密河控制工程

依吉密河控制工程主要是通过降浊除钼处置后，使河道内污染水体达标后汇入呼兰河，达到不再增加呼兰河污染负荷的目标。

1）第一级控污工程

（1）1号坝降浊。

1号坝投加0.3%～0.4%聚丙烯酰胺，主要实现降浊，削减水体中尾矿砂悬浮物浓度，为除钼创造条件。投药工作从3月31日22时开始（包含应急初期投药工作），以滴淋方式进行，至4月4日12时（图6-26和图6-27）结束，平均投加聚丙烯酰胺折合干粉0.062 t/h，累计投加量折合干粉5.33 t。

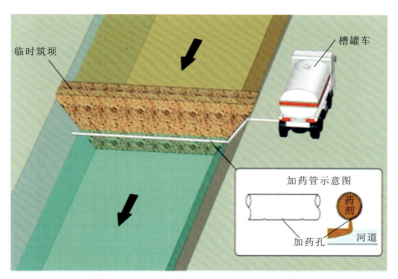

图 6-26　1号坝降浊工程投药方式示意图

图 6-27　1 号坝降浊工程现场照片

（2）2 号坝除钼。

2 号坝投加液态聚合硫酸铁和干粉聚合硫酸铁，削减水体中钼浓度（图 6-28）。投药工作从 3 月 31 日 22 时开始，至 4 月 4 日 10 时结束。其中液态聚合硫酸铁 1 582 t、干粉 70 t。平均投加聚合硫酸铁折合干粉 2～3 t/h，累计投加量折合干粉约 228.2 t。

图 6-28　2020 年 3 月 31 日 2 号坝除钼工程现场照片

2）第二级控污工程

（1）东兴渠首降浊。

东兴渠首位于 3 号坝上游约 4 km，主要投加 0.3%～0.4%聚丙烯酰胺溶液，沉降河水中的尾矿砂。从 4 月 4 日 8 时启动到 6 月 11 日 6 时结束，采用滴淋投药方式累计投加 68 天。在低温条件下，聚丙烯酰胺溶液呈黏稠状分散困难，需要采用多层穿孔管投加聚丙烯酰胺溶液。加药管管路材质是增强改性 MC 尼龙管，管路长度约为 35 m，管路上孔距为 0.4 m，管路上加药孔的孔径为 16～20 mm，中间部分为 20 mm，两端为 16 mm。通过功率 3 kW、流量 40 m³/h 的不锈钢潜水泵将聚丙烯酰胺泵入加药管。

应急阶段（从 4 月 4 日 8 时启动至 4 月 18 日 18 时终止应急响应）投加约 19.35 t 干粉聚丙烯酰胺。应急后续阶段（4 月 18 日 18 时～6 月 11 日），为降低依吉密河清淤扰动对呼兰河水质的影响，投加约 73.74 t 干粉聚丙烯酰胺。东兴渠首共投加干粉聚丙烯酰胺约 93.09 t（图 6-29）。

图 6-29　2020 年 4 月 5 日东兴渠首投加聚丙烯酰胺现场照片

（2）3 号坝除钼。

3 号坝投药点是依吉密河最后一个投药点，因投药时间长、投药量大，液态聚合硫酸铁药剂供应不足，需要将干粉聚合硫酸铁溶解配制成液态，再通过管道滴淋投药。将干粉聚合硫酸铁储存在铁力市仓库（距 3 号坝约 15 km），每天根据现场需求调拨，现场取水溶药。

3 号坝是此次事件应急处置过程中第一个现场建设溶药池的投药点，构筑的溶药池深 2 m、长 10 m、宽 10 m，四周加围堰。通过现场打井（图 6-30）抽取地下水的方式，提供溶药用水。采取序批式溶药操作，配制含 10%干粉聚合硫酸铁的溶液。每次将 20 t（800 袋）干粉药剂投入溶药池，抽取 200 m³ 井水溶药。

图 6-30　2020 年 4 月 5 日 3 号坝附近打井取水现场照片

初期使用挖掘机采用四周同步式的搅动方式（图 6-31）溶药，即将定量干粉聚合硫酸铁投加至注水的溶药池后，满足溶药池中干粉聚合硫酸铁含量为 10% 的要求。用 4 台挖掘机逆时针方向搅动 10 min，顺时针搅动 10 min，每次溶药需要约 1 h。由于这种方式耗时长、效率低、劳动强度大，之后优化改为潜水泵射流式溶药（图 6-32），在水池四周安装 4 台防腐蚀潜水泵，利用潜水泵推动池水在池中形成环流，同时设置一台潜水泵向水池上部喷射，加快溶药速度，该方法提高了溶药效率，降低了劳动强度。

图 6-31　挖掘机四周同步溶药现场照片

图 6-32　3 号坝使用潜水泵溶药现场照片

安装投药管时需要注意：一是投药管长度要覆盖河流宽度，使河水"吃药"均匀，投药管长度不足时，可通过连接管依次连接，确保不出现渗漏；二是投药管要固定在三角形钢管支架上，支架固定在河面上；三是投药孔需分布匀称、孔径大小适宜，以确保均匀投药，不影响投药强度。3 号坝投药管材质为增强改性 MC 尼龙管，长度约为 35 m，投药孔孔距为 0.4 m，中间部分孔径为 20 mm、两端孔径为 16 mm（图 6-33）。

图 6-33   2020 年 4 月 5 日 3 号坝投药管投药作业

作为依吉密河最后一处投药点，3 号坝通过投加聚合硫酸铁溶液，进一步削减进入呼兰河的钼浓度。经过 3 号坝投药处理后，依吉密河入呼兰河前污水团被有效削减。双河渠首断面（入呼兰河 15 km，呼兰河第一个应急监测断面）4 月 6 日 5 时以后稳定达标；自 4 月 11 日 3 时起，依吉密河各监测点位钼浓度稳定达标。

2. 呼兰河清洁工程

1）1 号闸除钼工程

1 号闸（图 6-34）除钼工程投加 10%聚合硫酸铁溶液，从 4 月 4 日 16 时启动，至 4 月 6 日 12 时结束，平均投加量约 8.2 t/h，累计投加聚合硫酸铁溶液 3 595 t，折合干粉聚合硫酸铁 359.5 t。前期使用消防车现场溶解干粉聚合硫酸铁，由于聚合硫酸铁腐蚀性强，消防车被腐蚀无法使用。后期采用液体槽罐车（图 6-35）直接投加液态聚合硫酸铁，保障连续投加。

图 6-34   呼兰河 1 号闸现场照片

图 6-35　液体槽罐车直接投加药剂现场照片

2) 2 号闸除钼工程

2 号闸除钼工程投加时间为 4 月 4 日 7 时～4 月 7 日 12 时。4 月 4 日 7 时～4 月 5 日 16 时现场使用消防车溶解干粉聚合硫酸铁，形成浓度为 10% 的液态聚合硫酸铁并投加使用（图 6-36），干粉平均投加量约 6.8 t/h；4 月 5 日 16 时～4 月 7 日 12 时直接使用液体槽罐车投加液态聚合硫酸铁，干粉平均投加量约 11 t/h。2 号闸除钼工程累计投加干粉聚合硫酸铁 708 t。

图 6-36　呼兰河 2 号闸配药、投药现场照片

3) 3 号闸除钼工程

3 号闸除钼工程（图 6-37），从 4 月 4 日 20 时开始投药，到 4 月 8 日 6 时停止，3 号闸平均投加干粉聚合硫酸铁 9.15 t/h，工程累计投加干粉聚合硫酸铁 750 t。

4) 绥望桥絮凝削污工程

4 月 5 日晚，当地气温骤降，白天单级除钼效率最高仅约 50%，夜间降至不足 10%。同时，呼兰河流量骤减，由最高 95 m³/s 降至不足 50 m³/s，通肯河流量由 20 m³/s 降至 5 m³/s 以下，泥河水库因冰封无法调水。在上述不利因素叠加作用下，呼兰河下游污染物稀释能力下降约 80%，无法实现在通肯河汇入呼兰河后钼浓度达标。

图 6-37　呼兰河 3 号闸投药现场照片

4月6日10时，指挥部决定在绥望桥及下游约500 m构筑拦截坝，实施絮凝削污工程（图6-38）。

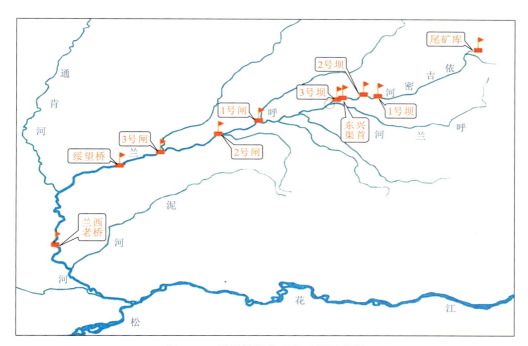

图 6-38　绥望桥及各应急工程示意图

接到指令后，当地政府在 6 h 内完成拦截坝、溶药池等工程建设任务。4 月 6 日 18 时，绥望桥除钼工程（图6-39）开始运行。经两级处置后，钼去除率高达 90% 以上，为应对呼兰河下游稀释能力下降不利因素发挥了重要作用。

4 月 6 日 18 时～4 月 8 日 12 时，绥望桥除钼工程平均投加液态聚合硫酸铁约 88.3 t/h，平均投加干粉聚合硫酸铁 19.2 t/h。工程累计投加液态聚合硫酸铁 3 710 t、干粉聚合硫酸铁 808 t，共折合干粉聚合硫酸铁 1 179 t。

图 6-39　绥望桥除钼工程现场施工照片

4 月 7 日凌晨，现场用于溶药的柴油发电机因负荷过大停电 4 h，导致部分超标近 2 倍（钼质量浓度为 0.2 mg/L）的污水团越过绥望桥断面，向呼兰河下游迁移，步步逼近松花江。

5）兰西老桥絮凝削污工程

4 月 6 日，随着污水团向下迁移，为确保实现应急目标，提前做足准备工作，部、省领导带队沿河考察了呼兰河下游的应急资源，发现绥望桥下游的兰西老桥具备投药工程实施条件，立即部署要求做好启动应急工程的准备。

4 月 7 日，面对部分超标近 2 倍的污水团越过绥望桥断面，而兰西老桥下游哈尔滨市辖区内河流开阔、水量较大，无可利用的桥梁、闸坝等应急资源，实施投药工程难度大等多重因素影响的紧急状况，指挥部决定在兰西老桥实施彻底消除污水团、保证河水达标的"斩首行动"（图 6-40）。

4 月 8 日中午，污水团经过绥望桥絮凝削污工程后，依吉密河入呼兰河河口至绥望桥约 140 km 河段实现水质达标。为处置因停电导致的"逃逸污水团"，指挥部决定启动兰西老桥投药工程建设。

专家组不断优化投药参数、精准预测投药时间、细抠技术细节，以保障精准投药。地方政府做好药剂储备、溶药投药工程设施准备，组织施工团队，做好溶药保障工作。经过 3 天的精心准备及演练，4 月 9 日 18 时"斩首行动"开始实施。工作组通宵值守，

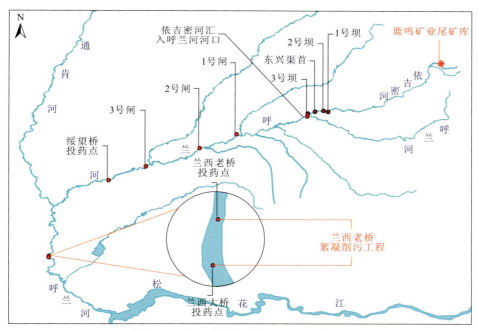

图 6-40　兰西老桥絮凝削污工程示意图

经过两昼夜艰苦决战，4 月 11 日 3 时呼兰河干流全线水质达标，"斩首行动"获得成功，呼兰河沿线河水基本复清。

（1）工程选址。

兰西老桥是架设在呼兰河之上的公路大桥，事发时该桥正在拆除。兰西老桥投药点是指挥部在呼兰河确定的最后一个备用投药点，若上游处置效果不理想，兰西老桥则成为应急处置的决战战场。

主要从 5 个方面考虑选择投药点的位置：①河流宽度，投药点一般建在宽度小于 50 m 的河面，呼兰河河面宽度约 300 m，无法直接投药，需利用现有的水利工程、桥梁等设施，将河水拦截后在 50 m 以内的过水面上投药；②水的流速，投药点应确保药剂与河水充分混合，保证污染物与药剂反应形成絮体，在投药点下游要有长 200～1 000 m 的流速较缓慢的河道作为沉淀区，实现污染物絮体；③场地，投药点附近应有足够的作业场地，作为药剂堆放、转运及溶解工作的临时作业空间；④交通便利，运输聚合硫酸铁的车辆多是载重 30 t 以上的货车，路面和桥梁等要满足运输要求；⑤电力保障，动力电是配制药剂、投加药剂、夜间作业等工作的必备条件。

根据投药点选址要求，绥望桥下游有 3 个点位可选。第一个是长岗灌渠，位于兰西县长岗乡，在通肯河汇入呼兰河河口下游约 20 km 处，是通肯河汇入后的第一个水利工程，可以拦截呼兰河水。第二个是兰西老桥，位于兰西县兰西镇，旧桥已经拆除，新桥正在建设之中，建设中的新桥桥墩拦截呼兰河后，形成两个宽 15 m 的过流面。第三个是兰西县河口水电站。

实地考察 3 个备用投药点后，长岗灌渠交通条件差、供电保障难；兰西县河口水电站过水面宽度符合条件，但下游沉降条件不充分，不具备药剂堆放、转运、溶解等作业空间，以上 2 个备用投药点均不符合选址要求。

兰西老桥投药点除满足上述 5 个条件外，在兰西老桥下游有一座正在使用的兰西大桥，可以满足液体罐车投药的要求。兰西大桥下游的合页坝翻板闸高 3.6 m，形成一个水流平缓的水库，库容达 958 万 m^3，也为絮体沉淀提供了足够的空间。因此，指挥部确定投药点为兰西老桥。

（2）工程建设。

按照指挥部的要求，兰西县人民政府动员全县人力、物力、财力，全力保障兰西老桥投药点建设运行工作。首要任务是选定合适的位置建设溶药投药池。一是要距离合适，投药池离投药点过远不方便投药，过近缺少作业空间；二是要具备溶药水源，投药过程中需大量的水资源，既要取水方便又要能保证用水量，而兰西老桥段河水污染程度较轻，可直接利用呼兰河水溶药。兰西县人民政府将投药池设在兰西老桥东侧，并铺设临时道路，供人员和车辆通行。

在工程建设方案确定后，兰西县人民政府迅速组织人员，以及推土机、挖掘机等工程机械构筑溶药池。4 月 7 日下午，兰西老桥三个投药点溶药池建设任务按时完成，容积分别达 3 000 m^3、1 000 m^3 和 800 m^3，并铺设了防渗膜等材料，为全面开展溶药和投药奠定了扎实的硬件基础（图 6-41）。

图 6-41　兰西老桥三个溶药池无人机照片

作为应急决战之地，兰西老桥投药点的药剂保障是关键。从河南省、辽宁省、山东省等地采购的药剂源源不断地运来，兰西县人民政府安排专人负责调度运输车辆。因路面狭窄，运输车辆无法靠近投药池，当地通过人工扛运、铲车车斗运送、环卫小车运送等多种方式，有效解决了药剂运送的难题。

溶药投药是十分重要的环节。将聚合硫酸铁均匀倒在溶药池中，与抽取的呼兰河河水混合，通过挖掘机来回搅拌溶解，溶解时间约 4 h。为保障药剂连续稳定投加，在尚未购买防腐蚀泵的情况下，现场准备 60 台大功率碳钢材质的水泵，另有 60 台备用，120 条投药管路一用一备，能有效应对可能出现的设备故障问题。当地在兰西老桥和兰西大桥双点投药，干粉和液态聚合硫酸铁两个点位同步投加，确保药剂足量。

在充分总结上游工程经验的基础上，兰西老桥投药点设置两个作业面，每个作业面各布设 10 个投药喷头，共 20 个喷头。每个喷头单独连接一条通向投药池、直径为 2.5 寸（1 寸 = 3.33 cm）的软管及 20 m³/h 的投药泵（图 6-42）。

图 6-42　兰西老桥喷头式投药照片

（3）实战演练。

4 月 8 日下午，在污水团到达之前，兰西老桥投药点开展了一次投药实战演练。历时一个多小时，获得了宝贵的实践经验和数据支撑，为后续实施"斩首行动"打下了坚实的基础。通过演练检验了三个能力：①投药能力，演练时最大投药量约为 300 t/h，满足 220 t/h 的投药需求；②电力供应能力，电量供应足且电路布局合理，未出现跳闸、断电等现象；③组织能力，现场指挥顺畅，各组的岗位人员充足。同时，演练过程中也发现两个问题：①漏点检修问题；②溶药方案不完善。

因投药池与投药喷头之间距离为 300 m 左右，一旦管路出现漏点则需要停泵检修，但投药喷头及其对应的投药泵之间的管路错综复杂，数量众多，短时间难以准确发现问题管路。针对漏点检修问题，当地政府做好投药泵、投药管、电闸对应编号工作。若管路出现渗漏点，立即找到对应的电闸和投药泵，立即断电停泵检修，保障现场投药工作稳定运行。

为保证稳定足量投加药剂，当地不断完善溶药方案。赋予投药点附近的 3 个溶药池不同的使用功能：1 号池，容积 1 000 m³，负责投药；2 号池，容积 800 m³，负责储药；3 号池，容积 3 000 m³，负责溶药。具体操作为：将 3 号池溶解完全的药剂泵入 2 号池储存，2 号池的药剂及时补充至 1 号池，形成"溶药－储药－投药"三池联动，保证药剂充足。为提高溶药效率，将 3 号池做进一步的分区管理：一区为干粉聚合硫酸铁投加区，河水首先泵入此区；二区是混合搅拌区，使用长臂挖掘机混合搅拌，确保药剂全部溶解；三区是泵出区，通过 6.5 寸管径的管路将混合均匀的药剂泵入 2 号池。

根据实战演练数据，专家组反复计算污水团抵达兰西老桥的时间和峰值浓度，科学测算投药量和投药时间。

（4）战前动员。

作为呼兰河最后一个投药点，从生态环境部到地方人民政府都十分重视兰西老桥决战。4月9日上午，生态环境部副部长在应急会商会上再次强调：形势更加明朗，信心要更加坚定，但仍然不能有麻痹思想，更不能松劲，要全力落实好现有的各项措施，设置多重保险，确保实现"不让超标污水进入松花江"的应急目标。

4月9日下午，黑龙江省省长来到绥化市兰西县，察看呼兰河应急处置现场，对生态环境部工作组给予指导帮助表示感谢，肯定了事件应急处置工作取得的阶段性成效。

决战即将打响，部、省领导盯守现场，指挥调度应急工作，各项工作有条不紊地推进。当地出动挖掘机、铲车等100余台次开展投药点场地清理，铺设投药管线22根，使用总长度近10 000 m的导药管线。安全保障工作也全部到位，投药点现场准备消防车3辆，救生衣200件、救生圈100个、口罩1 500个、护目镜1 000多个，保障安全物资充沛。设置安全监察员12人，出动警力100余人次，交通防护绳约1 000 m，维护现场秩序。在兰西老桥和兰西大桥设置临时交通管制，保障运药、投药期间车辆顺利通行。

（5）决战打响。

4月9日18时，超标近2倍、长约10 km的污水团前锋到达兰西老桥断面，"斩首行动"正式开始实施（图6-43）。

图6-43　2020年4月10日兰西老桥投药后河水从灰黑变青绿

兰西老桥投药点前期采用喷洒方式投药，为保证投药量，4月10日将喷洒式变为浇注式，进一步加大投药量，同时每个投药喷头配置一台投药泵，提高投药效率。4月9日18时至4月11日12时，兰西老桥平均投加干粉聚合硫酸铁约38.57 t/h，兰西大桥平均投加聚合硫酸铁溶液约38.24 t/h，累计投加干粉聚合硫酸铁1 620 t、液态聚合硫酸铁1 606 t，共折合干粉聚合硫酸铁1 780.6 t。

为确保"斩首行动"顺利实施，克服夜间降温造成处置效果大幅下降的影响，指挥部决定夜间在兰西大桥补投液态聚合硫酸铁，保证充分投药。按照专家组建议，兰西大桥投药点准备约2 000 t液态聚合硫酸铁，于4月10日18时开始投药，11日6时停止投药。为此，指挥部调集了67车液态聚合硫酸铁，每车35 t，投药时间约1 h，3台车一批次，桥上轮流开展作业。

经过连续34 h的奋战，4月11日3时的监测数据显示，鹿鸣矿业尾矿库泄漏的特征污染物钼已得到有效控制，呼兰河钼质量浓度为 0.067 6 mg/L，低于 0.07 mg/L 的水质标准，4 时的监测数据为 0.069 9 mg/L，6 时为 0.069 3 mg/L，连续 3 次监测数据达标。"斩首行动"取得明显成效。

4 月 11 日 5 时 48 分，获知呼兰河干流全线达标的消息后，一直奋战在兰西老桥投药点的全体工作人员激动不已。据不完全统计，4 月 10 日，决战的关键时期，兰西老桥应急现场 700 余人奋斗在投药工程一线，正是大家的共同努力，才完成了应急任务，实现了应急目标。

3. 溶药投药

此次事件应急处置过程中，河道投药量大，精度要求高。因此，现场各投药点药剂保障、参数确定及稳定运行是依吉密河控制工程和呼兰河清洁工程的关键。

1）总体情况

此次应急处置中，各投药点聚丙烯酰胺溶解工作由鹿鸣矿业负责，药液浓度为 0.3%～0.4%，以 0.3%药剂为主，投加浓度为 2～30 mg/L，视泥沙含量和河道中的钼浓度动态调整。液态聚合硫酸铁在哈尔滨、大庆等地生产，通过槽罐车运输至各投药点，视污染态势调整投加量，投加量为 50～200 mg/L，以 100 mg/L 为主。

从 3 月 31 日开始投加聚丙烯酰胺至 6 月 11 日结束，历时 73 天。共分为两个阶段：第一个阶段是应急阶段，从 3 月 31 日 22 时开始投药，至 4 月 18 日 18 时结束二级应急响应；第二个阶段为应急后续阶段，从 4 月 18 日至 6 月 11 日，仅在依吉密河东兴渠首、3 号坝投药。应急期间，在依吉密河设置 2 个聚丙烯酰胺投药点，投加量（折合干粉量）约 98.42 t；在依吉密河和呼兰河设置聚合硫酸铁投药点 7 个，其中，干粉聚合硫酸铁共计投加 6 776.5 t，液态聚合硫酸铁共计投加 6 898 t，折合干粉量 7 466.3 t。各点位投药量见表 6-1。

表 6-1 各点位投药量 （单位：t）

投药点	聚丙烯酰胺	聚合硫酸铁			投药方式
		液态	干粉	折合干粉量	
1 号坝	5.33	—	—	—	滴淋
2 号坝	—	1 582	70	228.2	滴淋
东兴渠首	93.09				滴淋
3 号坝	—		2 461	2 461	滴淋
1 号闸	—		359.5	359.5	滴淋
2 号闸	—		708	708	滴淋
3 号闸	—		750	750	滴淋
绥望桥	—	3 710	808	1 179	喷洒
兰西老桥	—	1 606	1 620	1 780.6	浇注
合计	98.42	6 898	6 776.5	7 466.3	—

2）药剂的溶解与配送

（1）聚丙烯酰胺的溶解与配送。

根据应急处置工艺，经初步估算依吉密河各投药点聚丙烯酰胺溶液（有效含量0.3%）日使用量约450 t，需求量大。但因干粉聚丙烯酰胺较难溶于水，溶解效率受气温影响较大，需要使用专用设备才能确保聚丙烯酰胺溶液及时足量供应。指挥部第一方案是将鹿鸣矿业选矿厂聚丙烯酰胺溶药专用设备运送至现场使用，经咨询设备厂家，安装拆卸该设备需要数天时间，且现场需具备安装条件。第二方案则是在鹿鸣矿业厂内溶药，通过消防车等运输至投药现场。综合衡量现场情况及应急形势，最终指挥部决定采纳第二方案。当地政府迅速落实指挥部决策，紧急调集省内近40辆消防车，昼夜不停运输聚丙烯酰胺溶液，确保依吉密河1号坝和东兴渠首投药点的药剂供应充足。此次事件处置期间，聚丙烯酰胺溶液需求量远大于平时生产需求，鹿鸣矿业在现有设施基础上，将精矿车间的搅拌槽改装为配制聚丙烯酰胺溶液的设备，同时改造了制备输送系统，大大提高了生产效率。

从3月31日开始投加聚丙烯酰胺至6月11日6时结束，聚丙烯酰胺溶液制备和投加工作共历时73天。在依吉密河投药点共投加聚丙烯酰胺98.42 t（按干粉计），配成水溶液共26 816 t（1 143车）。

（2）聚合硫酸铁的溶解与配送。

常用的聚合硫酸铁药剂有干粉和液态两种。干粉聚合硫酸铁的优点是供应充足，可直接投加；缺点是现场应具备设置溶药池的条件，且需要大量人工、电力等保障措施。液态聚合硫酸铁的优点是场地需求低，可通过桥梁直接投加；缺点是厂家数量少，且长距离运输能力有限，无法满足大规模投药量的需求。因此，在依吉密河、呼兰河共计7处聚合硫酸铁投药点，综合分析投药点应急资源、污染态势、药剂供应、交通运输条件等因素，因地制宜选择、调整聚合硫酸铁药剂种类及溶药投药方式。

2号坝除钼工程初期通过槽罐车直接投加液态聚合硫酸铁的方式，但液态聚合硫酸铁供应量有限，后期通过现场溶解干粉聚合硫酸铁满足药剂需求。

3号坝除钼工程在总结前期投药经验的基础上，通过现场打井取水、开挖溶药池等方式，保障药剂足量供应。

呼兰河1号闸、2号闸、3号闸除钼工程中，初期利用消防车进行药剂溶解，就近就地投药。因聚合硫酸铁具有腐蚀性，损害消防车体，后期呼兰河1号闸、2号闸直接投加液态聚合硫酸铁，3号闸除钼工程采用溶药池溶药投药的方式。

绥望桥絮凝削污工程中，设置绥望桥和土石拦截坝两个投药点。其中，在绥望桥上通过槽罐车投加液态聚合硫酸铁，在土石拦截坝处，通过开挖溶药池，溶解干粉聚合硫酸铁。

兰西老桥具备施工条件且药剂需求量大，现场建设了3个具有不同功能的溶药池。将3号池（容积3 000 m³）溶解完全的药剂泵入2号池（容积800 m³）储存，再将2号池储存的药剂及时补充到1号池（容积1 000 m³），保证药液充足，为"斩首行动"提供有力的药剂保障。

3）投药参数的确定

现场应急形势复杂多变，各个投药点的参数确定十分重要。专家组制订了工程方案，确定了现场溶药、投药工程参数。并根据污染态势，科学调整投药量，每个投药点均派经验丰富的应急专家现场指导基本投药参数（表 6-2），从工程施工到运行昼夜驻守现场，确保每个环节稳定运行。

表 6-2　各投药点基本投药参数（以干粉计）

投药点	聚丙烯酰胺		聚合硫酸铁	
	浓度/%	平均投加量/(t/h)	浓度/%	平均投加量/(t/h)
1 号坝	0.3～0.4	0.062	—	—
2 号坝	—	—	10	2.00～3.00
东兴渠首	0.3～0.4	0.057	—	—
3 号坝	—	—	10	2.20
1 号闸	—	—	10	8.20
2 号闸	—	—	10	6.80～11.00
3 号闸	—	—	10	9.15
绥望桥	—	—	10	28.07
兰西老桥	—	—	10	42.40

此次事故溶药池和投药管主要参数如下。

（1）溶药池。一般现场开挖地面，最大池深不超过 4 m。单池大小应满足至少 5 h 投药量，若因当地土壤性质无法达到要求，可分组修建溶药池；可根据需要，设置两个（组）池子（图 6-44）交替使用，一个（组）溶药，一个（组）投药，提高效率。需铺设重物压实池底防水布，防止其在注水时上浮。溶药方式可选择潜水泵混合、挖掘机搅拌等多种方式。

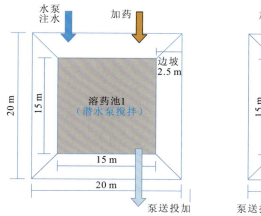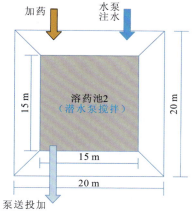

说明：池体为现场开挖，内部做防渗处理，单池占地面积20 m×20 m，池深1.5 m，边坡坡度比为1.5∶2.5；
单个溶解池有效容积约400 m³，每个池内配潜水泵搅拌器2个

图 6-44　溶药池建设工艺图

（2）加药管。一般分为穿孔加药管、非字形加药管，可同时多管加药（图6-45）。通常利用桥梁、闸坝、筑坝缩短河道宽度等方式投药。当加药管长度大于 20 m 且投药量小于 $20\ m^3/s$ 时，建议采用穿孔加药管，其他情况采用非字形加药管或多管加药。穿孔加药管建议孔间距为 0.2～0.5 m，孔口直径为 10～20 mm，当管长较短时，可适当缩小孔间距，或多条穿孔管并行铺设。非字形加药管的孔间距建议＞1.5 m，具体参数需根据实际情况而定，若现场施工难度较大或投加量较大时，可采用多管直接投加。

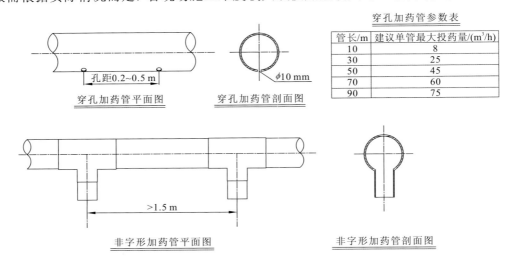

穿孔加药管参数表

管长/m	建议单管最大投药量/(m^3/h)
10	8
30	25
50	45
70	60
90	75

穿孔加药管平面图　　穿孔加药管剖面图

非字形加药管平面图　　非字形加药管剖面图

说明：
1. 加药管管长＞20 m且加药量＜20 m^3/h的采用穿孔加药管,否则采用非字形加药管
2. 穿孔加药管孔口面积应≤穿孔管的横截面积。当加药量为20 m^3/h时,建议采用DN100管,孔口直径ϕ10 mm。若管长＜20 m需使用穿孔加药管时,可考虑缩小孔口间距或采用多管并联的方式

图6-45　加药管加工示意图

搭设加药管需注意以下几个方面。一是河水流速。河水流速过快会将加药管冲走，因此投药支架需用铁钎固定在河床上，加药管用铁丝固定在投药架上。二是河水流量。需密切关注河流的流量、流速等水文参数，一旦超过投药系统设计范围，需动态调整投药系统，确保投药量满足应急需求。三是河水水深。根据坝体过水面深度，适时调整各投药点支架高度。

4）困难及挑战

此次溶药投药过程中，当地政府面临了诸多挑战，通过各方集思广益、团结协作、攻坚克难，最终顺利解决。为相同类型或其他相似突发环境事件提供解决思路。

（1）溶药池易渗漏。溶药池为平地推挖建成，池深约 1 m。4 月初土壤尚未完全解冻，修筑溶药池时虽经过碾压硬化，但由于药剂溶解是放热反应，周边部分冻土解冻，使溶药池出现了破损。发现此问题后，兰西县人民政府马上组织进行抢修，用沙土袋封堵并在外围加固筑牢。

（2）投药泵易堵塞。溶药过程中，药剂包装袋和药剂溶解不彻底形成的固体易堵塞投药泵。经研究，通过在投药泵外加装防护网，解决了堵塞问题，保证投药不中断。

（3）投药泵易损坏。兰西老桥使用的投药泵为碳钢材质，聚合硫酸铁溶液呈强酸性，对投药泵具有强烈的腐蚀性，设备损坏率高，而频繁更换投药泵会影响药剂投加准确度。因此，兰西县人民政府组织采用"用一备一"的方式，有效解决了更换投药泵时投药不稳定的问题。

（4）药剂运输难。从公路主干道到依吉密河 3 号坝、呼兰河 3 号闸等投药点几乎无公用道路。因此，当地将药剂运至临时仓库存放，再通过大车、四轮车、人工接续转运，保障药剂运输通畅。

（5）药剂认识不够。应急药剂信息掌握不全，在药剂采购前期存在购置不畅的情况。对药剂溶解时间把握不足，药剂投加量与污染物浓度间存在匹配偏差。

（6）水资源缺乏。在 3 号闸溶药池，原拟通过打井取水，但接连三眼井均未出水，当地紧急架设 500 m 长管道从附近池塘取水。在兰西老桥溶药池，因清洁水源不足，只能利用呼兰河受污染的水进行溶药，降低了药剂的絮凝效率。

（7）工作强度高。为了保证运药、搅拌、投药不间断，指挥部从乡镇、工厂装卸队、民兵预备役征调工作人员，24 h 不间断作业。但时间紧、任务重，仅凭人工运输效率不能满足现场需求，后期将人工运输改为铲车运输（图 6-46），大大提高了工作效率。

图 6-46　铲车运输干粉药剂照片

6.4.4　工程保障

环境应急工程多是临时组织建设、运行，为保证应急工程落地见效，必须加强监督，压实各方责任，落实工程建设与运行所需的人员、物资、装备及施工条件等保障措施。

1. 药剂保障

为确保达到应急目标，处置泄漏入河的 232 万～245 万 m³ 尾矿砂水，依吉密河控制工程与呼兰河清洁工程多点同步实施，干粉聚合硫酸铁共计投加 6 776.5 t，液态聚合硫酸铁共计投加 6 898 t。面对巨大的药剂使用量，黑龙江省内药剂供给杯水车薪，同时新冠疫情造成省外药剂运输困难，应急工程一度陷入窘境。

1）黑龙江省内就近调药

黑龙江省内有两家可调集药剂的相关企业：一家是全省最大的污水处理厂运营企业，但仅有液态聚合硫酸铁 30 t；另一家是液态聚合硫酸铁的生产企业，该公司按照指挥部提出的"抓紧组织每天生产 300 t 液态聚合硫酸铁，并按 10 天准备"的任务要求，加大药剂生产。经历了 14 个昼夜奋战，完成了指挥部下达的液态聚合硫酸铁生产供应任务，向处置现场运送了 337 车共计 9 872 t 液态聚合硫酸铁。

2）全国紧急调药

同时，为确保应急处置所需大量药剂的及时足量供应，生态环境部环境应急与事故调查中心与河南、山东、辽宁等省生态环境部门积极协调，从 11 家企业调配货源，确保药剂足量、及时、稳定供应，充分体现了生态环境系统应急物资保障"全国一盘棋"的优势作用。

河南、山东、辽宁等省生态环境部门成立了药剂保障专班，确保黑龙江省各应急工程点药剂足量供应。河南省负责同志得知情况后，要求各相关市县和部门务必当作政治任务，按要求完成任务，焦作市生态环境局为运输车辆开具证明，交通运输部门为运输车辆开辟绿色通道。山东省生态环境厅接到信息后，立即组织聚合硫酸铁药剂生产企业核实工作，淄博市、滨州市和德州市三市生态环境局派专人到企业协调，帮助企业解决困难，以最快速度向黑龙江省运输药剂。通过上下联动、多省市密切配合，保障了应急工程所需药剂。

2. 运行保障

1）物资保障

除聚合硫酸铁、聚丙烯酰胺等药剂外，在现场应急处置工程建设和运行过程中，还需要多种应急物资保障。例如，在兰西老桥实施"斩首行动"期间，共购置 200 余台抽水泵、20 余捆铁线、约 1 500 m 缆绳、10 余捆抽水泵防护网、7 000 m² 土工膜、约 2 万 m² 苫布、58 棵木材、100 多台运输车辆、20 多顶帐篷等应急抢险物资，投药池防渗漏土工布若干，投药管线共约 10 000 m，电线、电闸等物资若干。这些物资的供应保障为兰西老桥"斩首行动"的顺利实施提供了坚实的物质基础。

2）电力保障

在处置过程中，由于需要 24 h 不间断投药，现场用电保障至关重要。在兰西老桥

"斩首行动"中，投药点现场临时设置了电源控制箱 2 处、照明电源控制箱 1 处、发电机组 3 台套，由 25 名专业电力工人昼夜值守维护，保障投药期间电力充足。为满足水泵正常运行，黑龙江兰西县电业局有限公司在现场加装了 1 台 400 kVA 变压器，与原有 200 kVA 变压器一起对现场 10 台水泵同时供电，并准备 1 台 200 kW 发电机及 1 台 400 kVA 变压器作为备用。为防止水泵管路之间纵横交错，按照"一台水泵一座电闸一个编号"的原则，有序开展工作。与此同时，现场安装了多组灯具，为投药点夜间作业提供照明。为保证可靠、安全供电，杜绝打乱仗、低效率的现象，将作业现场分为 5 个工作组，分别对变压器、电缆、控制盘和发电机、监测站、夜间照明进行现场保供电工作。

3）后勤保障

（1）人员保障方面。在应急初期，国家、省、市、县等相关单位（部门）主动参加救援，仅前三天参与救援的人数就多达 300 余人，后续陆续增加到 500 余人。伊春市、绥化市人民政府全面梳理后勤保障工作，并根据实际情况迅速调整方案，协调食宿、车辆等问题。

（2）车辆保障方面。按照指挥部的要求，应对不同时间段监测断面动态变化的情况，安排采样、送样车辆和人员，完成各个点位、时间段的送样工作。调动密封式垃圾转运车，及时转运，集中处理药剂投放现场产生的垃圾。工程现场采取临时交通管制措施，保障运药、投药期间车辆顺利通行。

（3）后勤保障方面。在兰西老桥"斩首行动"中，为保障全体投药点、外地前来支援、运输药剂及执行其他任务的工作人员都能用餐，兰西县采取多种措施，可保障700 人同时用餐。

6.5 水厂应急处理

2020 年 3 月 29 日，黑龙江省生态环境厅组织对依吉密河、呼兰河流域集中式饮用水水源进行全面排查，以县（区）为基本单位，对沿河的伊春市下属铁力市，绥化市庆安县、望奎县、北林区、兰西县和哈尔滨市松北新区、呼兰区，共 3 个地市的 7 个县区进行排查，并根据水源类型、位置和河流走向进行分析，确认只有铁力市依吉密河集中式饮用水水源地会受到此次事件的影响。

铁力市主城区共有人口 12.1 万，居民生产生活用水总量约 2.2 万 t/d。共有集中式饮用水水源地 2 个，其中依吉密河水源地是主水源，位于铁力市工农乡新民村，距鹿鸣矿业尾矿库约 77 km。该水源地于 2018 年投入使用，采用渗渠方式进行取水，日取水量 2.2 万 t；另一个水源地位于呼兰河干流（依吉密河入呼兰河上游），日取水量 5 000 t，水质未受此次事件影响。共有供水厂 4 座，其中：第一水厂自依吉密河水源地取水，设计日供水能力 2 万 t，供应铁力市片区 6.8 万人用水；第二水厂自呼兰河水源地取水，设计日供水能力 5 000 t，供应铁力林业局公司及木材干馏厂片区 4.3 万人用水；第三水厂沿呼兰河傍河取地下水，设计日供水能力 1 万 t，2008 年以来作为备用水源一直停用；农场水厂自依吉密河水源地取水，设计日供水能力 2 000 t，供应农场片区 1 万人用水。

此次事件发生后，铁力市一方面通知第一水厂扩大生产，在污水来临前尽量多供水，并通知当地居民多储存饮用水；另一方面，派出工作人员到依吉密河水源地上游 5 km 处的曙光桥盯守，一旦污水团到达曙光桥，立即通知第一水厂停止取水，确保群众饮用水安全。3 月 29 日 21 时 30 分，第一水厂停止从依吉密河水源地取水。3 月 31 日 10 时，伊春市人民政府在铁力市第三水厂召开城市应急供水部署工作会议，提出以"市场为主、政府为辅"为原则，切实保障群众生活饮用水需要。根据会议精神，铁力市启动城市供水安全应急预案，铁力市住房和城乡建设局先后于 3 月 28 日、3 月 31 日和 4 月 1 日发布通告，对事件相关情况、应急供水安排等进行说明，缓解群众恐慌情绪。

6.5.1 临时供水保障

1. 充分保障市场供应

自 2020 年 3 月 29 日起，铁力市组织辖区内饮用水经销企业加大市场供应力度，组织饮用水生产企业尽快复工并加大生产力度。3 月 31 日，发布《关于维护瓶装水、桶装水、深井水价格稳定的通告》，严厉打击惩处哄抬饮用水物价的行为，维护市场秩序和社会稳定。累计向市场投放瓶（桶）装饮用水 1 451 t，储备瓶（桶）装饮用水 1 447 t。

2. 设立临时取水点

3 月 29 日，综合考虑居民取水便捷程度、场地可利用空间大小等因素，铁力市确定了 20 个临时取水点，安排 20 余辆消防车为市民供水（图 6-47），以初步稳定群众日常供水。同时，紧急安排加工制作临时供水水箱（图 6-48），从外地购置近 100 个临时储水罐（图 6-49），布设在全市 48 个小区，根据小区实际情况选择配备 10 t、5 t 和 4 t 等不同型号的储水罐，确保每个小区都能保持 10 t 左右的储水量。伊春市调集市内消防力量紧急增援，安排消防车向各居民小区的储水罐中不间断注水，全力保障居民生活用水。

图 6-47　消防车临时供水图　　　　图 6-48　临时供水水箱制作现场图

图 6-49　临时储水罐现场图

6.5.2　第三水厂改造扩容

　　第三水厂改造扩容任务由市委常委任组长，住房和城乡建设、自然资源、生态环境、城市管理及供电等部门为成员单位。3 月 31 日，第三水厂新水源开采、供水扩容、改线改造等工程同步展开。施工现场共调用 7 台大型机械，70 名施工人员昼夜施工，先后完成了打井、输水管道和井间连接管道铺设、水泵和过滤罐安装、滤料加注、供电系统施工等工作，使水厂日净化能力达到 13 500 t。经过 6 个昼夜的奋战，第三水厂改造扩容工程经过并网调试，水质色度、浑浊度、肉眼可见度、嗅味、pH、游离余氯等指标全部合格。后续经调整净水工艺，各项指标均符合《生活饮用水卫生标准》（GB 5749—2006）后，第三水厂于 5 月 3 日替代第一水厂供水，保障居民生活用水。

6.5.3　第一水厂改造

　　第一水厂改造任务由呼兰河水引入一水厂工程建设组负责。建设组由市委常委任组长，住房和城乡建设、应急管理、生态环境、发展改革、自然资源、林草、审计、财政、水务等部门为成员单位。4 月 2 日晚，第一水厂改造工程开始施工，紧急调用 13 台大型机械，组织近百名工人参加工程建设。根据区域历史资料，确定农场三连为应急水源井打井地点，采取轮班制度，做到人停机械不停，于 4 月 9 日完成了 15 眼应急水源井打井及城市供水管道铺设工作。4 月 14 日，临时增打 6 眼应急水源井，于 4 月 18 日完成打井和供水管道铺设工作。施工过程中，为克服降雪降温天气带来的不利影响，现场施工人员通过设置塑料保温棚，甚至利用塑料布简单遮挡便继续作业，以确保工程进度和施工质量。

　　为保障施工过程中供电需要，供电部门组织人员加班加点进行供电线路的铺设工作。在规定时间内，共完成了 3 000 m 高低压线路的铺设和 4 个变压器台的安装。

6.6 事后恢复

此次事件的事后恢复主要是清理沉积在河道底部、林地、农田等的尾矿砂，彻底消除事件对事发地周边的环境影响。同时，开展跟踪监测，防范恢复期间造成二次污染。

6.6.1 清理沉积尾矿砂淤泥

1. 清淤方案

1）沉积尾矿砂的性质

此次事件泄漏污染源为钼矿尾矿渣，根据《伊春鹿鸣矿业有限公司伊春鹿鸣钼矿采选工程建设项目环境影响报告书》及《关于伊春鹿鸣矿业有限公司伊春鹿鸣钼矿采选工程建设项目环境影响报告书的批复》（环审〔2012〕333 号），该尾矿渣为一般工业固体废物。

依吉密河内沉积尾矿主要由泄漏尾矿砂和河道泥沙组成，由于仍含有钼等污染物，存在再次释放到水中的风险，应从河道清出并妥善处置，防止二次污染。

2）清淤深度

一般河道污染物由三部分组成，自上而下依次是污染层、过渡层、正常底泥。污染层主要污染物是尾矿砂，此次主要是清理污染层和过渡层的沉积尾矿。

清淤过程中若深度控制不当，可能会导致污染物复溶，对水体造成影响，出现清淤后水体中钼浓度、浊度依然超标现象。因此清淤深度是首先要确定的技术参数。

确定清淤深度需结合测量结果、底泥检测报告和流域相关规划，既保证主要污染物的去除，又要防止清淤过深破坏原水体基质层，同时节省清淤及底泥处置成本。结合实地调研、初步勘查及以往工程经验，清淤深度宜控制在 10～50 cm。

3）清淤范围

经现场踏勘，结合前期已经采取的措施，清淤工作总体分为以下三个区域。

（1）尾矿库泄漏点至尾矿进入依吉密河的林地及农田受沉积物影响的区域。此区域长 5.8 km（图 6-50），面积 74 万 m^2。

（2）依吉密河。依吉密河需清淤河长 101.1 km。

（3）呼兰河。呼兰河清淤主要集中在 5 个加药点下游河段，5 个河段共计清淤 2.3 km。

图 6-50　泄漏点至依吉密河 5.8 km 清淤范围示意图

2．清淤工程

清淤工程分为两个阶段：应急清淤阶段和集中清淤阶段。

1）应急清淤阶段（2020 年 4 月 2～14 日）

泄漏口封堵成功后，按照指挥部的安排，伊春市人民政府、绥化市人民政府和鹿鸣矿业自 4 月 2 日开始清理尾矿库排水泄污口及下游污泥。目的是防止雨雪造成污泥再次下泄，加重水体污染，同时为后续开展大规模清淤创造条件，做好必要的准备。此阶段累计出动人员 7 700 人次、各类工程机械 400 余台次，清理淤泥约 12 万 t。

2）集中清淤阶段（2020 年 4 月 15 日～5 月 20 日）

按照行政区域分为两部分，依吉密河流域的清淤由鹿鸣矿业组织实施，依吉密河河水较浅，以机械挖掘为主。呼兰河河道的清淤由绥化市人民政府组织实施，河水深的地方采用吸污方式，用船舶配合作业。

按照清淤方案，采取以机械清理为主、人工清理为辅的方式作业。针对林地地形，先安排挖掘机修出施工便道，然后沿一个方向使用挖掘机进行清理，铲车配合挖掘机将清理出来的尾矿砂外运至施工便道处已挖好的矿砂沉淀池，由工人配合小型挖掘机填袋，再由运输车辆运至指定位置。针对浅层河道，由河道外侧向内施工，人工将尾矿砂清理装袋后分段集中堆码在岸边，用拖拉机或农用车等设备转运至便道旁，再集中装车发运至企业矿场存放。对于河水深度较大的地段，采用清淤船作业的方式进行河道清理。

清淤期间，为防止沉积物随雨水冲入河道，造成水体二次污染，指挥部督促企业做好应急准备，细化各项保障措施。一是在暴雨来临前，及时清除耕地内袋装淤泥；道路两侧排水沟恢复原状；林地、耕地、河道清理出的沉积物及公路周边抛洒的废弃物全部运至指定存放位置。二是在河道两侧修筑堤坝；林地周边采用围堰拦截方式截淤防护。三是做好依吉密河加药点的安全保障，确保药剂充足、人员安排到位，并做好各种应急预案。

集中清淤阶段，累计出动人员 144 287 人次，大型机械设备 26 128 台次，清理污泥约 507.59 万 t，清理尾矿砂干物质量约 55.28 万 t。经过清淤，被尾矿砂污染的河道、林地、耕地、漫滩和村庄等各类地貌基本得到修复恢复（图 6-51）。

| 主河道清淤前 | 林地清淤前 | 耕地清淤前 | 漫滩清淤前 | 村庄清淤前 |

| 主河道清淤后 | 林地清淤后 | 耕地清淤后 | 漫滩清淤后 | 村庄清淤后 |

图 6-51　清理淤泥前后对比

6.6.2　跟踪监测

事件应急响应终止后，为持续监控应急处置效果，以及为清理沉积尾矿砂淤泥工作保障技术支撑，当地采取"监视与巡查相结合""自动与手工相结合""例行与汛期加密相结合"的方式，在 2020 年 4 月 19 日～2021 年 6 月 30 日期间，对依吉密河、呼兰河、松花江、黑龙江开展跟踪监测。

2020 年 4 月 19 日～5 月 20 日，当地在依吉密河、呼兰河、松花江干流和黑龙江设置监测断面，每日开展一次人工采样监测。2020 年 5 月 20 日～2021 年 6 月 30 日，当地在对依吉密河、呼兰河和松花江干流设置 8 个断面开展监测，监测频次为每月一次。2020 年汛期，在依吉密河和呼兰河分别增加 3 个和 2 个汛期加密监测点，在依吉密河流域降雨形成洪水期间，及时开展加密监测。跟踪监测期间，呼兰河上的双河渠首水质自动监测站对水质开展常规项目监测。

监测数据表明，跟踪监测期间此次事件的特征污染物钼浓度均未超标，2020 年 11 月后，依吉密河和呼兰河的钼浓度恢复至事发前的本底状态。

6.7　事　件　反　思

6.7.1　应急处置技术高效适用

突发水污染事件应急处置技术是指在突发事件造成水体污染时,针对特征污染物,采取物理、化学、生物等方法,削减特征污染物,使水体水质恢复至事发前环境质量或达到相应标准而采取的技术方法。因此,应急处置技术作为应对突发水污染事件的"硬核心",其研发和应用对提高事件的应急处置效率、效果具有决定性作用。

自 2005 年松花江水污染事件后,我国针对特定情境的突发水污染事件应急处置技术取得了积极进展,积累总结了截流引流、污染物削减、水厂应急三大类通用应急处置技术,储备了苯酚等 25 种典型污染物的应急处置药剂。突发环境事件应急处置技术方案的制订,要在考虑事件处置的紧迫性、复杂性的基础上,需综合考虑事件成因、污染特征、技术特点、实施特征、物资水平、处置成本及社会环境影响等因素(图 6-52)。

图 6-52　突发水污染事件应急处置技术方案制订流程

经过多年实践,虽然在重金属污染处置技术方面有一定基础,但每起突发水污染事件诱因各异、类型复杂,加之水资源时空分布不同、水质差异较大,储备的应急处置技术往往会出现"水土不服"的情况。

此次事件发生的河水中尾矿砂含量高、沉降慢,干扰溶解态钼的混凝沉淀,同时水温低、河道流速快,不利于混凝反应和沉淀。应急处置技术的确定,需要实现尾矿砂与特征污染物钼的协同去除,利用下游水文水力条件降低流速,提高沉淀能力。

为解决以上难题，专家组连夜开展了降浊除钼技术攻关，通过现场投加试验，优选出"聚丙烯酰胺降浊+聚合硫酸铁除钼"组合工艺方案。该工艺将原本为助凝剂的聚丙烯酰胺前置，先大大降低河水浊度，然后用聚合硫酸铁集中除钼，这样既降低了药剂使用量，又将钼的去除率显著提高。同时，所使用药剂均为净水常用药剂，进一步确保了工艺的可行性和安全性。

6.7.2 环境应急监测及时准确

应急监测是科学有效处置突发环境事件的重要前提，需要在短时间内摸清污染状况、移动速率和变化趋势，为应急指挥决策提供支撑。同时，应急处置的效果如何、处置目标能否完成，也需要应急监测数据的客观评价。因此，应急监测工作需要快速及时、准确可靠、数据说话。

此次事件具有尾矿泄漏量大、尾矿砂粒径细、难沉降、污染范围广等特点，给应急监测带来巨大挑战。环境监测组结合事件特点和工作要求，确定了"测两头、控中间、抓峰值、研态势"的应急监测整体思路。

应急处置期间，监测点位多、频次高，应急监测任务异常繁重，尤其是事发初期，应急监测人员不足，要在第一时间摸清污染状况和变化趋势，为指挥部提供第一手资料。环境监测组综合分析企业生产工艺、矿渣和伴生矿特点等，结合依吉密河、呼兰河、松花江近三年水质情况，并对事发地开展水质全分析，迅速锁定特征污染物钼。以确保饮用水安全、跟踪掌握污水团移动为核心，以实时监控污染物浓度变化为目标，在依吉密河、呼兰河和松花江的重要饮用水水源地、县界、市界及入江口合理布设应急监测断面。针对监测力量不足问题，紧急调集黑龙江省市两级监测力量，以及社会化环境监测机构火速支援。针对应急监测试剂短缺的状况，全国范围内调配，个别试剂从国外调配，确保试剂满足现场应急监测需求。在采样工作上，实行矩阵式管理，采取分析人员轮换方式，做到来样即测。在监测方式上，采用便携与手工相结合、在线与实验室相结合、无人机与地面核查相结合的方式，提高监测数据时效性。为确保监测数据质量，建立实验室监督员制度，安排专人担任实验室监督员，对样品前处理、样品分析、数据审核、数据报送等进行全过程把关。同时，增强采样规范性，用 GPS 相机记录样品采集的位置和时间信息，确保采样代表性。

在快出数、出准数的基础上，加强对应急监测数据的系统分析和研判，创造性建立时间滚动-数据耦合预测模型，并利用预测模型分析了污染状况（污染带移动速率、长度和削减规律），为实施依吉密河控制工程和呼兰河清洁工程提供了重要支撑。

6.7.3 应急处置工程稳定运行

应急处置工程实施应结合事发地域现有条件，充分利用闸坝、桥梁等设施，综合考虑施工难易程度、材料设备供应及运输条件、药剂配备等因素，实现削污工程稳定运行，保障应急处置效果。

此次事件应急处置中，河道污染应急处置工程是削减污染的主要措施。尽管在河道内实施的突发水污染事件应急处置工程所采用的原理与常规的水处理工程相近，但在工程构筑、设备设施条件、操作人员、电力和药剂供应等方面存在巨大差异。应急处置工程的溶药池、沉淀池等构筑物大多是利用现场地形条件临时构建的。比如：溶药池有的是使用消防车，有的是临时开挖铺设防渗膜的土坑；沉淀池有的是筑坝拦截的一段河道；隔油池常常是围油栏拦截的一段河道；吸附池常常是活性炭坝。现场河水流量不稳定且缺乏实时和精确的计量，溶药浓度和药剂投加量很难精确控制。操作人员通常是缺少水处理常识的临时工人。药剂和电力也需要临时供应，稳定性不好。若遇天气条件不佳，还可能对应急处置工程实施产生影响。

依吉密河1号和2号投药坝运行初期遇到了较大的困难：一是药剂供应和投加不够稳定，存在部分时间无药可投，药剂罐车频繁切换难于连续投药；二是夜间水温低，处理效率明显下降；三是1号坝上游来水很大一部分从旁路绕过投药点，未经聚丙烯酰胺处理便直接投加聚合硫酸铁，造成处理效率下降，大量尾矿流到依吉密河下游，进入呼兰河，必须在更下游进行处置，才能确保实现"不让超标污水进入松花江"的应急目标。因此，2020年4月2日，指挥部确立开辟"两个战场"、实施"两大工程"的总体策略。在总结1号和2号投药坝经验教训的基础上，采取一系列措施提高了工程运行的稳定性。

应急处置工程的稳定运行，保障工作至关重要。比如投药工程要准备好配水管、加药泵、药剂等物资，需要按时按量配制药剂，需要根据处理效果及时调整药剂投加量，需要投药泵的正常运行等。因此，投药点、筑坝点应急处置工程在选址时，要充分考虑交通运输、电力等配套条件。在应急处置工程运行阶段，将任务分为若干个操作单元和环节，每个环节的运行都落实到人。同时，应急专家紧盯工程一线，根据污染态势、处置效果、水文气象等因素，现场调整应急处置技术工艺参数，快速形成治污能力。

6.7.4 善后修复工作稳妥有序

应急处置结束代表需要紧急处置的环境污染问题已经解决。但事发地及周边，以及应急处置工程产生的潜在风险还需进一步处置。由于重金属无法降解，通过应急处置技术只是将重金属由水相转移到了固相，风险并未完全消除。此次事件泄漏在岸滩、农田、树林中沉积的污染物，可能在雨季和汛期再次进入河流。同时，汛期河流水流速度加快会导致河底沉积污染物再次悬浮，进而造成水质恶化。因此，在断面水质达到应急处置目标后，应及时对河道内及岸滩上的污染物进行清理，以防造成二次污染。

在指挥部的统一指挥下，涉事企业、相关地方政府采取专业化、机械化和人工清除相结合的方式，全面开展河道清污，巩固治理成果。清淤期间，当地持续开展跟踪监测，做好投药降污等各项准备工作，防范次生二次污染。累计清理污泥约519.49万t，全部运送至矿场进行妥善处置。14个月的跟踪监测数据显示，在清理污泥期间的环境风险可控，污泥清理后环境风险已彻底清除。

参 考 文 献

陈怀满, 郑春荣, 周东美, 等, 2002. 土壤中化学物质的行为与环境质量. 北京: 科学出版社.

陈明, 2009. 采取合理措施避免跨界污染: 贵州独山瑞丰矿业砷污染事件解析. 环境保护, 3: 63-64.

陈永亨, 谢文彪, 吴颖娟, 等, 2001. 中国含铊资源开发与铊环境污染. 深圳大学学报(理工版), 18(1): 57-63.

戴树桂, 2006. 环境化学. 2 版. 北京: 高等教育出版社.

邓同舟, 1979. 氢氧化物沉淀的 pH 范围图. 化学通报, 42(2): 27-28.

丁龙, 关小雨, 崔宝臣, 等, 2014. 锰改性硅藻土对水中 Cr^{6+} 的吸附研究. 化学工程师, 28(2): 22-24, 29.

杜良, 王金生, 2004. 铬渣毒性对环境的影响与产出量分析. 安全与环境学报, 4(2): 34-37.

段志斌, 王济, 安吉平, 等, 2016. 汞矿山废弃地土壤汞污染研究. 环境科学与管理, 41(11): 41-44.

郭燕妮, 方增坤, 胡杰华, 等, 2011. 化学沉淀法处理含重金属废水的研究进展. 工业水处理, 31(12): 9-13.

韩瑾, 李星, 杨艳玲, 等, 2012. 饮用水源突发镉污染的应急处理技术研究. 中国给水排水, 28(21): 1-4.

何文杰, 李伟光, 张晓建, 等, 2006. 安全饮用水保障技术. 北京: 中国建筑工业出版社.

何绪文, 胡建龙, 李静文, 等, 2013. 硫化物沉淀法处理含铅废水. 环境工程学报, 7(4): 1394-1398.

黄艳超, 武雪芳, 周羽化, 等, 2015. 水环境中锑污染及其修复技术研究进展. 南京师范大学学报(自然科学版), 38(4): 122-128.

江海燕, 曾英, 赵秋香, 2016. 改性聚乙烯醇吸附镍离子的动力学与热力学研究. 环境保护科学, 42(4): 120-125.

金雪莲, 任婧, 夏峰, 2012. 我国河流湖泊砷污染研究进展. 环境科学导刊, 31(5): 26-31.

李海军, 2009. 不同植物富集镉能力初探. 河北林业科技(S1): 38-39.

林朋飞, 张晓健, 陈超, 2014. 硫化物沉淀法在水源突发锌污染中的应用研究. 中国给水排水, 30(11): 48-51.

林朋飞, 张晓健, 陈超, 等, 2014. 含铊废水处理及饮用水应急处理技术及工艺. 清华大学学报(自然科学版), 54(5): 613-618.

刘敬勇, 常向阳, 涂湘林, 2007. 重金属铊污染及防治对策研究进展. 土壤, 39(4): 528-535.

刘丽冰, 王希, 杨承刚, 等, 2020. 铝系混凝剂优势形态分析及其混凝特性. 环境科学学报, 40(12): 4249-4262.

刘晓芸, 刘晶晶, 柯勇, 等, 2021. 水体中锑的形态及转化规律研究进展. 中国有色金属学报, 31(5): 1330-1346.

刘韵达, 胡勇有, 2008a. 预加碱强化混凝应急处理模拟突发性铅污染研究. 安全与环境学报, 8(3): 40-43.

刘韵达, 胡勇有, 何向明, 等, 2008b. 模拟突发汞污染原水应急处理试验研究. 给水排水, 34(11): 37-41.

马彦峰, 吴韶华, 单连斌, 1998. 沉淀法处理含重金属污水的研究. 环境保护科学, 24(3): 1-3.

苗艾军, 蒋世云, 李少旦, 2012. 突发性镉污染饮用源水的应急处理技术. 光谱实验室, 29(6): 3863-3866.

戚平平, 刘亮, 苏乃洲, 等, 2014. 我国水体突发性污染事故不完全统计分析. 济南大学学报(自然科学版), 28(5): 335-341.

齐剑英, 许振成, 李祥平, 等, 2010. 阳宗海水体中砷的形态分布特征及来源研究. 安徽农业科学, 38(20): 10789-10792.

钱冬旭, 张亚雷, 周雪飞, 等, 2016. 钼污染水体处理技术研究进展. 化工进展, 35(2): 617-623.

曲建华, 2018. 微波辅助稻壳基吸附剂制备及应对水源地镉污染控制研究. 哈尔滨: 哈尔滨工业大学.

宋玉婷, 雷泞菲, 2018. 我国土壤镉污染的现状及修复措施. 西昌学院学报(自然科学版), 32(3): 79-83.

谭浩强, 何文杰, 韩宏大, 等, 2013. 化学沉淀法强化常规工艺应急去除水中的镉. 环境工程学报, 7(3): 848-852.

王璐, 陈功锡, 杨胜香, 等, 2022. 汞污染土壤植物修复研究现状与展望. 地球与环境, 50(5): 754-766.

王松, 陈家昌, 戴振宇, 等, 2018. 铊污染地下水的微生物修复研究. 地球与环境, 46(3): 282-287.

王曦, 刘波, 邢姗姗, 2012. 化学沉淀法对水中铜、锰金属污染物的应急处理技术研究. 城镇供水(2): 89-92.

王颖, 吕斯丹, 李辛, 等, 2010. 去除水体中砷的研究进展与展望. 环境科学与技术, 33(9): 102-107.

王梓博, 卢文喜, 王涵, 等, 2020. 某钼矿尾矿库地下水污染的随机模拟. 中国环境科学, 40(5): 2124-2131.

伍敏瞻, 张政科, 陈思莉, 等, 2021. 水体突发铍污染应急吸附材料筛选实验研究. 水处理技术, 47(5): 78-82.

肖祈春, 肖国光, 余侃萍, 等, 2015. 含铊废水污染及其治理技术. 矿冶工程, 43(1): 54-56, 60.

肖细元, 陈同斌, 廖晓勇, 等, 2008. 中国主要含砷矿产资源的区域分布与砷污染问题. 地理研究, 27(1): 201-212.

徐泽升, 曹国志, 於方, 2019. 我国突发水污染事件应急处置技术与对策研究. 环境保护, 47(11): 15-18.

许丽, 2012. 新型纤维状吸附材料的制备及其对水中 Cu^{2+} 和 Ni^{2+} 的吸附研究. 南京: 南京大学.

杨晓峰, 刘瑶瑶, 2021. 铜钼矿浮选研究现状与进展. 矿冶, 30(6): 42-47.

张宝贵, 2009. 环境化学. 武汉: 华中科技大学出版社.

张晓健, 2006. 松花江和北江水污染事件中的城市供水应急处理技术. 给水排水, 32(6): 6-12.

张晓健, 陈超, 2011. 应对突发性水源污染的城市应急供水的进展与展望. 给水排水, 47(10): 9-18.

张晓健, 陈超, 李勇, 2008. 贵州省都柳江砷污染事件的应急水技术与实施要点. 给水排水, 34(6): 14-18.

张晓健, 陈超, 林朋飞, 2013a. 应对水源突发污染的城市供水应急处理技术研究与应用. 中国应急管理 (10): 11-17.

张晓健, 陈超, 米子龙, 等, 2013b. 饮用水应急除镉净水技术与广西龙江河突发环境事件应急处置. 给水排水, 49(1): 24-32.

张政武, 张书洁, 王宗华, 2019. 活性炭在水处理应用中的研究进展. 化工设计通讯, 45(6): 107, 109.

郑彤, 杜兆林, 贺玉强, 等, 2013. 水体重金属污染处理方法现状分析与应急处置策略. 中国给水排水, 29(6): 18-21.

朱静, 吴丰昌, 邓秋静, 等, 2009. 湖南锡矿山周边水体的环境特征. 环境科学学报, 29(3): 655-661.

Cheng Z H, Liu Y, Lin Z J, et al., 2021. Research on emergency treatment technology for water pollution accidents where the pollutants are not included in the emergency database. Water Science and Technology, 84(9): 2318-2334.

Cullen W R, Reimer K J, 1989. Arsenic speciation in the environment. Chemical Reviews, 89(4): 713-764.

DeRenzo E C, Kaleita E, Heytter P G, 1953. Identification of the xanthine oxidase factor as molybdenum. Archires of biochemistry and biophysics, 45(2): 247-253.

Ferguson W S, Lewis A H, Watson S J, 1938. Action of molybdenum in nutrition of milking cattle. Nature, 141: 553-553.

Filella M, Belzile N, Chen Y W, 2002. Antimony in the environment: A review focused on natural waters. I. Occurrence. Earth-Science Reviews, 57(1/2): 125-176.

Filella M, Belzile N, Lett M C, 2007. Antimony in the environment: A review focused on natural waters. III. Microbiota relevant interactions. Earth-Science Reviews, 80(3/4): 195-217.

He M C, Wang X Q, Wu F C, et al., 2012. Antimony pollution in China. Science of the Total Environment, 421: 41-50.

Hu C Z, Liu H J, Qu J H, et al., 2006. Coagulation behavior of aluminum salts in eutrophic water: Significance of Al_{13} species and pH control. Environmental Science & Technology, 40(1): 325-331.

Jiang Q, He Y M, Wu Y L, et al., 2022. Solidification/stabilization of soil heavy metals by alkaline industrial wastes: A critical review. Environmental Pollution, 312: 120094.

Koopmann S, Prommer H, Siade A, et al., 2023. Molybdenum mobility during managed aquifer recharge in carbonate aquifers. Environmental Science & Technology, 57(19): 7478-7489.

Landa E R, 1984. Leaching of molybdenum and arsenic from uranium ore and mill tailings. Hydrometallurgy, 13(2): 203-211.

Langedal M, 1997. Dispersion of tailings in the Knabena-Kvina drainage basin, Norway, 2: Mobility of Cu and Mo in tailings-derived fluvial sediments. Journal of Geochemical Exploration, 58(2/3): 173-183.

Leuz A K, Johnson C A, 2005. Oxidation of Sb(III) to Sb(V) by O_2 and H_2O_2 in aqueous solutions. Geochimica et Cosmochimica Acta, 69(5): 1165-1172.

Li S X, Zheng F Y, Hong H S, et al., 2006. Photo-oxidation of Sb(III) in the seawater by marine phytoplankton-transition metals-light system. Chemosphere, 65(8): 1432-1439.

Mirbagheri S A, Hosseini S N, 2005. Pilot plant investigation on petrochemical wastewater treatment for the removal of copper and chromium with the objective of reuse. Desalination, 171(1): 85-93.

Qu C H, Chen C Z, Yang J R, et al., 1993. Geochemistry of dissolved and particulate elements in the major rivers of China (The Huanghe, Changjiang, and Zhunjiang rivers). Estuaries, 16: 475-487.

Richert D A, Westerfeld W W, 1953. Isolation and identification of the xanthine oxidase factor as molybdeum. Journal of biological chemistry, 203(2): 915-923.

Yuan M, Gu Z, Minale M L, et al., 2022. Simultaneous adsorption and oxidation of Sb(III) from water by the pH-sensitive superabsorbent polymer hydrogel incorporated with Fe-Mn binary oxides composite. Journal of Hazardous Materials, 423(Part A): 127013.

Zhang X J, Chen C, Lin P F, et al., 2011. Emergency drinking water treatment during source water pollution accidents in China: Origin analysis, framework and technologies. Environmental Science & Technology, 45(1): 161-167.

Zhang Y D, O'Loughlin E J, Kwon M J, 2022. Antimony redox processes in the environment: A critical review of associated oxidants and reductants. Journal of Hazardous Materials, 431: 128607.

Zhao H, Liu H J, Qu J H, 2009. Effect of pH on the aluminum salts hydrolysis during coagulation process: Formation and decomposition of polymeric aluminum species. Journal of Colloid and Interface Science, 330(1): 105-112.